U0173572

区块链技术应用与实践案例

郭滕达　周代数　白瑞亮◎著

北　京

图书在版编目（CIP）数据

区块链技术应用与实践案例/郭滕达，周代数，白瑞亮著．—北京：中国经济出版社，2021.9

ISBN 978-7-5136-2108-3

Ⅰ.①区… Ⅱ.①郭… ②周… ③白… Ⅲ.①区块链技术 Ⅳ.①TP311.135.9

中国版本图书馆 CIP 数据核字（2021）第 174825 号

责任编辑　叶亲忠
责任印制　马小宾
封面设计　久品轩

出版发行　中国经济出版社
印 刷 者　北京艾普海德印刷有限公司
经 销 者　各地新华书店
开　　本　710mm×1000mm　1/16
印　　张　15.25
字　　数　220 千字
版　　次　2021 年 9 月第 1 版
印　　次　2021 年 9 月第 1 次
定　　价　88.00 元
广告经营许可证　京西工商广字第 8179 号

中国经济出版社 **网址** www.economyph.com **社址** 北京市东城区安定门外大街 58 号 **邮编** 100011
本版图书如存在印装质量问题，请与本社销售中心联系调换（联系电话：010-57512564）

课题组成员

微观科技联合创始人兼首席战略官　段林霄

未来金融科技集团有限公司首席技术官　严志

中国科学技术发展战略研究院　张明喜

中国科学技术发展战略研究院　许晔

提供调研支持的企业（排名不分先后）

布比（北京）网络技术有限公司、北京阿尔山金融科技有限公司、北京共识数信科技有限公司、光之树（北京）科技有限公司、链方达（北京）科技有限公司、京东集团股份有限公司、联动优势科技有限公司、深圳前海微众银行股份有限公司、微观（天津）科技发展有限公司、未来金融科技集团有限公司、深圳市迅雷网络技术有限公司、迅鳐成都科技有限公司、易见天树科技（北京）有限公司、中国丝路集团有限公司、紫金诚征信有限公司等

提供案例支撑的企业（排名不分先后）

布比（北京）网络技术有限公司、微观（天津）科技发展有限公司、未来金融科技集团有限公司、深圳市迅雷网络技术有限公司、迅鳐成都科技有限公司、中国丝路集团有限公司等

序

当前，以人工智能、量子信息、移动通信、物联网、区块链为代表的新一代信息技术加速应用，世界正在进入以信息产业为主导的经济发展时期。自2008年中本聪发表 *Bitcoin：A Peer-to-Peer Electronica Cash System*（《比特币：一种点对点的电子现金系统》）以来，区块链技术已经发展10余年。区块链技术是由分布式架构、分布式存储、点对点网络协议、加密算法、共识算法和智能合约等多个技术组成的技术集。区块链技术并非万能，技术本身的特点和缺陷使其应用场景仍然有限。但是无论如何，区块链技术对产业、经济和社会的影响不容忽视，这种影响在未来会逐渐显现，区块链将会是一个改变人类社会生产关系的科技手段。

全球区块链技术创新持续活跃，区块链技术应用步伐逐渐加快，我国区块链技术也逐渐形成了良好的发展基础。国务院发布的《"十三五"国家信息化规划》再三提及区块链技术，中国人民银行发布的《中国金融业信息技术"十三五"发展规划》、工信部牵头发布的《中国区块链技术及应用发展白皮书》，均明确提出要加强区块链技术的基础研发和前沿布局。2018年5月，习近平总书记在两院院士大会上将区块链技术列为五个待突破的新一代信息技术之一。可见，区块链技术在构建下一代价值互联网中占有重要地位。2019年10月，习近平总书记在主持学习时强调，区块链技术的集成应用在新的技术革新和产业变革中起着重要作用，要把区块链作为核心技术自主创新的重要突破口，明确主攻方向，加大投入力度，着力攻克一批关键核心技术，加快推动区块链技术和产业创新发展。在政策、技术、市场的多重推动下，区块链技术与实体经济融合的趋势越发明显。十多年来，区块链技术被广泛应用于金融、政务和实体经济等多个领域，该技术的分布式（distributed）、去中介（disintermediation）、不可篡改（immutable）、可编程（programmable）等特征正在向各行各业赋能，改善传统业态的协作机制和运营效率。基于区块链技术的组织形态正使得商业模式和社会治理机制变得更加开放、共享、民主和可信；区块链与人工智能、量子信息、5G、物联网等技术相互融合，共同构筑了新一代信息技术的基础技术架构，为新一轮技术革命和产业变革蓄积能量。

回顾历史，从18世纪中叶的第一次工业革命开始，关键技术领域的创新能力就一直是决定全球政治、经济力量对比变化的重要力量。站在百年变局的历史转折点回望，区块链技术是为数不多的全球几乎处于同一起跑线的战略性技术之一，抓住区块链技术变革的机遇窗口，对于实现中国先进技术的群体性崛起和科技强国的梦想具有重要的意义。本书试图从更客观的视角来分析和评价区块链技术及其应用现状，深入探究区块链技术的应用价值和技术趋势，并对区块链技术创新生态进行理性、客观、全面的评价。

本书共有六章，第一章介绍区块链技术的概念与原理，第二章是区块链技术发展现状与比较，第三章探究区块链技术对经济和社会的影响，第四章分析区块链技术应用案例，第五章是对中国发行数字货币的实践探索，第六章剖析中国区块链技术发展中存在的主要问题与建议。本书适合区块链领域的政府决策者、创业者、投资人和研究人员阅读。读者既能了解区块链技术的基础理论和应用价值，也能获悉区块链行业的全球竞争格局和我国区块链发展战略。

在本书的写作过程中，作者分别在北京、深圳、上海、杭州、成都等地开展了多次调研，并召开了数次研讨会，感谢布比（北京）网络技术有限公司、北京阿尔山金融科技有限公司、北京共识数信科技有限公司、光之树（北京）科技有限公司、链方达（北京）科技有限公司、京东集团股份有限公司、联动优势科技有限公司、深圳前海微众银行股份有限公司、微观（天津）科技发展有限公司、未来金融科技集团有限公司、深圳市迅雷网络技术有限公司、迅鳐成都科技有限公司、易见天树科技（北京）有限公司、中国丝路集团有限公司、紫金诚征信有限公司等企业在调研过程中提供的帮助。感谢北京大学深圳研究生院教授雷凯、香港城市大学教授赵建良等专家提供的专业建议。

本书内容力求准确严谨，但由于作者水平有限，恐有漏误和不妥之处，请广大读者不吝批评指正。

作者

2021年2月于北京

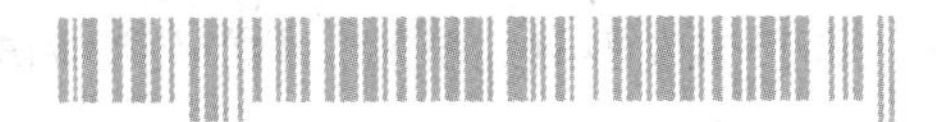

目　录

第三章　应用篇：区块链技术对经济和社会的影响 / 56

第一章

原理篇：区块链技术的概念与原理

第一节　国内外研究现状分析

区块链技术并不是一种新的技术，而是很多技术的新型集成应用模式。从技术发展的角度来看，许可区块链和无许可区块链是区块链技术的通常分类（Mainelli 和 Smith，2015[①]），我国目前大力发展的联盟链可视为许可区块链的一种。中本聪（2008）[②] 的论文 *Bitcoin: A Peer-to-Peer Electronic Cash System* 奠定了区块链的技术框架。Eyal 等（2016）[③]，Zyskind 等（2015）[④]，Jesse 等（2016）[⑤] 系统地研究了区块链技术特点和技术构成，认为区块链具有去中心化、防篡改、匿名性、公开可验证、可溯源、代码开源等特点，是对密码学、P2P 网络、分布式存储、共识机制以及智能合约等技术的集成。

---

① MAINELLI M，SMITH M. Sharing Ledgers for Sharing Economies：An Exploration of Mutual Distributed Ledgers［J］. The Journal of Financial Perspectives，2015，3（3）：38-69.

② SATOSHI N. Bitcoin：A Peer-to-Peer Electronic Cash System［R］. Bitcoin White Paper，2008.

③ EYAL I，GENCER A E，SIRER E G，et al. Bitcoin-NG：A Scalable Blockchain Protocol［C］. Proceedings of the 13th Usenix Conference on Networked Systems Design and Implementation，2016.

④ ZYSKIND G，ZEKRIFA D M S，ALEX P，et al. Decentralizing Privacy：Using Blockchain to Protect Personal Data［C］. IEEE Security and Privacy Workshops，2015.

⑤ JESSE Y H，DEOKYOON K，SUJIN C，et al. Where Is Current Research on Blockchain Technology? —A Systematic Review［J］. Plos One，2016，11（10）：1-27.

在区块链的技术架构方面，我国学者也作了相关探索。袁勇等（2016，2017，2018）[①②③] 通过解构区块链的核心要素，提出了区块链系统的基础架构模型。朱岩和王巧石等（2019）[④] 从区块链技术的设计和需求出发，阐明了区块链技术的基本概念、特征及其基础架构，并以比特币为例详细介绍了区块链技术的各种机制。与此同时，企业的相关研究也正在开展，如 IBM、阿里、腾讯、微众银行纷纷推出了区块链即服务（BaaS）基础架构，以实现可扩展性。尽管如此，区块链技术并不成熟，依然面临很多挑战，如安全性、可伸缩性以及标准化问题等（Christidis 和 Devetsikiotis，2016[⑤]；Deshpande 等，2017[⑥]；ESMA，2017[⑦]）。从应用角度来看，最初区块链技术的应用主要是为了实现货币和支付手段的去中心化。在比特币之后，其他基于区块链技术的加密数字货币，如莱特币、瑞波币等相继出现（Gerald，2015；[⑧] 王晟，2016；[⑨] 姚前，2018；[⑩] Valerio 等，2019[⑪]）。我国央行数字货币的研究也已经启动（徐忠等，2016[⑫]）。当前，区块链技术的研究和应用领域已经从数字货币

---

① 袁勇，王飞跃．区块链技术发展现状与展望［J］．自动化学报，2016，42（4）：481-493.

② 袁勇，王飞跃．平行区块链：概念、方法与内涵解析［J］．自动化学报，2017，43（10）：1703-1712.

③ 袁勇，倪晓春，曾帅，等．区块链共识算法的发展现状与展望［J］．自动化学报，2018，44（11）：2011—2020.

④ 朱岩，王巧石，秦博涵，等．区块链技术及其研究进展［J］．工程科学学报，2019，41（11）：1361-1373.

⑤ CHRISTIDIS K，DEVETSIKIOTIS M. Blockchains and Smart Contracts for the Internet of Things［J］. IEEE Access，2016（4）：2292-2303.

⑥ DESHPANDE A，STEWART K，LEPETIT L，et al. Distributed Ledger Technologies/Blockchain：Challenges，Opportunities and the Prospects for Standards［R］. Overview Report the British Standards Institution（BSI），2017.

⑦ European Securities and Markets Authorities（ESMA）. The Distributed Ledger Technology Applied to Securities Markets［R］. 2017.

⑧ GERALD P D. The Economics of Bitcoin and Other Similar Private Digital Currencies［J］. Journal of Financial Stability，2015（17）：81-91.

⑨ 王晟．区块链式法定货币体系研究［J］．经济学家，2016（9）：77-85.

⑩ 姚前．数字货币的前世与今生［J］．中国法律评论，2018（6）：169-175.

⑪ VALERIO C，SHAEN C，CONSTANTIN G. Fractal Dynamics and Wavelet Analysis：Deep Volatility and Return Properties of Bitcoin，Ethereum and Ripple［J］. The Quarterly Review of Economics and Finance，2020（76）：310-324.

⑫ 徐忠，汤莹玮，林雪．央行数字货币理论探讨［J］．中国金融，2016（17）：33-34.

逐渐延伸至金融、能源、制造、教育和医疗服务等（张宁等，2016[1]；Jan 等，2017[2]；Mary 等，2019[3]），其中金融行业的技术应用增长最快（Laurie 等，2019[4]）。

部分学者从经济学的角度对区块链技术进行了界定。徐忠等（2018）从Token、智能合约和共识算法三个维度归纳出目前主流区块链系统采取的“Token 范式”，并给予经济学解释。[5] 姚前（2018）提出，如果说区块链技术的出现是各类信息技术融合带来的“化学反应”，那么经济机理则是其中的“催化剂”。[6] 他基于经济学的视角剖析了区块链技术的激励相容设计，认为通过激励相容的算法规则和相关契约安排，可使分布式协同作业真正成为可能。作为新一代信息基础设施，区块链技术很有可能改变组织的形态、规模以及进行业务交易的方式（Behnke 和 Janssen，2019[7]；Vida 等，2019[8]；Saurabh 等，2020[9]）。与此同时，数字货币的经验表明，许多因素可以重塑区块链技术体系（Ølnes 等，2017[10]；庄雷和赵成国，2017[11]）。区块链技术虽然

---

① 张宁，王毅，康重庆，等．能源互联网中的区块链技术：研究框架与典型应用初探［J］．中国电机工程学报，2016，36（15）：4011-4022.

② JAN M，INGO W，WIL A，et al. Blockchains for Business Process Management-Challenges and Opportunities［J］. ACM Transactions on Management Information Systems，2018，9（1）：1-20.

③ MARY J，MATTHIEUDE L，VINCENZO P，et al. Use Cases for Blockchain in the Energy Industry Opportunities of Emerging Business Models and Related Risks［J］. Computers & Industrial Enginering，2019（137）：1-9.

④ LAURIE H，YOGESH K D，SANTOSH K M，et al. Blockchain Research，Practice and Policy：Applications，Benefits，Limitations，Emerging Research Themes and Research Agenda［J］. International Journal of Information Management，2019（49）：114-129.

⑤ 徐忠，汤莹玮，林雪．央行数字货币理论探讨［J］．中国金融，2016（17）：33-34.

⑥ 姚前．区块链技术的激励相容：基于博弈论的经济分析［J］．清华金融评论，2018（9）：96-100.

⑦ BEHNKE K，JANSSEN M F W H A. Boundary Conditions for Traceability in Food Supply Chains Using Blockchain Technology［J］. International Journal of Information Management，2019（6）：1-10.

⑧ VIDA J M，JEANNETTE P，EDWARD B. How Blockchain Technologies Impact your Business Model［J］. Business Horizons，2019，62（3）：295-306.

⑨ SAURABH A，RAJ V M，MARIBEL G. Blockchain Technology and Startup Financing：A Transaction Cost Economics Perspective［J］. Technological Forecasting & Socail Change，2020（151）：1-6.

⑩ ØLNES S，UBACHT J，JANSSEN M. Blockchain in Government：Benefits and Implications of Distributed Ledger Technology for Information Sharing［J］. Government Information Quarterly，2017，34（3）：355-364.

⑪ 庄雷，赵成国．区块链技术创新下数字货币的演化研究［J］．经济学家，2017（5）：76-82.

可以促进分布式系统的规模化，但是需要获得分布式信任的驱动力，需要潜在的社会性、经济性因素去指导区块链技术解决方案的设计和部署（Alex 等，2017）。① 因此可以认为，制度、市场、经济和社会等因素将在一定程度上影响区块链技术的发展，而区块链技术也在通过某种机制影响着制度、市场、经济和社会的变革。Mori（2016）发现，对区块链进行技术预见时，遇到的障碍中只有 20%是基于技术的，而其他 80%则归因于业务实践和其他因素。②区块链技术可看作一种新的制度技术、经济技术和市场技术，使得新型的组织运作模式成为可能。因此，本书可以置身经济学、管理学、社会学等学科的分析框架之下展开，这为我们的研究提供了一种思路。

第二节　区块链技术概念与基本架构

本书主要借鉴袁勇和王飞跃从狭义和广义两个方面对区块链技术的定义，即从狭义来讲，区块链技术是一种按照时间顺序将数据区块以链条的方式组合成特定数据结构，并以密码学方式保证的不可篡改和不可伪造的去中心化共享总账，能够安全存储简单的、有先后关系的、能在系统内验证的数据。广义的区块链技术则是利用加密链式区块结构来验证与存储数据，利用分布式节点共识算法来生成和更新数据，利用自动化脚本代码（智能合约）来编程和操作数据的一种全新的去中心化基础架构与分布式计算范式。③

区块链一般包括如下几个核心技术：①分布式账本技术（Distributed Ledger Technologies，DLT）：交易记账由分布在不同地方的多个节点共同完成，而且每一个节点均可记录完整的账目。区块链每个节点都按照块链式结构存储完整的数据，每个节点的存储都是独立的，依靠共识机制保证存储的

① ALEX P，PRIMAVERA D F，VASILIS K. Blockchain and Value Systems in the Sharing Economy：The Illustrative Case of Backfeed［J］. Technological Forecasting & Social Change，2017（125）：105-115.

② MORI T. Financial Technology：Blockchain and Securities Settlement［J］. Journal of Securities Operations & Custody，2016，8（3）：208-217.

③ 袁勇，王飞跃. 区块链技术发展现状与展望［J］. 自动化学报，2016，42（4）：481-493.

一致性。②非对称加密算法：价值信息转移过程的信任机制，主要通过非对称加密算法实现，即通过私钥来“验证你的拥有权”，通过公钥来“验证你对发送的价值信息数据是否授权确认”。存储在区块链上的交易信息虽然是公开的，但是账户身份信息被高度加密，保证了数据安全和个人隐私。③共识机制：区块链上发生的每一笔交易都需要完成共识才可被确认。共识保证了交易在分布式的多节点间达成一致的执行结果。这既是认定的手段，也是防止篡改的主要手段。由于准入机制的差异，公有链和联盟链一般会采用不同的共识算法。④智能合约：智能合约基于可信的不可篡改的既定代码可自动化地执行预先设定好的规则条款，从而承担多样性的业务逻辑。智能合约一旦确定，相关资金就会按照合约执行，任何一方都不能控制或者挪用资金，以确保交易安全。记录在区块链上的智能合约具备不可篡改和无须审核的特性。

区块链技术可遵循以下基本架构，如图 1-1 所示。

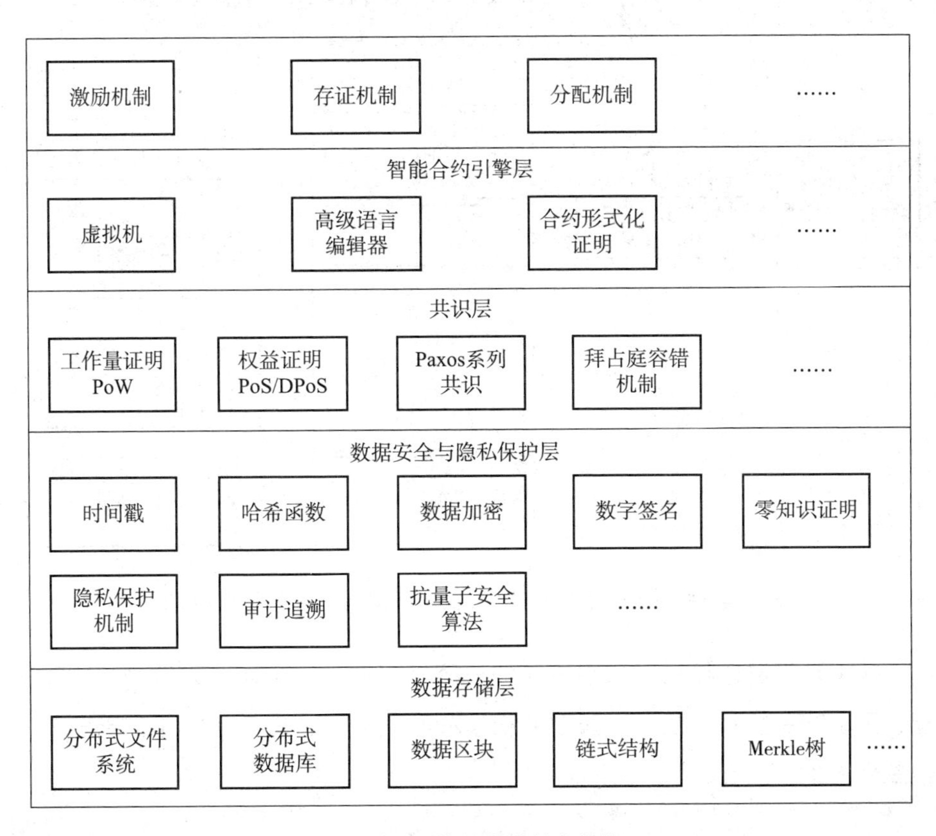

图 1-1 区块链技术基本架构

专题1

新一轮技术革命对生产关系及国际经济竞争格局产生的影响

新技术的不断涌现与变革，形成了以大数据、物联网、人工智能、区块链等为代表的数字主导技术群。数字主导技术群通过与应用领域的紧密结合，推动形成了数据这一关键生产要素，并从研发模式、产业分工形式、产业组织形态等方面进一步引发生产关系的变革和国际经济竞争格局的变化，具体影响如图1-2所示。

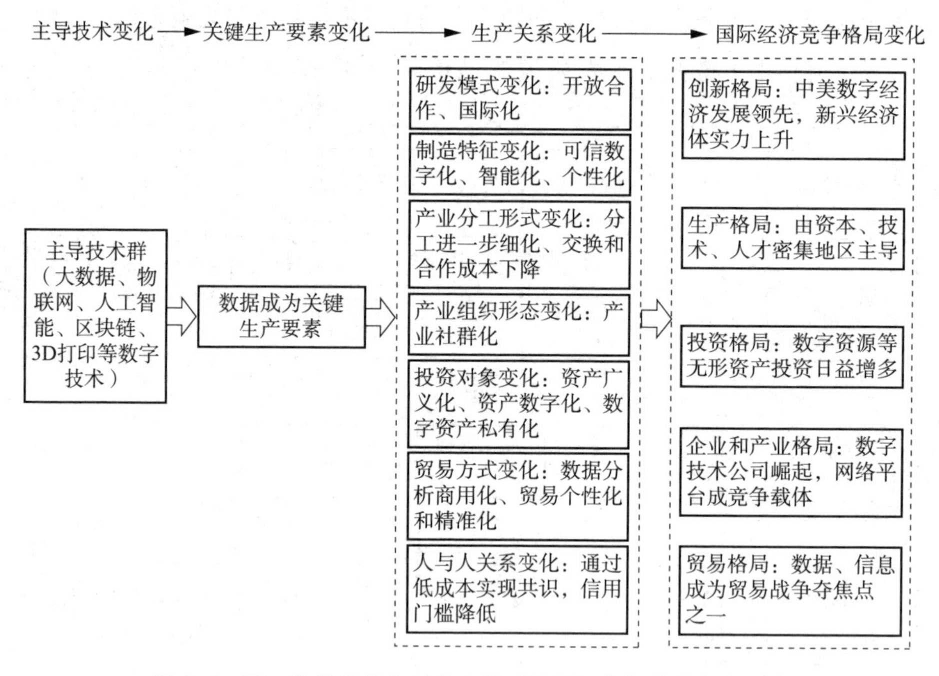

图1-2　新一轮技术革命对生产关系及国际竞争格局产生影响

技术进步是保障经济持续增长的决定性因素，物联网、大数据、人工智能、区块链等技术在经历了长期的积累和酝酿之后，极有可能推动新一轮科技革命产生。

第二章

技术篇：区块链技术发展现状与比较

第一节　全球区块链技术发展现状

一、全球区块链发展总体处于技术—应用转换期

（一）全球区块链发展所处阶段分析

界定与区块链产业兴起相关的阶段和转变，对于理解其发展动态非常重要。研发是区块链企业的主要活动之一，[①] 区块链产业发展建构在数学、密码学等科学理论基础之上，科学理论的拓展又进一步支撑了相关技术集群的扩散。因此，区块链具有以科学和技术为基础的产业特征。基于 Phaal 等（2001）关于技术密集型产业发展轨迹的通用模型，[②] 笔者结合全球区块链产业发展现状，提出区块链产业发展阶段示意图，如图 2-1 所示。

区块链产业发展至今历经如下 3 个关键阶段。

1. 前驱阶段（科学主导）：通过科学研究，探索该领域显现的基本问题

区块链技术的发展建构在多种科学知识基础之上，与数学、密码学和计算机科学等密切相关。

实现区块链科学—技术转换的里程碑事件是 20 世纪 70 年代密码学领域

---

① 通过企信宝官网，在经营范围中输入“区块链”，在行业中输入“科学研究和技术服务业”，发现从事科学研究和技术服务业的企业占据区块链企业的绝大多数。

② PHAAL R，O'SULLIVAN E，FARRUKH C，et al. A Framework for Mapping Industrial Emerge [J]. Technological Forcasting & Social Change，2011，78（2）：217-230.

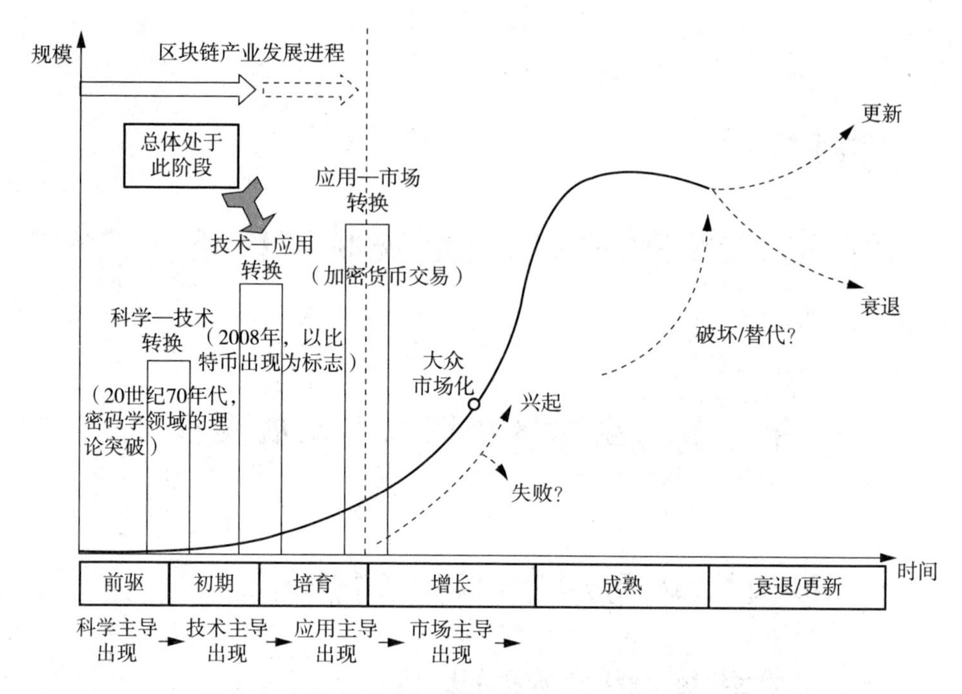

图 2-1　区块链产业兴起的阶段、过渡、里程碑和轨迹

注：□表示里程碑事件，界定了科学—技术、技术—应用、应用—市场的发展转变。

的理论突破。1976 年，Whitfield 与 Martin 在论文《密码学的新方向》① 中发明了一种秘钥交换算法，揭示了非对称加密以及公钥加密的可行性，奠定了区块链技术依赖的密码学基础。

2. 初期阶段（技术主导）：不断提高区块链技术的可靠性和可操作性，实现基本应用

随着密码学等理论的不断发展，1982 年，Chaum 提出了用于电子支付的加密货币——电子现金，② 成为比特币设计思想的雏形。8 年后，他和 Fiat、

① WHITFIELD D, MARTIN E H. New Directions in Cryptography [J]. IEEE Transactions on Information Theory, 1976, 22 (6): 644-654.

② CHAUM D. Blind Signatures for Untraceable Payments [C]. Santa Barbara: Proceedings of 2nd International Cryptology Conference, 1982: 199-203.

Naor 又提出了密码学匿名现金系统。[1] 1982 年，Lamport 等研究了拜占庭将军问题，[2] 即如何解决公开网络的信任。1997 年，Adam 发明了哈希现金算法机制，[3] 即用时间戳确保数位文件安全的协议，保证数据可追溯且不可篡改。哈希现金算法机制已经包含了区块链的大部分技术特性。

2008 年，比特币的出现可视为技术—应用转换的里程碑事件。全球金融危机爆发，美国政府采取了史无前例的财政刺激方案和扩张的货币政策，并对银行业提供紧急援助，这些措施引起了广泛质疑。人们讽刺当时的政治和经济环境，称之为“受益的私有化和亏损的社会化”。[4] 在这种背景下，2008 年 10 月，中本聪发表了 *Bitcoin：A Peer-to-Peer Electronic Cash System*，以构建一种无须第三方中介的支付体系。2009 年 1 月，他在 sourceforge. net 上[5]公布了比特币软件的第一个版本，该软件是开源的，且可以免费使用、复制和修改。区块链技术被人们关注始于比特币的推出，随后比特币投资、炒作引发的监管等问题也被公众持续关注。

3. 培育阶段（应用主导，目前只有加密货币应用领域大致处于此阶段）：提高区块链技术应用能力，促进商业可持续发展

2019 年，美国咨询公司高德纳（Gartner）发布《2019 区块链商业成熟度曲线》，[6] 按照行业/部门提出区块链商业成熟度（见表 2-1），认为除了加密货币领域外，大部分应用领域的商业成熟需要 5~10 年的时间，甚至更久。欧洲基金会 2020 年发布的报告也指出，截至 2019 年，在服务领域，区块链技

---

① CHAUM D，FIAT A，NAOR M. Untraceable Electronic Cash [C]. New York：Proceedings on Advances in Cryptology，1990：319-327.

② LAMPORT L，SHOSTAK R E，PEASE M，et al. The Byzantine Generals Problem [J]. ACM Transactions on Programming Languages and Systems，1982，4（3）：382-401.

③ ADAM B. Hashcash [EB/OL]. http：//www. cypherspace. org/hashcash/.

④ 菲尔·尚帕涅. 区块链启示录 [M]. 陈斌，胡繁，译. 北京：机械工业出版社，2018.

⑤ 现在这个版本已经不在 sourceforge. net 上，被复制到了其他开源地址。

⑥ GARTNER. Gartner 2019 Hype Cycle for Blockchain Business Shows Blockchain Will Have a Transformational Impact across Industries in Five to 10 Years [EB/OL]. [2019-09-12]. https：//www. gartner. com/en/newsroom/press-releases/2019-09-12-gartner-2019-hype-cycle-for-blockchain-business-shows. 自 1995 年起，Gartner 公司每年发布 Hype Cycle，将技术从产生到应用过程划分为五个阶段，即技术萌芽期、期望膨胀期、泡沫破裂期、稳步回升期、商业成熟期。

术与无人驾驶汽车、VR/AR 一样，仍处于测试阶段。①

表 2-1　按照各行业/部门划分的区块链商业成熟度（仅列示部分）

行业/部门	商业成熟度	商业成熟所需时间/年
石油、天然气	技术萌芽期	5~10
媒体、娱乐	技术萌芽期	5~10
医疗卫生	技术萌芽期与期望膨胀期	>10
供应链	期望膨胀期	5~10
物流、交通	期望膨胀期	5~10
通信	期望膨胀期	5~10
银行、投资	泡沫破裂期	5~10
政府	期望膨胀期与泡沫破裂期交汇处	5~10
加密货币	泡沫破裂期	2~5

数据来源：Gartner（2019）。

综上分析，区块链技术的发展方向及其在全球范围内的影响仍具有未知性，区块链产业总体处于技术—应用转换期（除了在加密货币领域的应用外），其技术水平不足以支撑大规模的商业化应用。

（二）区块链领域初具巴斯德象限特征

巴斯德象限属于基础研究与应用研究并存的象限，因此不仅存在源于应用的基础研究，还存在既直接源于理论背景，又有明确应用目的的应用研究。② 巴斯德象限的本质是针对布什研发线性模型③存在的问题进行的改进，如图 2-2 所示。

总体而言，区块链领域的最初研究是以提高对密码学的认识为目的的，故具有玻尔象限的特征。随着在比特币等领域的成功应用，区块链科学研究

① EUROFOUND. Game-changing Technologies: Transforming Production and Employment in Europe [R]. Luxembourg: Publications Office of the European Union, 2020.

② STOCKS D E. Pasteur's Quadrant: Basic Science and Technological Innovation [M]. Washington D. C. : Brookings Institution Press, 1997.

③ BUSH V. Science: The Endless Frontier [R]. Director of the Office of Scientific Research and Development, 1945. Availble at: https: //nsf. gov/od/lpa/nsf50/vbush1945. htm.

以实用为目的（Stocks）/技术开发活动（刘则渊等）

以求知为目的（Stocks）/科学研究活动（刘则渊等）		否	是
	是	Ⅰ玻尔象限 纯基础研究（Stocks）/基础科学（刘则渊等）	Ⅱ巴斯德象限 应用引发的基础研究（Stocks）/技术科学（刘则渊等）
	否	Ⅳ皮特森象限 技能训练与经验整理（Stocks）	Ⅲ爱迪生象限 纯应用研究（Stocks）/工程技术（刘则渊等）

图 2-2　Stocks/刘则渊等对科学研究的象限划分对比示意

经历了从玻尔象限至巴斯德象限的转化，技术路径围绕着金融等领域的应用开始转移。区块链领域表现出极其明显的“应用导向的基础研究与基础理论背景的应用研究结合”特点。区块链技术发展不再只是从基础研究到技术开发及产业化的简单线性转化过程，对区块链技术的治理应遵循基于巴斯德象限的科技政策发展范式，形成基于“基础研究+应用研究”的企业—大学、科研院所—政府良性互动关系，[①] 建立区块链多边治理网络和混成组织。企业、大学和科研院所、政府等创新主体既要重视对技术的应用，同时也要探索如何在应用实践中突破科学问题瓶颈，为区块链发展提供更多技术来源。

二、区块链技术创新持续活跃

（一）论文数量近年呈爆发态势增长

利用 Web of Science 检索平台，以“blockchain”为主题在 SCI Expanded 和 SSCI 核心合集库检索，锁定时间为 2015—2019 年，共检索到 1553 篇文献。自 2017 年以后，有关区块链的论文呈现爆发式增长态势，如图2-3所示。

---

① LEYDESDORFF L，MEYER M. A Triple Helix of University-Industry-Government Relations：The Future Location of Research［M］. New York：State University of New York，1997.

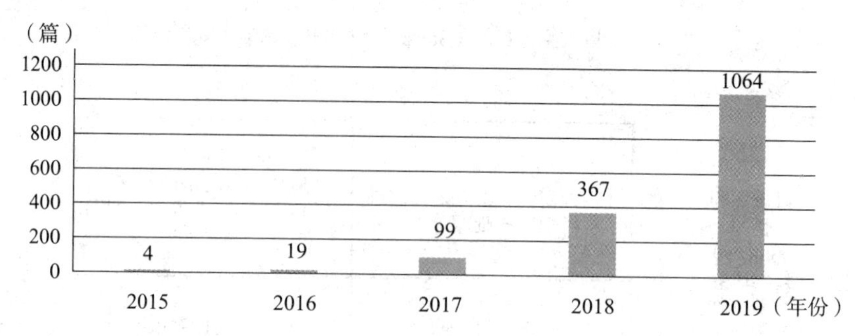

图 2-3 区块链领域核心论文数量（按发表年份）

数据来源：Web of Science。

利用 InCites 软件对文献按学科进行分类，提取了前 25 个区块链核心论文热点领域学科，其分类见表 2-2。

表 2-2 区块链核心论文热点领域学科分布

排名	名称	Web of Science 论文数	学科规范化的引文影响力	被引频次	论文被引百分比/%
1	计算机科学——信息系统	457	2. 833	2997	51. 20
2	电信	392	3. 059	2642	51. 28
3	工程、电气与电子	392	3. 224	2507	58. 16
4	计算机科学——理论和方法	102	3. 286	790	59. 80
5	计算机科学——硬件和架构	106	3. 790	718	55. 66
6	计算机科学——软件工程	132	3. 790	709	49. 24
7	计算机科学——跨学科应用	78	2. 813	496	58. 97
8	健康科学与服务	48	4. 925	411	62. 50
9	医学信息学	40	4. 825	406	67. 50
10	能源与燃料	37	2. 125	402	70. 27
11	工程学——工业	59	3. 703	396	49. 15
12	情报科学与图书馆学	36	6. 279	295	63. 89
13	工程学——化学	8	6. 302	265	87. 50
14	自动化和控制系统	35	2. 512	252	60. 00
15	商业	49	2. 560	252	53. 06
16	运筹学与管理科学	27	5. 648	188	62. 96
17	管理学	37	2. 226	177	62. 16
18	化学——分析	35	2. 341	174	68. 57
19	工具和仪器	39	2. 540	158	58. 97

续表

排名	名称	Web of Science 论文数	学科规范化的引文影响力	被引频次	论文被引百分比/%
20	工程学——制造	20	5.855	146	45.00
21	环境科学	33	1.117	127	57.58
22	绿色与可持续发展	28	1.140	114	57.14
23	计算机科学——人工智能	16	2.105	103	50.00
24	法律	34	3.462	99	38.24
25	经济	37	3.015	95	48.65

数据来源：Web of Science。

可见，全球在计算机科学领域的区块链相关论文数量最多，在能源、医学、商业、环境、法律等领域，也有较多文献出现。

（二）中国专利数量占据全球首位

在 Incopat 平台，[①] 以“区块链”或“分布式账本”作为关键词进行检索发现，近年来全球在区块链领域申请专利的数量逐年增多，仅 2017—2018 年，相关专利申请数量已占历年来（2000—2018 年）申请总数的 81.16%。中国的专利申请尤为活跃，截至 2019 年 6 月 27 日，中国区块链领域专利申请总量为 1490 件（占 32.61%），美国申请总量为 1344 件（占 29.41%）。然而，分析中国区块链领域专利结构可以发现，在 67 项有效专利[②]中发明专利只占 50%，反映出专利总体含金量不高。大部分企业在加密数字货币、钱包、存证溯源等应用层面开展研发工作。

三、区块链技术应用步伐逐渐加快

2019 年以来，区块链在各领域应用落地的步伐不断加快，如其正在贸易金融、供应链、社会公共服务、选举、司法存证、税务、物流、医疗健康、农业、能源等多个垂直行业中探索应用。根据信通院的统计分析，[③] 截至

① 检索时间：2019 年 6 月 27 日。

② 此处仅计算有效专利和 PCT 有效期内专利。

③ 中国信息通信研究院．区块链白皮书（2019 年）[R]．北京：2019.

2019 年 8 月，由全球各国政府推动的区块链项目数量达 154 项，主要涉及金融业、政府档案、数字资产管理、投票、政府采购、土地认证/不动产登记、医疗健康等领域。其中，荷兰、韩国、美国、英国、澳大利亚等国家的政府推动项目数排名前五位，在探索区块链技术研发与应用落地方面表现得更加积极主动。目前，区块链的核心技术及其应用场景如图 2-4 所示。

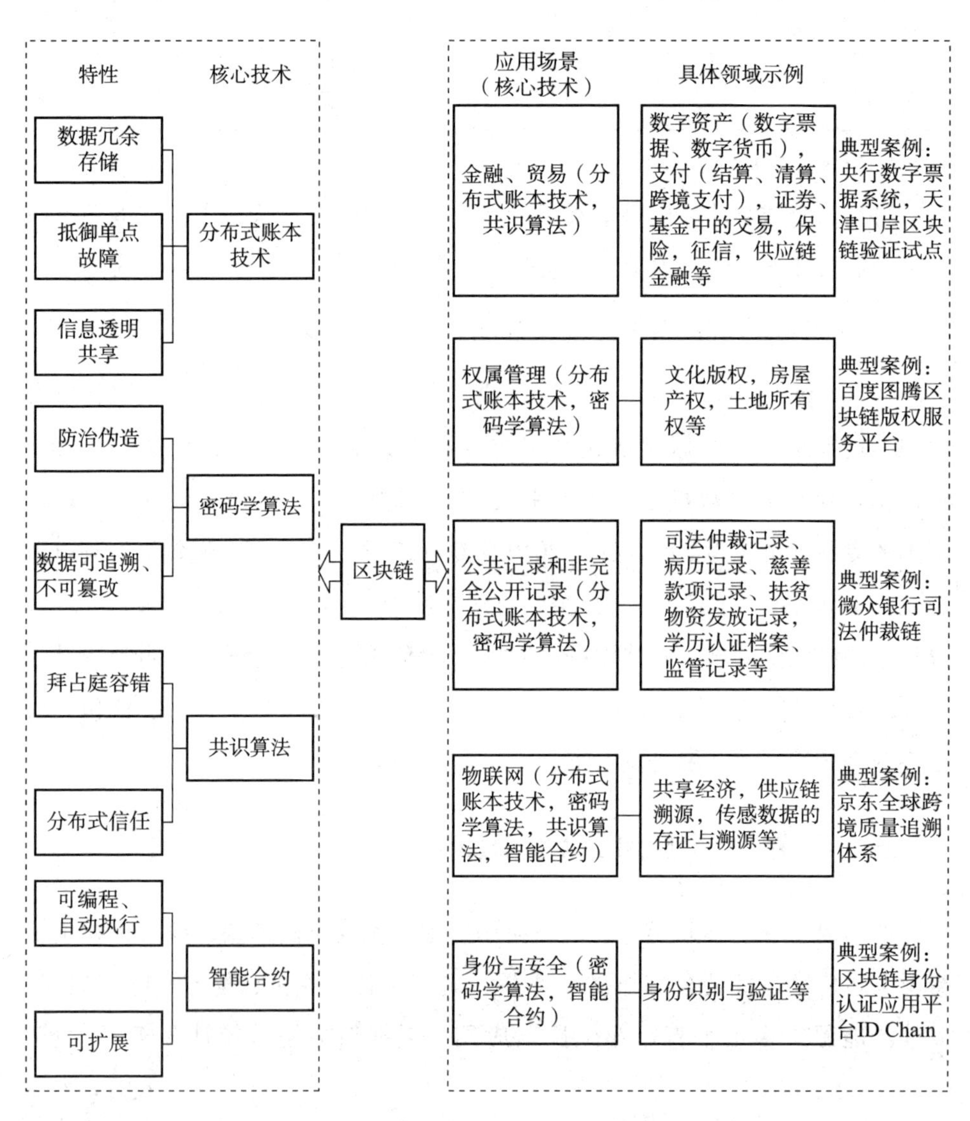

图 2-4　区块链的核心技术及其应用场景

四、公链和联盟链平台不断发展①

随着区块链技术的发展，出现了不同的区块链技术形态：公链、联盟链和私有链。其中，公链平台和联盟链平台都是支撑区块链大规模应用的主要平台，涌现出了丰富的区块链应用。

（一）公链的发展情况

公链（public blockchain）是指任何人都可读取、发送交易且能获得有效确认的共识区块链。公链相当于互联网时代的广域网、万维网，人人都可以连接。公链可以分为平台型公链和垂直型公链。平台型公链为底层基层设施，如同互联网世界中的操作系统，如 Windows、IOS 或者 Android，区块链应用则在这些操作系统上运行。垂直型公链是指各自领域的区块链操作系统，有点类似互联网中的微信、支付宝、今日头条，内容生产者、小程序开发者等可以在上面部署自己的内容和应用。垂直型公链相比平台型公链将更为普遍，每个细分领域都可能有自己的垂直型公链产生。

目前，全球主要公链的基本情况见表 2–3。

表 2–3　全球主要公链基本情况（按主网上线时间排序）

序号	公链名称	目标	主网上线时间	共识机制	是否 ICO
1	VNT Chain/VNT	“联盟链+跨链+公有链”	2019 年	PBFT	否
2	Zilliqa/Zil	打造区块链移动操作系统	2019 年	PBFT+PoW	是
3	Zipper/Zip	跨链报文和交易转接网络，欲成为区块链世界的 Visa	2019 年	DPoS/BFT	是
4	Aelf	由主链组成，包含多个侧链，能满足各种商业需求的高效多功能区块链系统	2019 年	主链 DPoS 侧链 PoW	是
5	Aion	解决区块链中链与链之间的通信问题	2019 年	DPoS+BFT	是

① 资料来源：迅雷区块链研究院。

续表

序号	公链名称	目标	主网上线时间	共识机制	是否 ICO
6	梵塔网络/Penta	下一代融合高速链路和高性能DAPP运行平台的区块链网络	2019 年	DSC 动态权益共识协议	是
7	柚子/EOS	区块链的“Windows 操作系统”	2018 年	DPoS	是
8	比特股/BTS	打造集去中心化的全球支付系统（如支付宝）/加密货币交易所（如币安）/证券交易所（如纳斯达克）于一体的系统	2018 年	DPoS	是
9	波场/TRX	构建全球范围内的自由内容娱乐体系	2018 年	TPoS	是
10	本体/ONT	在私有链、联盟链及公有链间构建连接，在区块链应用和现实世界间构建桥梁	2018 年	VBFT	是
11	星云链/NAS	建立适用于所有开发者的区块链操作系统，并汇聚智能合约程序，为开发者提供搜索服务	2018 年	Pod	是
12	布比公链 BUMO/Bu	支撑数字资产流通和物联网价值传递的商用级基础公链	2018 年	BCP	是
13	初链/TRUE	打造承载未来商用去中心化应用的公链	2018 年	PBFT-fPoW	是
14	比原链/BTM	建造多元化比特资产登记的标准与交互工具	2018 年	PoW	是
15	Aeternity/AE	具有链上的可扩展性（基于 Bitcoin-NG）以及离链可扩展性（状态通道）	2018 年	PoW+PoS	是
16	IOST	打造一条被大规模使用的应用级区块链	2018 年	PoB	是
17	Arcblock	专门用于开发和部署去中心化区块链应用的服务平台和生态系统	2018 年	改进的 PBFT	是

续表

序号	公链名称	目标	主网上线时间	共识机制	是否 ICO
18	迅雷链 Thunder Chain	共享计算和区块链相结合，实现高并发、秒级确认	2018 年	改进的 PBFT	否
19	亦来云/Elastos	去中心化的智能互联网	2018 年	主链 PoW	是
20	红烧肉/Hshare	具有双重侧链的区块链生态	2018 年	PoW+PoS	是
21	ICON	由各种独立行业以区块链连接形成的去中心化网络	2018 年	LFT	是
22	墨客/moac	支持商业应用的多层区块链架构	2018 年	PoW+PoS	是
23	Rchain	支持同一节点运行多个区块链，配置为公有链、私有链或联盟链	2018 年	Casper PoC	是
24	Tezos	能自我修复的区块链加密系统	2018 年	DPoS	是
25	Wanchain	具有保护隐私和跨链功能的智能合约平台	2018 年	PoS	是
26	Cardano/ADA	集成加密货币和智能合约的区块链生态系统	2017 年	Ouroboros	是
27	量子链/QTUM	兼容以太坊和比特币生态和技术，为商业应用落地和分布式移动应用提供无限可能性	2017 年	PoS	是
28	AChain/ACT	类似以太坊和比特币的合体，致力打造无边界的区块链世界	2017 年	RDPoS	是
29	Waves	让商品和数字资产以完全去中心化的方式被发行、转移或交换，为支付系统、银行、众筹项目提供稳定的开放式平台	2017 年	租用 PoS、LPoS	是
30	小蚁/NEO	实现“智能经济”的分布式网络	2016 年	DBFT	是
31	IOTA	解决机器与机器（M2M）之间的交易问题	2016 年	DAG	是

续表

序号	公链名称	目标	主网上线时间	共识机制	是否 ICO
32	Asch	提供完整的开发者平台、主链及 SDK，旨在降低开发人员进入门槛	2016 年	DPoS+PBFT	是
33	元界/ETP	构建以数字资产和数字身份为基础，围绕 Oracle 和资产交易的新型区块链生态	2016 年	PoW	是
34	Stratis	BaaS 解决方案平台	2016 年	PoS	是
35	Lisk	基于 Java Script 开发的去中心化应用平台	2016 年	DPoS	是
36	以太坊/ETH	运行智能合约的去中心化平台，不存在停机、审查、第三方人为干预的可能	2015 年	PoS+PoW	是
37	恒星链/Stellar	搭建加密货币与法货之间传输的去中心化网关	2014 年	PSOP	是
38	Dash	即时支付的匿名加密货币	2014 年	PoW	否

资料来源：迅雷区块链研究院。

（二）联盟链的发展情况

联盟链只针对某个特定群体的成员和有限的第三方，其内部指定多个预选节点为记账人，每个区块的生成由所有的预选节点共同决定。联盟链相当于互联网时代的局域网。相比公链，联盟链和私有链在效率和灵活性上更有优势，主要体现为以下几点：一是交易成本更低，交易只需被几个受信的高算力节点验证即可，而无须全网确认；二是节点可以很好地连接，故障可以迅速通过人工干预进行修复，并允许使用共识算法减少区块时间，从而更快完成交易；三是读取权限受到限制，可以提供更好的隐私保护；四是更具有弹性，区块链运行规则更加容易修改；五是因为联盟链大多不涉及“发币”，各个国家的监管政策比较宽松。

因此，联盟链相比公链更容易落地。全球主要联盟链基本情况见表2-4。

表 2-4　全球主要联盟链基本情况（按成立时间排序）

序号	名称	成立时间	商事主体	成立地点	设立目标
1	阿里云 BaaS 平台	2018 年	阿里云、蚂蚁金服	中国	提供企业级区块链服务
2	华为云 BCS	2018 年	华为云 BCS	中国	帮助企业和开发人员在华为云上快速、低成本地创建、部署和管理区块链应用
3	京东智臻链	2018 年	京东集团	中国	构建新一代基于互联网的可信价值传递基础设施
4	金融壹账链	2018 年	金融壹账通	中国	研发满足金融级需求的底层技术，应用于实际场景
5	翼启云服	2018 年	宜信	中国	打通数据孤岛，为企业提供可信的协作平台
6	度小满金融区块链开放平台	2017 年	度小满	中国	为用户提供安全、易用、灵活的一站式区块链解决方案
7	点融区块链云服务平台	2017 年	点融网	中国	打造企业级的区块链云服务平台
8	大旗联盟链	2017 年	BUCN 大旗联盟链技术实验室	中国	打造公平公开的区块链价值生态体系
9	俄罗斯区块链联盟	2016 年	俄罗斯央行	俄罗斯	发展区块链概念验证，创建区块链技术的共同标准
10	ChinaLedger	2016 年	中证机构间报价系统股份有限公司等	中国	构建满足共性需求的基础分布式账本
11	中国区块链研究联盟	2016 年	全球共享金融 100 人论坛	中国	促进区块链技术应用规则的合法化与规范化
12	金链盟	2016 年	金融区块链合作联盟	中国	形成金融区块链技术研究和应用研究的合力与协调机制
13	微链盟	2016 年	北京市科委首都创新大联盟	中国	帮助微金融客户做好征信，在微金融领域做好支付
14	腾讯区块链	2016 年	腾讯	中国	成为企业之间的“价值链接器”

续表

序号	名称	成立时间	商事主体	成立地点	设立目标
15	趣链科技	2016 年	浙江大学超大规模系统实验室	中国	构建下一代可信任价值交换网络核心技术及联盟链
16	布比区块链	2016 年	布比科技	中国	打造新一代价值流通网络
17	LegalXchain	2016 年	真相科技	中国	打造统一、标准、可靠的司法界数据存证平台
18	布萌区块链	2016 年	布萌	中国	让企业/个人更简单、方便地使用区块链技术
19	R3	2015 年	R3CEV	美国	为银行提供探索区块链技术的渠道以及建立区块链概念性产品
20	HyperLedger	2015 年	Linux 基金会	美国	实现基于区块链技术的企业级分布式账本底层技术
21	井通联盟链	2015 年	井通科技	中国	打造面向应用的通用平台
22	唯链	2015 年	上海鼎利信息科技有限公司	中国	构造一个既可以自我循环也可以向外拓展的可信任分布式商业生态环境
23	云象区块链	2014 年	云象科技	中国	打造全球领先的企业级区块链技术服务平台
24	矩阵金融	2014 年	上海钜真金融信息服务有限公司	中国	提供基于隐私保护与密码安全的简单、高效的分布式数据交换与多方协同计算服务

资料来源：迅雷区块链研究院。

五、区块链融资活动有所下降

根据 CB Insights 统计，[①] 2018—2019 年，全球区块链融资总体规模和交易数均有所下降（如图 2-5 所示）。中国和美国主导了全球区块链融资活动（如图 2-6 所示），有数据显示，全球区块链交易活动中心正在从美国转向中国（如图 2-7 所示）。

① CB Insights. The Blockchain Report 2020 [R]. New York, 2020.

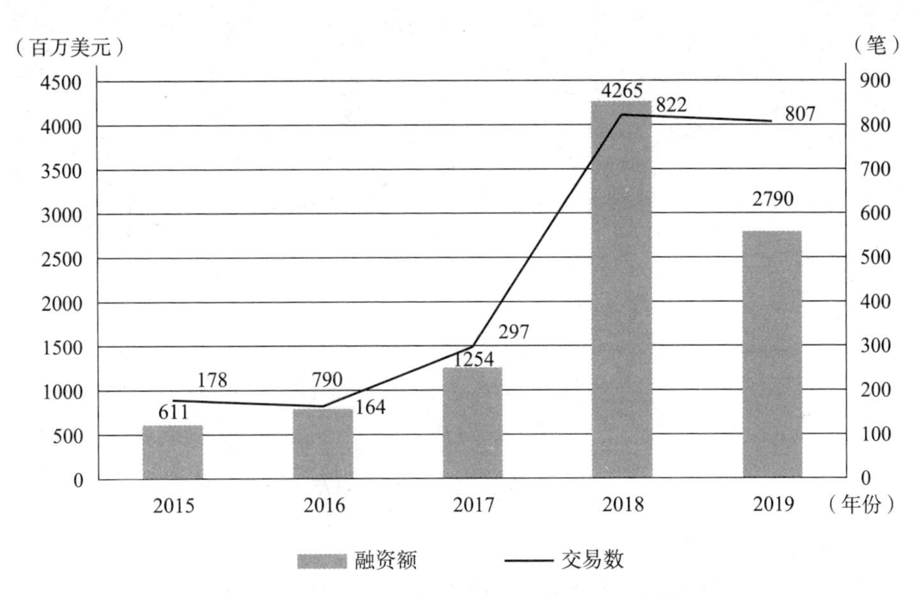

图 2-5　2015—2019 年全球区块链融资活动

数据来源：CB Insights。

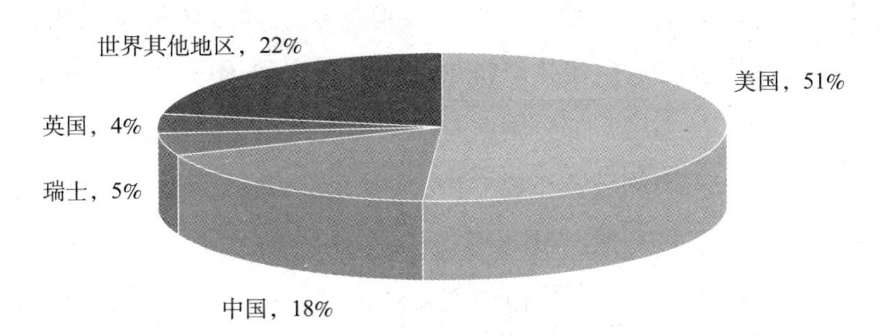

图 2-6　2015—2019 年全球不同地区所获融资份额

数据来源：CB Insights。

注：世界其他地区包括 2015—2019 年资金总额不到 4%的国家。

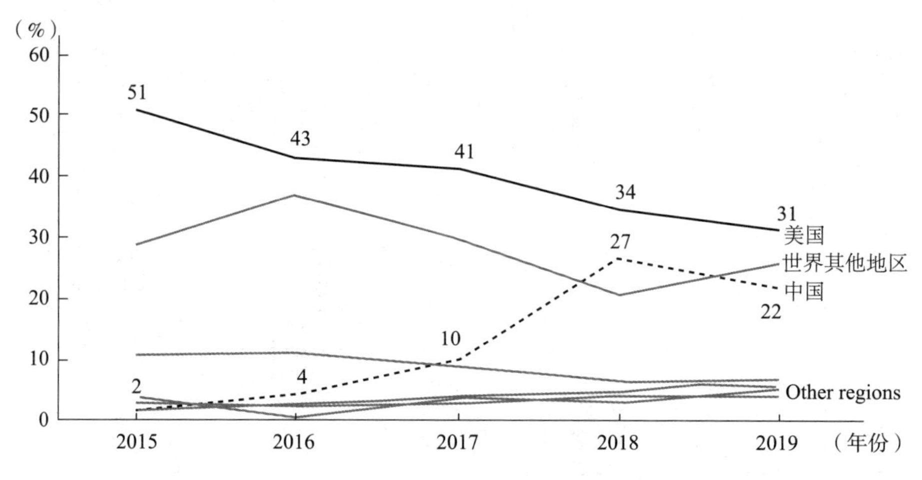

图 2-7 2015—2019 年中美区块链交易总额发展趋势

数据来源：CB Insights。

注：世界其他地区包括 2015—2019 年交易总额不到 4%的国家。

六、各国政府纷纷出台区块链相关规定

基于区块链巨大的发展前景，各国政府纷纷启动区块链发展相关规划。多数国家重视区块链技术在实体经济中的应用，少数国家对区块链及加密货币持“积极拥抱”的态度，部分国家对加密货币明确了监管政策。

2017 年 2 月，美国国会宣布成立国会区块链决策委员会，致力于推动区块链和数字货币政策的完善。2018 年 2 月，美国众议院召开第二次区块链听证会，会议上对区块链和数字货币的态度达成共识，即“鼓励区块链技术创新，加强首次代币发行监管”。日本是首个承认比特币合法的国家，对区块链监管的重点主要集中在对加密数字货币进行严格的注册审查、ICO 监控、交易平台监管等。2019 年 3 月，日本国会在内阁会议上通过了《金融商品交易法》和《资金结算法》修正案，重点加强对虚拟货币交易商的监管。2019 年 4 月，澳大利亚公布了国家区块链战略路线图，该路线图提出将加强对区块链产业的监管引导、技能培训和能力建设，加大产业投资力度，增强国际合作，提升产业竞争力。澳大利亚政府计划在金融、供应链、物流、农业、可信凭证和智能合约等领域大力发展区块链，以确保澳大利亚在该技术领域保持领先地位。

2019 年 9 月，德国通过了区块链国家战略，确定政府在区块链领域里的优先职责，包括数字身份、证券和企业融资等。法国也在大力推动区块链技术创新，以政府为主导推动区块链生态系统的发展。瑞士力争建设“区块链国家”，探索区块链和加密货币立法框架以及国家版加密货币。

近年来，我国促进区块链发展的相关政策密集出台。在中央政府层面，与区块链相关的政策法规见表 2-5。总体而言，我国鼓励区块链技术和产业发展，但对加密货币持审慎态度。

表 2-5　中国政府部门发布的与区块链相关的主要政策

时间	部门	政策名称/政策要点	主要内容
2020 年 7 月	中国人民银行	《推动区块链技术规范应用的通知》《区块链技术金融应用评估规则》	对区块链体系、产品的技术标准等提出顶层设计，为区块链技术金融应用提供客观、公正、可实施的评估规则，保障区块链金融设施与应用的安全稳定运行
2020 年 7 月	证监会	《关于原则同意北京、上海、江苏、浙江、深圳等 5 家区域性股权市场开展区块链建设工作的函》	同意北京股权交易中心等开展区块链建设试点工作
2020 年 7 月	人力资源和社会保障部、市场监管总局、国家统计局	联合发布区块链工程技术人员等 9 个新职业	为助力新冠肺炎疫情防控，扎实做好“六稳”工作，全面落实“六保”任务，促就业拓岗位，人力资源和社会保障部联合市场监管总局、国家统计局向社会发布包括区块链工程技术人员在内的新职业
2020 年 4 月	国家发展改革委	明确“新基建”范围	区块链作为信息基础设施被纳入其中
2020 年 4 月	教育部	《高等学校区块链技术创新行动计划》	到 2025 年，在高校布局建设一批区块链技术创新基地，培养汇聚一批区块链技术攻关团队，推动若干高校成为我国区块链技术创新的重要阵地
2020 年 1 月	国家外汇管理局	推进跨境金融区块链服务平台建设	全国外汇管理工作会议中提到，支持贸易新业态、推进跨境金融区块链服务平台建设，是 2020 年外汇管理重点工作
2019 年 1 月	中共中央网络安全和信息化委员会办公室	《区块链信息服务管理规定》	是国家层面第一个完全面向区块链的政策法规，规范了区块链信息服务活动等

续表

时间	部门	政策名称/政策要点	主要内容
2018年6月	工业和信息化部	《工业互联网发展行动计划（2018—2020）》	鼓励推进边缘计算、深度学习、区块链等新兴前沿技术在工业互联网的应用研究
2018年4月	教育部	《教育信息化 2.0 行动计划》	提出探索基于区块链、大数据等新技术的智能学习效果记录、转移、交换、认证等有效方式
2018年3月	工业和信息化部	《2018 年信息化和软件服务业标准化工作要点》	提出推动组建全国信息化和工业化融合管理标准化技术委员会、全国区块链和分布式记账技术标准化技术委员会
2018年1月	国家知识产权局	《知识产权重点支持产业目录（2018 年本）》	确定了 10 个重点产业。目录第 2.7.6 为区块链
2017年12月	国家邮政局	《关于推进邮政业服务“一带一路”建设的指导意见》	提出与沿线国家交流邮政业和互联网、大数据、云计算、人工智能及区块链等融合发展经验
2017年11月	国务院	《关于深化“互联网+先进制造业”发展工业互联网的指导意见》	促进边缘计算、人工智能、增强现实、虚拟现实、区块链等新兴前沿技术在工业互联网中的应用研究与探索
2017年10月	国务院	《关于积极推进供应链创新与应用的指导意见》	提出要研究利用区块链、人工智能等新兴技术，建立基于供应链的信用评价机制
2017年9月	原保监会	《偿二代二期工程建设方案》	跟踪云计算、大数据、人工智能、区块链等金融科技的发展趋势
2017年8月	商务部、财政部	《关于开展供应链体系建设工作的通知》	重点推进二维码、无线射频识别、视频识别、区块链等应用
2017年8月	国务院	《关于进一步扩大和升级信息消费持续释放内需潜力的指导意见》	提出开展基于区块链、人工智能等新技术的试点应用
2017年7月	国务院	《关于印发新一代人工智能发展规划的通知》	促进区块链技术与人工智能的融合，建立新型社会信用体系，最大限度降低人际交往成本和风险
2017年7月	工业和信息化部	《云计算发展三年行动计划（2017—2019 年）》	开展大数据、物联网、人工智能、区块链等新技术、新业务的研发和产业化工作
2017年6月	中国人民银行	《中国金融业信息技术“十三五”发展规划》	积极推进区块链、人工智能等新技术应用研究
2017年1月	商务部	《关于进一步推进国家电子商务示范基地建设工作的指导意见》	提出促进区块链技术创新应用

续表

时间	部门	政策名称/政策要点	主要内容
2017年1月	工业和信息化部	《软件和信息技术服务业发展规划（2016—2020年）》	提出区块链等领域创新达到国际先进水平等
2016年12月	国务院	《"十三五"国家信息化规划》	首次将区块链作为战略性前沿技术、颠覆性技术列入规划

第二节　中国区块链技术发展现状

一、中国区块链技术总体发展基础

（一）区块链技术发展态势良好，但在基础设施、关键技术、开源平台等方面落后于美国

阿里、腾讯、布比、迅雷等均自主研发了可以支持大规模商业应用的底层区块链，但从开源的角度而言，与美国差距仍然较大。例如，开源代码方面，中国的代码贡献量不足美国的1/3，超过80%的区块链技术平台是使用国外开源技术（如超级账本、以太坊）的产品或者衍生产品，中国仅有Bubichain、BCOS、智臻链、ChainSQL等少数开源的区块链平台。[①] 在开源社区管理方面，国际上影响力较大的开源社区是Linux基金会和Apache基金会，董事会成员大多是美国企业，国内机构如果想要开源，就需将项目贡献给上述基金会进行管理。

（二）区块链技术应用场景尤为庞大，但生态环境亟待完善

中国作为全球第二大经济体，拥有最完善的第三方支付体系、最大的电子商务跨境规模以及应用场景。然而，中国缺少使区块链技术赖以发展的良

① 中国信息通信研究院．区块链白皮书［R］．北京，2018.

好生态，不同区块链之间的数据、算法缺乏统一标准。例如，“建设银行+交通银行”、中国银行业协会、粤港澳大湾区、香港金融局等相继发起了区块链贸易金融联盟，但是由于组织主体不同，业务上存在竞争，再加上技术路线不完全一致，很难实现真正的跨链联盟，不利于区块链发展。

（三）区块链治理体系初具雏形，但风险问题值得高度警惕

目前，中国区块链技术发展的行政管理职能主要归口在工信部，信息备案管理职责主要归口在中央网信办，区块链治理体系仍存在瓶颈和困境，存在大量风险，主要体现在：区块链行业标准、监管和立法缺失造成的责权不对等风险，以及由此带来的决策风险等。

（四）区块链人才培养正有序推进，但复合型人才尤为缺乏

目前，中国已有多所高校设置了区块链专业课程，但依然缺乏既了解底层设计原理和系统架构，又掌握应用场景业务逻辑的复合型人才。调研中很多企业反映，高校技术流派与企业应用流派之间的供需失配较为明显。

二、中国区块链企业主要业务模式

根据调研发现，中国区块链企业主要业务模式可以归纳为以下四种。

（一）以技术研发为基础逐渐拓展应用场景

部分企业着力搭建高性能、高可扩展的区块链基础服务平台，瞄准企业级产品化运营能力，在性能扩展、安全运维等方面已取得技术突破，并在此基础上深入探索区块链应用场景，如布比（北京）网络技术有限公司的运营模式。目前，该公司区块链技术的应用场景包括数字资产、贸易金融、股权债券、供应链溯源、联合征信、物联网、共享数据安全等多个领域。

（二）结合自身业务利用区块链技术巩固竞争优势

这一模式的典型代表是迅雷网络技术有限公司。他们通过将区块链技术与玩客云产品相结合，以公开、透明、高效且低成本的方式，运用区块链技术对供给方和使用方的权利、义务进行记账，并且循环激励资源分享者，迅速形成庞大的资源供应规模；将个体用户手中虽零散但总量巨大的闲置资源与企业的庞大需求有效衔接，解决用户手中资源浪费的问题，让过去弱势且分散的个体用户成为可与企业平等对话的资源供应者，达到服务整个社会算力需求、优化资源配置、提升资源利用效率的目的。

（三）推动区块链技术与业务场景深度融合

大部分企业属于这一情景。例如，京东集团全面启动区块链技术在已有业务场景中的应用探索与研发实践，先后在产品溯源和电子发票存证等领域落地了不同业务场景，在此过程中积累了大量的区块链部署经验与底层技术研发能力。

（四）从局部突破探索开源联盟

2016 年 5 月 31 日，由微众银行、平安银行、招银网络、恒生电子等共同发起的金融区块链合作联盟（简称“金链盟”）成立。金链盟的成员中，70%是金融机构，30%是金融科技企业和互联网企业，还包括腾讯、华为等知名企业。金链盟是非营利性联盟体，以技术标准为纽带，整合及协调金融区块链技术研究资源，探索、研发适用于金融机构的金融联盟区块链，以及相应的应用场景。

三、中国区块链产业覆盖层次

对于区块链产业而言，既需要依靠基础设施提供基本硬件服务，自身也要可以提供技术输出，为终端产品的生产商所使用。因此，区块链产业可以分为三个层次：基础设施层（上游）、核心功能层（中游）、接口服务和应用服务层（下游）。在基础设施层，IT 基础设施为区块链应用落地提供基本保障；在核心功能层，数据安全与隐私保护技术、智能合约引擎、共识机制和共识算法等十分关键；在接口服务和应用服务层，目前在金融、权属等多个领域都有相应布局（如图 2-8 所示）。

继以数字货币为代表的区块链 1.0 之后，区块链 2.0 中加入的智能合约

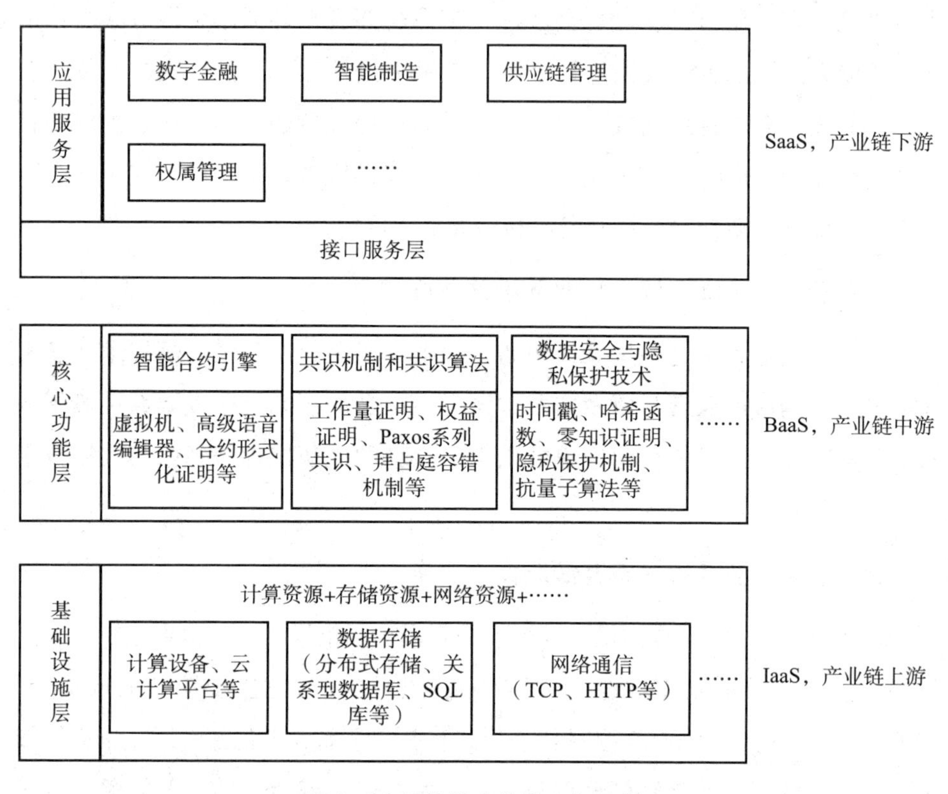

图 2-8 区块链产业的三个层次

等相关技术已具备承载部分垂直行业应用及通用应用开发的能力。在底层技术及基础设施层，我国有专注基础协议的小蚁、比原链等，专注匿名技术的 Zcash、Dash、Monero 等。在核心功能层，我国有提供智能合约服务的秘猿科技、Lisk、Veritaseum 等，提供数据服务的众享比特、公信宝、矩阵元等，提供 BaaS 平台服务的趣链科技、快贝、分布科技等，提供区块链解决方案的迅雷链、京东智臻链、海星区块链等。在行业应用层，我国有提供数字资产交易的 Cointiger、Coinbase 等，提供数字钱包的 ZAG、Pillar、Kcash 等，提供支付服务的 VEEM、RIPPLE、RADR 等，专注保险应用的众安科技、众托帮等，专注物联网应用的六域链、物信链等，专注健康应用的 AKIRI、阿里健康、Gem 等，专注版权保护的原本区块链、纸贵科技等。可见，我国区块链产业已经覆盖多个层面。

第三节 中美区块链技术发展的对比分析

一、美国近期推动区块链技术发展的主要做法

世界各国对区块链的看法和认识，已经越来越趋向于正面。中国、美国、英国、德国等国家已经发布多个关于区块链的报告，一些国家把区块链发展提升到战略高度。[①] 美国作为引领全球区块链发展的重要力量，在推动区块链发展过程中的做法值得探讨和借鉴。

（一）美国白宫科技政策办公室尚未将区块链列为优先发展事项，但各政府部门对区块链的研发支持已经延伸到多个领域

2018 年 10 月，美国国家科学技术委员会（National Science and Technology Council，NSTC）发布的《先进制造中的美国领导战略》[②] 中提到，需要开展新的研究工作以制定或更新标准、指南，以便在制造系统中实施新的网络安全技术，包括用于识别和处理威胁事件的人工智能，用于敏捷制造领域信息安全的区块链等。然而，2019 年初，美国白宫科技政策办公室（Office of Science and Technology Policy，OSTP）发布的两篇报告中均未提及区块链。例如，2019 年 2 月，OSTP 发布的报告《美国将主导未来的产业》[③] 中提出，特朗普政府一直专注于四项关键技术，包括人工智能、先进制造、量子信息科学和 5G，这些技术有望在未来推动美国繁荣、改善国家安全，而区块链并未作

① 例如，德国是将区块链发展提高到“国家战略”层面的欧盟国家之一。2019 年 9 月，德国联邦政府发布区块链国家战略，提出了 44 项发展措施。

② Subcommittee on Advanced Manufacturing Committee on Technology of the National Science and Technology Council. Strategy for American Leadership in Advanced Manufacturing [EB/OL]. 2018. Available at: https://www.whitehouse.gov/wp-content/uploads/2018/10/Advanced-Manufacturing-Strategic-Plan-2018.pdf.

③ https://www.whitehouse.gov/briefings-statements/america-will-dominate-industries-future/.

为一种核心技术被提及。同年4月，OSTP发布的《美国引领科学技术世界》[①]指出，特朗普政府利用人工智能、海洋科学与技术等确保美国科技占据全球领先地位，也未提及区块链。尽管OSTP未把区块链作为美国联邦政府优先发展的事项之一，但是其他若干政府部门对区块链的研发支持却已展开。

1. 美国国土安全部设立区块链项目，专注于在区块链的安全性、隐私、互操作性和标准等方面资助研发

美国国土安全部（Department of Homeland Security，DHS）一直在探索区块链和分布式账本技术的应用，认为区块链可以为数字交易系统带来弹性。DHS科学技术局对区块链领域的支持十分积极，它设立了区块链项目，[②] 资助区块链安全性、隐私、互操作性和标准等方面的研发工作。DHS科学技术局也在致力于将区块链整合到DHS下属的美国海关和边境保护局、公民及移民服务局和运输安全管理局等机构的任务中。例如，2019年11月，DHS科学技术局资助Mavennet公司182700美元，用于在海关和边境保护局中使用区块链进行跨境石油进口跟踪。[③]

2. 美国国防部发布《国防部数字现代化战略》，试验基于区块链进行网络安全保护

2019年7月，美国国防部（Department of Defense，DOD）发布《国防部数字现代化战略》，提出未来4年的数字化计划，并强调了创新和人才培养，以改善网络安全。[④] 报告提到，DOD拥有全球最大的IT网络，对网络进行管理并确保其安全是DOD的主要职责之一；DOD正在试验基于区块链进行网络安全保护，其对区块链的使用包括确保野外军事单位与其总部之间的

---

① https：//www. whitehouse. gov/articles/america-leading-world-science-technology/.

② https：//www. dhs. gov/science-and-technology/news/2019/07/09/snapshot-blockchain-and-dhs，主要通过DHS科学技术局的硅谷创新计划（SVIP）开展工作，设置区块链项目的目标是进一步了解该技术的能力，并在需要时支持和创建广泛接受的标准。

③ https：//www. meritalk. com/articles/white-house-ostp-hails-quantum-computing-breakthrough-fed-support/.

④ Department of Defense Office of Republication and Security Review. DoD Digital Modernization Strategy [EB/OL]. 2019. Available at：https：//media. defense. gov/2019/Jul/12/2002156622/-1/-1/1/DOD-DIGITAL-MODERNIZATION-STRATEGY-2019. pdf.

通信安全，并允许情报人员安全地将敏感信息传递给五角大楼。作为 DOD 的关键研发部门，国防高级研究计划局（Defense Advanced Research Projects Agency，DARPA）将区块链看作一种颠覆性技术。[①] 目前，DARPA 主要支持两个区块链项目的研发：一是测试用于保护消息和交易的协议，将这些活动的历史日志存储在区块链中，以构建一个新的或改进的通信和交易平台；二是利用区块链开发几乎无法破解的代码。但是，DOD 对于区块链的应用还只停留在测试阶段。

3. 美国能源部通过向企业提供项目支持经费和资助大学研发等方式，着重促进区块链对电力等领域基础设施安全的保护

根据公开资料，美国能源部（Department of Energy，DOE）支持的区块链研发项目非常多。2019 年，DOE 主要支持的项目有：①资助佛罗里达国际大学集成区块链和机器学习技术研发新型平台，用于化石燃料发电网络中的安全数据记录和处理（40 万美元）；②资助欧道明大学开发基于区块链的平台，用于保护化石燃料发电网络传感器身份管理和数据流安全（40 万美元）；③资助北达科他州立大学建立基于区块链的化石燃料发电网络安全保护系统（39. 9778 万美元）；④资助小企业开展“用于基础设施保护的区块链安全结构”项目。[②] DOE 的基础能源科学办公室、地热技术办公室、化石能源办公室和电力办公室均已经开展了区块链的研发部署，研发支持领域主要集中于利用区块链保护基础设施安全等。

4. 美国航空航天局相关人员正在研究将区块链应用于飞机飞行数据的私密性和安全性管理

美国航空航天局（National Aeronautics and Space Administration，NASA）艾姆斯研究中心的航空工程师罗纳德·里斯曼（Ronald Reisman）发表文章“Air Traffic Management Blockchain Infrastructure for Security，Authentication，

① Defense Advanced Research Projects Agency. DARPA 60 Years1958—2018 [EB/OL]. 2018. (2019-04-02). Available at：https：//www. darpa. mil/attachments/DARAPA60_ publication-no-ads. pdf.

② https：//www. energy. gov/articles/us-department-energy-announces-46-million-small-business-research-and-development-grants-0.

and Privacy”,① 提出基于超级账本和智能合约建立一个原型，即航空区块链基础设施，可以控制与授权公开或私有数据。文章指出，区块链和智能合约可以帮助缓解航空领域的安全问题，考虑到军方对机密性的要求及空中交通数据的敏感性，NASA 采用区块链将具有重要意义。截至目前，NASA 至少开展了两项区块链领域的研究：一是支持自主航天器的开发，该航天器可以使用区块链技术做出决策，而无须人工干预；二是支持利用以太坊的应用研究，以自动检测浮动碎片。

5. 美国国家科学基金会对区块链的研发支持集中在可扩展性、公平性和多行业应用领域

美国国家科学基金会（National Science Foundation，NSF）在区块链领域的项目资助主要集中在区块链的可扩展性、公平性，以及区块链在制造、环保、医疗、交通、能源等领域的应用，数字货币领域的研究也得到了 NSF 的支持（见表 2-6）。

表 2-6 NSF 重点支持的区块链领域（只列举部分）

序号	批准年份	金额/万美元	内容
1	2019	49.9999	主题：区块链公平 核心内容：寻求解决区块链系统中普遍存在的公平性缺陷，研发适用的设计原则和技术
2	2019	49.9068	主题：在气候治理中使用分布式账本技术 核心内容：研究将分布式账本技术应用于气候治理中可能面临的制约和挑战
3	2017、2019（持续资助）	44.4851	主题：区块链的测量、分析和新应用 核心内容：开发一种新的开源区块链分析工具 BlockSci，验证机器学习方法（包括频谱图分析）对区块链中丰富数据的适用性
4	2019	30	主题：提高应用于医疗保健领域的区块链的可扩展性 核心内容：开发编码理论架构；设计方法，使受计算约束的设备能够以安全的方式协作验证区块；开发框架，允许受网络限制的设备优化其网络资源

① RONALD J R. Air Traffic Management Blockchain Infrastructure for Security，Authentication，and Privacy [EB/OL]. 2019.（2020-02-01）. Available at：https：//ntrs. nasa. gov/search. jsp？ R=20190000022.

续表

序号	批准年份	金额/万美元	内容
5	2019	30	主题：通过区块链网络实现可持续的供应链 核心内容：开发区块链网络框架，连接农民、供应商和消费者
6	2019	22.5	主题：通过区块链和机器学习减少医疗保健中的索赔拒绝 核心内容：利用区块链、智能合约、非线性优化、自然语言处理等技术，预测发生索赔的可能性
7	2019	22.5	主题：用于分布式能源的“可改造存储+区块链”模块 核心内容：为并网的分布式能源创建分布式分类账本
8	2019	22.3675	主题：用于互联和自动驾驶基础设施的区块链微服务 核心内容：建立可扩展的区块链网络，以在互联网环境中访问智能基础架构，同时确保联网汽车数据的可信性和安全性
9	2018	49.9773	主题：使用可扩展语义增强的区块链平台实现智能市场 核心内容：建立数据驱动的信任模型，实现区块链可扩展
10	2015、2018（持续资助）	31.9705	主题：私人数字货币和封闭式支付社区——比特币之后的法律、法规和金融排斥 核心内容：监管机构如何应对比特币对支付领域和法律的挑战
11	2017	25.7669	主题：使区块链私有且可靠地扩展 核心内容：研发新的理论框架和算法工具包，以确保支付渠道交易的可用性和服务质量

资料来源：整理自 NSF 网站。

（二）美国国会对区块链的发展已从放任自流向建立清晰的监管体系转变，各州府对区块链的监管更为积极

1. 美国国会对区块链发展态度已经转变

美国对区块链监管的注意力一直在加密货币方面，即采取保守的加密货币监管策略。例如，美国证券交易委员会（Securities and Exchange Commission，SEC）一再拒绝关于比特币 ETF[①] 申请的提议。联邦政府则认为对于一种新兴的技术模式，从联邦政府层面进行严格监管并不必要，放任自流是较为合适

① ETF 是交易型开放式指数基金，通常又称为“交易所交易基金”，是一种在交易所上市交易的、基金份额可变的开放式基金。

的方法。2017 年，美国国会成立的区块链核心小组[①]对区块链发展的态度也是如此。然而，自 2018 年底起，这一态度已经有所转变。

首先，2018 年 9 月，共和党议员汤姆·埃默（Tom Emmer）和民主党议员比尔·福斯特（Bill Foster）被任命为区块链核心小组联席主席，与共和党议员大卫·史威克（David Schweikert）以及民主党议员贾莱德·波利斯（Jared Polis）一起成为核心小组的领导人，以两党合作方式致力于促进区块链发展，并努力使国会在其发展中占有重要位置。汤姆·埃默等的主要观点有：①区块链的发展与 20 世纪末的互联网类似，互联网的繁荣在一定程度上得益于美国政府为全球信息基础设施制定的五项原则中所体现的宽松监管方式。美国应优先加快区块链技术发展，使美国私营部门能够引领区块链创新。[②] ②为某些区块链开发者及区块链服务供应商提供一个安全港，使他们免受发牌及注册监管，虽允许使用或交易加密货币，但不持有代币的公司则免受资金转移法律的约束。[③] ③为拥有"分叉"数字资产的纳税人建立安全港，阻止美国国税局对试图报告分叉币收益的纳税人征收任何罚款。[④]

其次，美国出台《2019 年令牌分类法》（*Token Taxonomy Act of* 2019）、《2019 年数字分类法》（*Digital Taxonomy Act of* 2019）[⑤] 和《2019 年区块链促进法》（*Blockchain Promotion Act of* 2019）。前两项法律由共和党议员沃伦·戴维森（Warren Davidson）和民主党议员达伦·索托（Darren Soto）于 2018 年 12 月提出，美国于 2019 年 4 月颁布，成为为美国企业和监管机构提供司法管辖权和监管确定性的主要法律。《2019 年令牌分类法》提出了更加明确的

① 核心小组被普遍认为是美国工业界和美国政府共同研究与推动区块链发展的平台。

② TOM EMMER. Resolution: Expressing Support for Digital Currencies and Blockchain Technology [Z]. 2018.

③ TOM EMMER. A Bill: To Provide a Safe Harbor from Licensing and Registration for Certain Non-controlling Blockchain Developers and Providers of Blockchain Services [Z]. 2018.

④ TOM EMMER. A Bill: To Provide Temporary Safe Harbor for the Tax Treatment of Hard Forks of Convertible Virtual Currency in the Absence of Administrative Guidance [Z]. 2018.

⑤ https://soto.house.gov/media/press-releases/soto-davidson-introduce-digital-token-taxonomy-package-address-blockchain.

加密货币定义，赋予加密货币在美国国内的法律地位。[①]《2019 年数字分类法》提出不应将所有代币销售都纳入证券或商品监管中。这两项法律的出台为美国数字资产市场监管增强了明确性，可能进一步释放虚拟货币对美国经济的促进潜力。《2019 年区块链促进法》由民主党议员多丽丝·松井（Doris Matsui）和共和党议员布雷特·格思里（Brett Guthire）共同制定，并于 2019 年 7 月获得批准，旨在指导美国商务部对“区块链”进行定义，为技术监管设置统一框架。

美国在区块链领域一向缺乏一致的监管策略，SEC 虽部分承担了加密货币监管职能，却在创新方面屡被诟病。美国国会已经认识到在区块链发展和加密货币监管领域的落后行为，致力于通过制定法规和政策促进美国私营部门引领创新，进一步确保美国在关键技术上保持全球领先地位。

2. 州府对区块链的监管、立法等工作较为积极，但监管力度和侧重点的不同在一定程度上制约了区块链在美国国内跨区域业务的开展

美国的监管体系遵循联邦政府和州府双层架构。目前，美国绝大多数州府已经明确对加密货币和/或区块链技术的监管立场，很多州府已经引入或通过了区块链领域相关法律（见表 2-7）。这些法律主要集中在承认区块链和智能合约在进行电子交易方面的法律权威、建立监管沙箱等方面。

表 2-7　近年来美国部分州府在区块链领域提出或颁布的法规内容

州府	提出或颁布年份	内容
怀俄明州	2019	授权该州允许初创企业测试新技术，并确定它们在现有监管制度下的运作方式[②]
华盛顿州	2019	承认并保护与区块链等分布式账本相关的电子记录的法律地位[③]

① Warren Davidson 指出，“《2019 年令牌分类法》是解锁美国区块链技术的关键”，“没有它，美国可能将其创新的起源和数字经济的所有权移交给欧洲和亚洲。通过这项立法，国会将向全球的创新者和投资者传达一个强有力的信息，即美国是区块链技术的最佳实践地”。https：//soto. house. gov/media/in-the-news/us-house-continues-explore-blockchain-regulation.

② https：//www. coindesk. com/wyoming-lawmakers-advance-blockchain-sandbox-bill.

③ https：//www. dlapiper. com/en/us/insights/publications/2019/04/washington-state-seeks-repeal-of-electronic-authorization-act/.

续表

州府	提出或颁布年份	内容
田纳西州	2018	承认区块链数据具有法律约束力，赋予智能合同法律效力①
内华达州	2017	第一个禁止地方政府对区块链使用征税②
特拉华州	2017	通过了对州法律的修正案，以便利用区块链更好地跟踪和验证股票所有权③
新罕布什尔州	2017	数字货币交易商免受新罕布什尔州货币流通条例的约束④

然而，各州府之间的法律、各州府与联邦政府之间的法律是否存在冲突，仍然存在不确定性。布鲁金斯学会（Brookings Institution）发布的《区块链和美国政府：初步评估》报告，按照不同州府对区块链技术的接受程度和对加密货币的态度，将各州府划分为不同组别：未知、反对、赞赏、有组织、积极参与、认识到创新潜力等。根据该报告的分类：阿肯色州、南达科他州等对区块链技术或加密货币既没有采取任何行动，也没有制定任何法规、制度；印第安纳州、爱荷华州、得克萨斯州等对加密货币的态度较为消极；亚利桑那州、特拉华州、伊利诺伊州等认为区块链在美国的经济中将发挥重大作用。[⑤] 对智能合约的约束力不同、对区块链数据法律地位承认程度的不同等，可能导致美国不同州府跨地区开展区块链应用时遇到难题。

（三）掌握国际主动权、解决行业内标准问题是美国在区块链标准体系建设中的主要做法

区块链标准的制定，关乎未来该领域国际主动权的争夺。美国在区块链标准制定方面的具体做法包括以下两点。

① https：//medium. com/blockchain-forlaw/state-laws-recognize-impact-of-blockchain-on-legal-sector-6749d71fc982.

② https：//www. coindesk. com/nevada-first-us-state-ban-blockchain-taxes/.

③ https：//www. forbes. com/sites/groupthink/2017/09/20/why-the-delaware-blockchain-initiative-matters-to-all-dealmakers/#5a1dc6f27550.

④ https：//www. coindesk. com/new-hampshire-governor-signs-bitcoin-msb-exemption-law/.

⑤ KEVIN C. DESOUZA，CHEN YE，KIRAN KABTTA SOMVANSHI. Blockchain and US State Governments：An Initial Assessment ［EB/OL］. 2018. （2018-06-10）. Available at：https：//www. brookings. edu/blog/techtank/2018/04/17/blockchain-and-u-s-state-governments-an-initial-assessment/.

1. 紧盯国际赛道，掌握国际主动权

对于美国政府和很多企业而言，引导和领导国际标准化组织（International Organization for Standardization，ISO）的标准制定过程至关重要，这将关系到抢占全球标准高地，并可确保区块链生态系统不会因为标准的不同而产生分裂。ISO 于 2016 年设立了 TC307 技术委员会，着手定义区块链参考架构、分类和本体。制定标准的过程最初由澳大利亚发起。截至目前，TC307 技术委员会已经有 35 个成员国（P 成员）、13 个观察成员国（O 成员），公开发布了 1 个区块链领域标准，另有 10 个标准正在制定中。[①] 美国国家标准协会（American National Standard Institute，ANSI）作为 ISO 中唯一的美国代表和成员，在其中发挥着积极作用。ANSI 几乎参与了 ISO 的全部技术计划（近 80%）的制定，并管理着许多重要的委员会和小组。[②] ANSI 已经提交了区块链参考架构等诸多文档。2019 年 9 月，美国电气和电子工程师协会（Institute of Electrical and Electronics Engineers，IEEE）计算机标准协会下设了区块链标准委员会，其偏重应用层面的标准设计。委员会下设基础工作组、技术工作组、应用工作组、资产工作组、服务工作组和数据工作组，致力于推动区块链国际标准化工作。

2. 政府部门和行业协会致力于解决行业内某些操作和标准问题

例如，DHS 正在探索在海关与边境保护等行业内实施区块链的最佳实践以及全球可用的规范；[③] 认证标准委员会 X9 是美国代表金融服务行业并被 ANSI 认可的非营利性组织，它的区块链研究小组正在开发美国区块链技术的通用术语；[④] 区块链货运联盟 BiTA 正在促进区块链在运输和物流行业的应用，并希望在这些领域建立全行业的区块链使用标准。[⑤] R3 全球金融区块链

---

① https：//www.iso.org/technical-committees.html，已经发布的标准是：Blockchain and distributed ledger technologies-Overview of and interactions between smart contracts in blockchain and distributed ledger technology systems（ISO/TR 23455：2019）.

② https：//www.ansi.org/standards_ activities/overview/overview？menuid=3.

③ https：//www.fedscoop.com/industry-dhs-call-blockchain-standards-supply-chain-security/.

④ https：//x9.org/common-language-blockchain/.

⑤ https：//bita.studio/。BiTA 成员包括《财富》500 强企业和一些小型初创企业，如 UPS、FedEx、Schneider、Penske 等。

联盟旨在通过行业内标准的确立，打造良好的生态系统。

（四）美国将分布式账本技术列入国家安全技术清单

2020 年 10 月 15 日，美国白宫发布《关键与新兴技术国家战略》,[①] 列示了美国政府部门确定为优先事项的 20 个技术领域,[②] 除了早已被列入美国信息安全领域的关键技术如人工智能、量子信息科学等外，分布式账本技术（Distributed Ledger Technology，DLT）首次被列入清单中，这值得关注。

1. DLT 与区块链的区别

DLT 与区块链并非完全相同，很多研究报告把区块链和 DLT 区分开。[③]

（1）区块链只是 DLT 的一种形式

国际电信联盟远程通信标准化组织对 DLT 的定义："一种以分布式方式共享、复制和同步的分类账。"[④] 区块链是一种特殊类型的数据结构，利用"块"存储和传输数据，并将这些"块"在数字"链"中通过密码相互连接。所以，区块链本质上是一个不断增长的记录列表，数据记录仅可添加，不可删除和修改。区块链虽采用了分布式账本的结构，但比一般意义上的分布式账本多了两个特点：①数据区块通过密码签名链接；②记录连成链式结构。因此可以认为，区块链虽是分布式账本的一种形式，但不是每个分布式账本都是区块链。

（2）使用 DLT 的组织不需要去中心化

DLT 允许在分布式网络上记录、共享和同步数据。由于是"分布式"

---

① WHITEHOUSE. National Strategy for Critical and Emerging Technologies [R]. 2020.

② 这 20 个技术领域包括：先进计算、先进制造、航空发动机技术、农业技术、生物技术、分布式分类账技术、能源技术、量子信息科学、半导体、太空技术等。该名单每年会通过由国家安全委员会工作人员协调的跨机构程序进行审查和更新。

③ 例如，英国央行是在数字货币研究与测试领域较为积极的银行之一，他们的研究报告往往更关注 DLT，参见：BANK OF ENGLAND. Broadening Narrow Money: Monetary Policy with a Central Bank Digital Currency [R]. 2018；瑞士联邦委员会发布报告分别提出监管区块链和 DLT 的法则，参见：JACK MEANING，BEN DYSON，JAMES BARKER，et al. The Federal Council. Legal Framework for Distributed Ledger Technology and Blockchain in Switzerland: An Overview with a Focus on the Financial Sector [R]. 2018.

④ ITU. Standards for Blockchain and Distributed Ledger Technology [EB/OL]. [2020-12-01]. https://www.wipo.int/edocs/mdocs/classifications/en/wipo_ip_cws_bc_ge_19/wipo_ip_cws_bc_session_4_adolph.pdf.

的，往往被理解为没有总体控制权或所有者。其实，DLT 存在很多类型，这些类型具备不同的集中度和访问控制。[①] 虽然从技术层面来看，DLT 具有去中心化的特点，而且依赖类似于区块链的共识原则，但是从组织层面看，DLT 的执行者对数据存储和确认的具体方式通常享有一定的控制权，并且他们可以制定网络架构及其具体功能。因此，在分布式账本里，只有技术是去中心化的，运营主体并不是。

（3）DLT 比区块链有更广泛的应用范围

总体而言，DLT 相对于区块链的概念更为宽泛。DLT 可看作区块链的基础，但是它并不需要构建一个完整的链条；DLT 不需要工作量证明算法即可达成共识，在理论上可以提供更好的伸缩性。DLT 有助于解决网络的脆弱性问题，解决现有清算、结算体系中存在的某些效率低下、合规性等问题，尤其是 DLT 相较于区块链更加强调数据权限、精确性和访问控制，因此可广泛用于国防、金融等领域。

2. 美国政府将 DLT 列入国家安全技术清单的战略考量

研究认为，美国将 DLT 列入国家安全技术清单主要出于经济和国防安全考虑。

（1）应对全球支付竞争

环球同业银行金融电讯协会（SWIFT）与纽约清算所银行同业支付系统（CHIPS）一直存在成本较高、效率偏低等问题。在当前政治经济形势下，美联储资产负债表快速膨胀、美国债务高涨，美元指数不断下行、美元国际信用持续下滑。一旦全球出现支付便利、购买力稳定、信用良好的成熟数字货币，必将在全球支付清算体系中对美元形成较强的替代效应，并对美元的世界货币地位造成冲击。英国、中国等基于 DLT 的央行数字货币测试进程正在加快，迫使美国不得不加速应对支付方式的变化。

（2）提高美国国防安全能力

美国早已注意到 DLT 在国防领域可能展现出的潜在应用价值。2019 年

① Government Office for Science. Distributed Ledger Technology：Beyond Block chain［R］. 2020.

12月15日，美国国会通过《2020财年国防授权法》（*National Defense Authorization Act for Fiscal Year* 2020），[①] 随附的会议报告中提到，美国国防部负责研究与工程的副部长要向国会国防委员会介绍将DLT用于国防的可能性，并提出该简报应从以下几个方面进行解释：①通过分布式计算与集中式计算，改善脆弱资产（如能源、水和交通网格）的网络安全；②进行共识验证，减少紧急情况和灾难性决策中的单点故障；③提高国防后勤和供应链运作效率；④提高采购审计的透明度；⑤允许创新成果适应私有部门的用途。事实上，近年来美国国防和军事等部门频频要求DLT类科技公司提供服务。[②]

3. 美国未来行动预判

（1）在支付领域利用DLT建立新的优势

当前，美国正在通过稳定币和数字美元双管齐下强化数字时代美元在全球支付结算中的优势。在稳定币方面，美国脸书公司于2019年6月18日宣布计划推出超主权稳定币Libra。Libra基于多个中心节点发行，意在打造“可信任货币”。经历多轮质询后，2020年12月，脸书将Libra更名为Diem，准备在2021年推出只锚定美元底层资产的数字货币。在央行数字货币方面，美国数字美元基金会（Digital Dollar Foundation）与全球咨询公司埃森哲（Accenture）于2020年5月28日发布了《数字美元项目白皮书》，旨在推出基于加密算法，由美联储发行和主权信用背书、具备无限法偿性的数字美元，帮助美国维持美元世界储备货币的地位。《数字美元项目白皮书》提出，数字美元在技术路线上将选择基于DLT发行。未来，基于DLT的支付方式可能将进一步渗透至全球支付清算体系。

（2）国防和军事等部门对DLT的采购力度加大

基于DLT开发的代码具有某些架构优势，在对安全要求较高的领域非常适用，甚至可能成为美国国防、军事等领域的关键技术和重要信息基础设施。

---

① National Defense Authorization Act for Fiscal Year 2020 [EB/OL]. [2020-12-01]. https://docs.house.gov/billsthisweek/20191209/CRPT-116hrpt333.pdf.

② https://www.prnewswire.com/news-releases/dlt-solutions-to-support-the-us-armys-enterprise-objectives-through-ites-sw2-contract-301161802.html.

当前，美国、俄罗斯、欧盟等国家或地区都已经着手对DLT的国防和军事化应用进行研究。基于DLT构建的信息网络正在美国国防供应链和作战指挥链中进行实验性验证，可以预见，美国相关部门对DLT的采购会更加频繁。

（3）可能在与DLT相关的技术交流等领域对竞争对手采取限制措施

美国将DLT列入国家安全技术清单之后，在与DLT相关的技术交流、技术出口、开源社区管理等方面可能对竞争对手采取限制措施，但是目前还没有看到相关行动。

二、中美区块链技术发展态势对比

区块链已经成为促进经济社会变革的关键技术和重要信息基础设施。中国和美国的区块链发展阶段及面临的挑战虽具有部分相似性，但在技术水平、平台组织、监管思路等方面存在一定差异，值得我们深入分析。

（一）中美区块链发展具有一些共性特征

1. 中美区块链发展均处于初期（技术主导阶段）

美国研究机构CB Insights数据显示，尽管区块链技术在供应链溯源、版权保护、安全存储、征信、金融资产结算等场景中均有应用，但截至目前，唯一被大规模应用的是加密货币交易。[①] 中美区块链产业发展尚处在技术主导阶段，大规模应用较少，小规模试点居多。

2. 中美区块链技术研发及应用主要局限于局部改进和边缘创新

区块链技术的应用场景离不开中心化的推动，打破利益桎梏较为困难，需要对法律、规则、文化进行重大改革。互联网从1969年[②]出现到20世纪90年代开始对人们生活产生实质性影响花费了数十年的时间，可以推断，只有区块链技术能够带来明确的经济、军事等利益之后，从“中心化”到“去中心化”的变革才会出现。目前，中美区块链的技术研发及应用还只局限于对经济社会体系“边边角角的修补”。

① CB Insights. Investment to Blockchain Startups Slips in 2019［R］. New York，2020.

② 始于1969年阿帕网的出现。

3. 中美区块链发展面临的挑战并非主要源自技术

区块链发展遇到的障碍既涉及互操作性等技术因素，也涉及制度、文化、教育等非技术因素。① 中美区块链发展面临的挑战并非主要源于技术（见表 2-8）。

表 2-8 中美区块链发展面临的主要挑战

主要挑战	具体内容
技术发展不成熟	区块链技术面临可扩展性、能源消耗、数据隐私保护、不同区块链之间的互操作性等瓶颈问题
投资—回报不清晰	由于区块链技术没有被广泛采用，其长期经济影响难以确定 初始实施可能导致很多隐性成本的增加 技术对现有流程或业务模式的改进存在风险
监管制度不明确	对区块链的监管规则总体混乱 美国目前存在关于使用区块链技术的多项裁定 中国鼓励区块链技术和产业创新发展，对加密货币采取“一刀切”政策，网信办出台的信息服务备案等监管措施还应进一步完善
法律法规不完善	在承认区块链交易的法律地位，即通过立法承认电子签名、电子文件和电子交易的有效性等方面需要完善 区块链与《欧盟一般数据保护条例》（GDPR）中“被遗忘权”的兼容性存在问题
人才供应不能满足需求	尽管美国在人才尤其是顶尖人才方面具有数量和质量优势，但是中美区块链工程人才供应均未能跟上行业需求的步伐②

资料来源：根据相关文献编制。

（二）中美在区块链技术水平、平台组织、监管政策等方面存在差异

1. 美国区块链技术水平较为领先

作为价值互联网的基石，区块链技术有能力承载全社会的价值创造、价

① MORI T. Financial Technology：Blockchain and Securities Settlement［J］. Journal of Securities Operations & Custody，2016，8（3）：208-217.

② 随着区块链的发展，对区块链人才的需求越发急迫。全球最大的专业网络教育门户网站 LinkedIn Learning 已将区块链确定为 2020 年社会最为需要的“硬技能”。美国无论是在人才数量还是人才质量方面均处于全球领先位置，但既了解底层设计原理和系统架构，又掌握应用场景业务逻辑的复合型人才仍相对匮乏。美国 Hired 招聘网站的“2019 年软件工程师状况”报告认为，区块链工程师是人才需求量增长最快的职业，同比增长 517%。然而，美国只有 16000 名具有相关经验的专业人员。中国区块链领域复合型人才同样较为匮乏，分布式架构人才已经成为很多企业较为急需的人才种类之一。中美区块链工程人才供应未能跟上行业需求的步伐。

值交换与分配两种价值体系。因此，区块链技术未来可以分为两个技术分支：一是主要适应于价值创造的匿名体系，二是主要适应于价值交换与分配的决策透明体系，如图 2-9 所示。

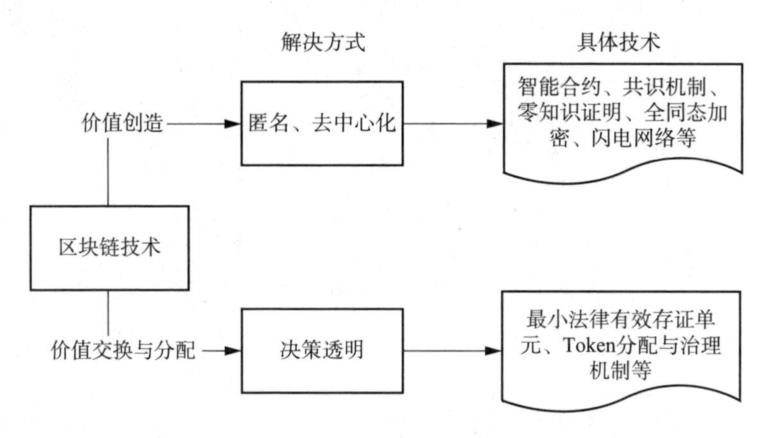

图 2-9　区块链技术发展路线图

当前，中国与美国的技术仍存在一些差距（见表 2-9）。一些引领技术趋势的区块链 3.0 项目，如 Polkadot、Cosmos 等都来自美国。

表 2-9　中美区块链关键技术水平对比分析

关键技术	总体发展阶段	中国	美国
全同态加密	全球处于初级发展阶段。中美商业化应用有机会处于同一起跑线	学术机构、企业贡献较少。区块链企业一般只使用难度较低的单同态算法，所解决的问题非常有限	技术研究领先于中国，但商业应用同样存在问题
零知识证明	与全同态加密算法相比较为成熟，主要应用瓶颈在于效率、部分安全假设等	算法依赖国外，[①]创新发展受到一定限制	代表算法主要有 Bulletproofs、zk-SNARKs、zk-STARKs 等

① 例如，比较主流的 Bulletproofs 算法由斯坦福大学、伦敦大学学院、区块链协议公司 Blockstream 等于 2016 年在共同发表的学术论文中提出。zk-SNARKs、zk-STARKs 的思想在 20 世纪 80 年代就已出现，Zcash 是 zk-SNARKs 的首个广泛应用。zk-STARKs 被看作 zk-SNARKs 的改进版本。

续表

关键技术	总体发展阶段	中国	美国
共识协议	重大理论突破能力有限，工程实现较难	专注于实现基于国外算法的系列工程	超级账本 Fabric 项目采用的数字签名背书算法、Facebook Libra 项目采用的 Libra BFT 等较为领先
跨链技术	工程实现较难。需要在保证安全的前提下，做到高性能、可扩展，以满足跨链组网要求	挑战主要来源于应用。蚂蚁区块链在做相关探索，如提出 ODATS 技术（证明转化协议）	已有方案包括：①公证人技术：瑞波 Interledger 协议；②侧链技术：BTC Relay 技术等
智能合约与虚拟机	已有一定发展。但是语言碎片化问题严重，各个社区都有自己独立的解决方案，无法共享资源	基于已有语言如 Java/C++等开发智能合约，语言的适配性有待提升	智能合约的概念最早于 1994 年由美国计算机科学家 Nick Szabo 提出。Fabric 使用 Go 语言开发智能合约，并使用 Docker 技术执行，性能较好
分片技术	全球仍处于初级发展阶段，距离真正的应用仍然遥远。Zilliqa① 的分片方案虽已经上线，但本质上仅实现了“交易验证”分片	—	比特币、以太坊的分片方案还处在理论探讨阶段
硬件可信执行环境技术	已有一定发展	目前成熟的解决方法都是基于 Intel SGX 技术，信任根源在美国，需要自主可控的可信计算芯片	2013 年，Intel 推出 SGX（Software Guard Extensions）指令集扩展，旨在以硬件安全为强制性保障。微软的 Coco 框架等都是基于 Intel SGX 技术建立的

资料来源：根据相关文献编制。

2. 美国支持区块链发展的产业联盟影响力较强

美国咨询公司德勤（Deloitte）在 2018 年对 1053 位经理人进行调查，有 29%的人表示其组织已经参与了区块链联盟，而 45%的人表示其组织可能加入一个区块链联盟。[2] 全球区块链金融联盟 R3、全球区块链货运联盟 BiTA 等（由美国机构主导建立）在区块链技术创新中起着非常重要的作用。联盟可将

① Zilliqa 团队总部在新加坡，目前在伦敦设有负责研究的分部。团队成员主要来自新加坡、印度、英国、德国、丹麦、美国、中国等地。它开发出了高吞吐量的公共区块链平台。

② DELOITTE. Breaking Blockchain Open: Deloitte's 2018 Global Blockchain Survey [R]. New York: 2018.

行业内的众多企业整合，区块链技术不确定性的风险被分散在联盟多个利益相关者之间，有利于区块链技术的应用落地。R3、BiTA 也通过行业内标准的确立，打造多元生态系统。

近年来，由中国机构主导建立的区块链联盟数量虽逐渐增加，比较有代表性的有金链盟、微链盟、中国区块链研究联盟、中关村区块链产业联盟等，但是在全球相关领域的话语权和影响力很小。

3. 中美区块链监管政策思路有异

美国的市场经济较为发达，对新兴技术的牵引力较强。近年来，美国国会陆续出台《2019 年令牌分类法》《2019 年数字分类法》和《2019 年区块链促进法》等，致力于通过完善制度和政策环境来促进私营部门引领创新，确保美国在关键技术上保持全球领先地位。美联储支持了一系列私营部门发行数字货币，试图在数字金融生态领域掌握发展先机。这使得美国在公有链技术的创新及应用领域走在全球前列。美国政府坚持“市场主导、政府引导”的思路，在数字货币发行与交易、区块链技术创新方面进行了分类指导，营造了开放创新的环境和氛围。

中国对区块链发展的推动更多是“自上而下”的。2017 年 9 月 4 日，中国人民银行等七部委发布了《关于防范代币发行融资风险的公告》之后，国内所有 ICO 行为被叫停，数字资产交易在中国处于强监管状态。2019 年，国家互联网信息办公室发布《区块链信息服务管理规定》，这是首个国家层面的区块链监管措施。受上述监管政策影响，中国国内大量区块链炒作项目被清理。中国政府坚持“强链去币、有扶有控”的思路，严禁虚拟数字货币，扶持法定数字货币和联盟链条技术创新，使得与法定数字货币和联盟链条相关的技术成为主流研发方向。

三、中美在区块链技术应用领域的竞争性分析

（一）中美区块链技术的主要应用领域

目前，中美区块链技术竞争的焦点不仅是算法，更多地在于应用模式和

创新生态。正如美国在芯片领域的话语权主要源自其对ARM生态的建立和控制一样，区块链技术的发展同样如此。从全球范围来看，完全发挥出区块链技术去中心化、不可篡改等优势的落地应用尚未出现，然而一旦成熟的应用场景和模式形成，区块链技术便会迅速吸引社会资源，进而形成马太效应。此时，区块链技术的天然垄断性就会显现。

（二）区块链技术在跨境业务领域的应用为中国减少在“美元体系”中的风险提供了机会

跨境业务关系到国家、社会和个人的安全，十分关键。美国基于美元的霸权地位在世界跨境贸易业务体系中长期处于主导地位。全球跨境支付系统以SWIFT和CHIPS为核心，二者均由传统发达国家特别是美国主导建立。这种高度中心化的跨境支付体系不仅大大限制了发展中国家的金融主权，也是以美国为首的西方国家开展金融制裁的重要工具。由于中国资本市场的开放度及人民币国际化程度较低，中国在跨境支付结算体系中的话语权仍然较低。基于区块链技术建立跨境贸易和支付体系有机会突破中心化的封锁，解决信息不对称难题，将使更多的发展中国家平等地参与国际金融治理成为可能。

2019年，新美国安全中心的报告指出，中国“一带一路”倡议所涵盖的地区将能够通过区块链支付应用程序获得金融服务。开发区块链支付应用程序的企业可以控制大量的用户数据，并对采用新型支付系统的国家及这些国家与全球金融体系的关系产生巨大影响。该报告同时指出，美国不应该把这些关键的机会拱手让给中国。[①] 在COVID-19影响之下，跨境业务场景对数字支付的需求将更为强烈。脸书陆续推出数字稳定币Libra1.0和2.0版本，泰达公司推出一比一锚定美元的泰达币（USDT），纽约州金融服务部授权批准双子星数字货币交易所发行挂钩美元的稳定币双子星美元（GUSD），摩根大通推出一比一锚定美元的摩根币（JPMCoin）等一系列事件已经显露出十分清晰的信号，以数字信用为基础的新一代金融基础设施初见端倪。中国也

① Center for a New American Security. Indo Rising to the China Challenge：Renewing American Competitiveness in the Indo-Pacific［R］. Washington D. C.：2019.

在积极开发基于区块链等信息技术的数字钱包和点对点支付应用，布局数字支付基础设施。这不仅对于把握跨境支付的主动权，应对可能发生的金融制裁，争夺跨境贸易市场份额具有十分重要的意义，也有利于维护多边主义，构建平等、友好的全球金融竞争秩序。

（三）基于区块链技术的供应链管理为疫情下中美供应链竞争提供更多可能

COVID-19 揭示了全球供应链的一些重大问题。例如，通过传统贸易渠道以可信、可核查等方式跟踪、认证防疫用品所需的协作机制出现障碍。疫情下中美供应链竞争的关键之一，在于如何实现供应链各个环节的良好协同。世界经济论坛（WEF）发表报告指出，COVID-19 危机表明，全球供应链普遍缺乏透明、可互操作和连接的网络，区块链技术有助于提高供应链的可见性。[①] 在后疫情时代，对互连和可互操作供应链的需求将更加凸显，准确了解供应链中关键组成部分信息变得越发重要。

近期，美国食品和药物管理局（FDA）认为，COVID-19 对食品供应链部门造成了毁灭性影响，提出利用区块链技术可以实现更智能的食品安全追踪和管理。Gaur 和 Gaiha（2020）等对康宁、艾默生、海沃德、IBM、万事达等美国不同领域的大型企业进行调研后发现，一些企业正在进行基于区块链技术的供应链管理试点，还有一些企业已经在探索与供应链合作伙伴合作开发应用程序。[②] 中国的联想、京东等企业也开始利用区块链技术在供应链管理领域布局。疫情之下，区块链技术将会成为供应链现代化的重要工具，指导、组织、开发和部署以供应链管理为重点的区块链解决方案。基于区块链等技术构建强大的数字基础设施，完善相关数字法律，有利于在供应链竞争中把握主动。

---

① WEF. Inclusive Deployment of Blockchain for Supply Chains：Part 6-a Framework for Blockchain Interoperability［R］. Geneva：2020.

② GAUR V，GAIHA A. Building a Transparent Supply Chain［EB/OL］.［2020-07-01］. https：//hbr. org/2020/05/building-a-transparent-supply-chain.

专题 2

中国区块链初创企业发展面临的难题

2018 年，除中国以外，世界其他主要国家和地区的区块链初创企业数量均有所下降。[①] 区块链初创企业大多以研发型为主，[②] 在技术商业化方面面临许多障碍。在经济周期下行和疫情冲击等多重影响之下，初创企业的商业环境可能进一步恶化。[③] 合理引导区块链初创企业发展，对于推动区块链产业跨越藩篱与壁垒，实现区块链包容性治理十分重要。

一、区块链与包容性治理

学术界对区块链治理的研究通常从两种视角进行：一是使用区块链技术可以有效治理、协调现有的行动和行为。在这种情况下，技术本身为改进治理过程提供了支撑。例如，Atzori（2017）认为，区块链治理涉及公民自我创建治理体系，社会政治等级制度将被分布式共识机制所取代。[④] 郑志明和邱望洁（2020）指出，区块链将成为社会治理工具，以基于规则的可信智能社会治理体系为典型特征，将实现社会治理模式从基于传统信息化技术辅助的阶段进入基于区块链秩序的法治阶段。[⑤] 二是需要通过治理为区块链技术本身及产业创新发展创造良好的秩序。例如，Deventer 等（2017）区分了区块链技

① European Commission. Blockchain Now and Tomorrow ［R］. Brussels：EC Report，2019.

② 例如，根据咨询公司 Envision IP 的调查，在美国，区块链初创企业和其他专注于为这项技术开发应用程序的企业所拥有的专利数量已经超过了华尔街的金融机构和大型科技公司。https：//www. lexology. com/library/detail. aspx？ g=72b5aeed-ef47-4253-b4ea-e433f1c5045e.

③ 根据 CB Insights 报告，截至 2020 年 3 月底，全球金融科技企业的交易总额和资金规模均出现了环比和同比下降，金融科技初创企业受到疫情冲击较大。报告同时指出，初创企业面临的客户需求不足、营运资金紧张、发展环境艰难，以及廉价的并购交易等问题将更加凸显。详见：CB Insights. How Covid-19 is Impacting Fintech Financing ［R］. New York：CB Insights Report，2020.

④ ATZORI M. Blockchain Technology and Decentralized Governance：Is the State Still Necessary ［J］. Journal of Governance and Regualtion，2017，6（1）：45-62.

⑤ 郑志明，邱望洁．我国区块链发展趋势与思考［J］. 中国科学基金，2020，34（1）：2-6.

术治理和网络治理，认为对区块链的网络治理更有意义，提出区块链的网络治理应考虑共识机制、网络参与者的角色和类型，以及允许新成员或新角色加入网络的过程。[①] Beck 等（2018）依据 IT 治理的思路，认为区块链治理是激励水平、决策权集中程度和问责制之间的组合。[②]

本节的治理使用上述第二个含义。数字技术背景下的治理（无论是技术治理还是治理技术）终将摆脱传统的监管或管理模式，并不断发展与之相适应的生态系统，而管理者必须将视野扩展至整个生态系统的健康发展。中国政府主导下的治理模式，是由多方治理主体通过对话、协商、合作等行动形成协同机制，实现治理目标。从这个角度而言，组成区块链生态系统的每一个链条必不可少。包容性治理是近年来在推行"善治"理念、增强国家治理能力、创新社会治理体系大背景下出现的实践创新，它源自存在逻辑同构性的治理理论与包容性发展理论。[③] 根据高传胜（2012）对包容性发展的论述，[④] 笔者认为包容性治理是指兼顾参与社会治理的多元主体，关注所有主体的需求和利益，追求经济、社会、产业等全面协调发展的一种治理理念。在区块链技术和产业创新发展过程中，所有利益相关者都应平等参与和影响治理决策过程，共享社会资源和政策结果，这是包容性治理的应有之义。因此，实现区块链的包容性治理可以遵循以下逻辑分析框架（见表 2-10）。

表 2-10　实现区块链包容性治理的逻辑分析框架

维度	内容
主体	扩大治理主体范围，政府部门、区块链领域大型企业和初创企业及中小企业、传统行业企业、学术界、多边组织等多方参与，重视和平衡多元需求
过程	促进各类型组织平等和实质地参与治理过程、互动合作，制度、政策、规范等对所有组织而言可行、负责
成果	使得各类型组织能够共享社会资源和政策结果，获得可持续发展动力，区块链技术和产业创新得以负责任发展

① DEVENTER M O，BREWSTER C，EVERTS M. Governance and Business Models of Blockchain Technologies and Networks［R］. Hague：TNO Report，2017.

② BECK R，MULLER-BLOCK C，KING J L. Governance in the Blockchain Economy：A Framework and Research Agenda［J］. Journal of the Association for Information Systems，2018，19（10）：1020-1034.

③ 徐倩．包容性治理：社会治理的新思路［J］. 江苏社会科学，2015（4）：17-25.

④ 高传胜．论包容性发展的理论内核［J］. 南京大学学报，2012（1）：32-39.

二、引导区块链初创企业参与治理需要考虑三个维度

从世界范围来看，从事区块链技术研发的企业呈现明显的两极分化趋势。一类是以 IBM、Facebook、J. P. Morgan、阿里巴巴、腾讯等为代表的传统行业领先企业，另一类是以 Ripple、Figure Technologies、布比、趣链等为代表的初创企业。广泛引导区块链初创企业参与治理需要考虑以下三个维度：控制权的分配，即在区块链生态系统中“谁有权利和责任做什么”；技术规范的公允性和适用性，即初创企业在区块链生态系统中应该遵守的行为规则和技术规范，例如，技术研发使用的术语或度量标准对初创企业应公允、适用，以确保多方主体保持共同的价值观念；可持续发展的动力机制，即如何维护区块链生态系统中初创企业等实际参与者的利益，使其形成可持续的盈利模式。依据此三个维度进一步分析，初创企业还面临很多问题。

（一）控制权的分配

1. 基本现象

首先，区块链技术发展的持久悖论是，尽管它是提倡去中心化的技术之一，但是区块链技术所依赖的互联网等数字平台却是集中化的。首先，云平台的建立本身便是一种中心化的行为，而很多初创企业没有能力建设自己的私有云，一些寡头企业在云上布局了联盟链，把很多链节点数据以中心化的形式整合到云端，区块链初创企业往往因此失去了对数据的绝对“自治权”。其次，前文已述，区块链技术的应用场景仍离不开中心化的推动，打破利益桎梏较为困难。以电力领域为例，从日本的东京电力公司到德国的能源公司 E. ON，很多知名电力企业都在寻求与区块链初创企业合作，促进分布式能源发展。[①] 然而，这些计划均是依赖于现有的配电网络进行虚拟交易，采用一个真正去中心化的点对点交易网络，颠覆现有的集中式电网，短时期内不可能

① German Energy Agency. Blockchain in the Energy Transition：A Survey Among Decision-makers in the German Energy Industry [R]. Berlin，2016.

实现，区块链初创企业的技术研发及应用还只局限于对经济社会的局部改进和边缘创新。

2. 原因分析

一是初创企业技术研发及应用不可避免地面临着“进化”之手。Chandler在描述美国电子工业的发展时提到，1923—1926 年，美国市场虽成立了 600 多家无线电生产公司，但只有 18 家存活到 1934 年。他指出“最成功的幸存者是已有的电子设备生产商，它们在新的无线电技术到来之前就已经建立了自己的功能能力”。[①] “进化”这只看不见的手具有在市场上筛选、整合和淘汰企业的能力。区块链市场也存在同样的“进化”情境。区块链技术的应用场景均是建立在现有资源分配模式的基础之上，寡头企业对现有资源绝对垄断，它们大肆收购区块链初创企业，吸收初创企业或一些破产企业的技术人员，不断扩大自己的技术、人员和市场版图。这是新兴行业在发展初期必然呈现出的竞争格局。

二是各行各业所谓的“中心”是历史发展和社会发展的产物。基于区块链技术建立的点对点、分布式自治组织或模式，试图迫使中央集权的等级制度向分散的等级制度转变，对学术界关于组织存在的各种观点和假设是一种挑战。Richard 等（2005）在描述“为什么一个包含许多创新主体的社会不能产出能够带来经济增长的技术进步”时提到，人类组织机构可能对创新活动施加各种限制、惩罚，强大的既得利益集团往往会在创新中遭受巨大损失。[②]去中心化的治理结构或许可以为管理层提供一种更具成本效益和更有效率的方式，然而这样的变化需要突破现有的利益集团的封锁，并对法律、规则、文化进行重大改革。需要认识到，去中心化本身应具有边界，如果没有利益互斥，缺少权力制衡，区块链技术便只是一个体系内部的记账方式，这样的去中心化并没有意义。区块链技术还需要与制造业、服务业深度融合，回归

① CHANDLER A D. Inventing the Electronic Century: The Epic Story of the Consumer and Computer Industries [M]. New York: Free Press, 2001.

② RICHARD G L, KENNETH I C, CLIFFORD T B. Economic Transformations: General Purpose Technologies and Long Term Economic Growth [M]. NewYork: Oxford University Press, 2005.

落地应用。区块链初创企业应从基础做起，注重与大型企业的相互赋能和合作发展，逐步构建起由权利、责任、合约等共同组成的可信生态体系。

（二）技术规范的公允性和适用性

1. 基本现象

区块链领域的技术术语体系仍然混乱。当前，区块链技术创新热潮一直持续，国际领先企业将区块链底层平台研发作为核心战略，集聚全球资源打造开源社区，输出技术和开源产品，影响和主导行业发展方向；国内互联网领先企业也在纷纷研制自主的创新平台。在 EOS[①] 白皮书宣称系统吞吐量（TPS）达到百万级别后，似乎所有拥有区块链研发业务的企业都可以加入区块链技术竞赛。例如，2018 年 9 月 26 日，百度区块链实验室发布《百度区块链白皮书 V1.0》，介绍了自主研发的“超级链”网络系统及其具备的立体网络技术、超级节点技术等。白皮书提到，“超级链”拥有单链 1~10 万 TPS 的超高性能，且在清算、结算和支付方面可支持百万以上 TPS，支付延迟可达到秒级。然而，国内很多企业宣称的“超高性能”通常是建立了多个分布式数据库，同时加入毫无关联的交易，这样底层平台的性能数据便可持续累加，真实性理应受到质疑。[②] TPS 并非决定区块链平台性能高低的关键因素，且不同应用场景对 TPS 的需求也不同。当决定着行业发展方向的组织热衷于营造“技术泡沫”时，很多区块链初创企业投入大量人力、财力、物力进行自主研发的底层平台往往会因为不具备与其可比拟的“高性能”，而丧失行业应用话语权。

2. 原因分析

技术的公开和共享是区块链技术创新过程中十分显著的特征。很多区块

---

① EOS 由 Block. One 企业开发，可以理解为 Enterprise Operation System，即为商用分布式应用设计的一款区块链操作系统，旨在实现分布式应用的性能扩展。

② 根据信通院最新的性能测试（数据来源于 2019 年区块链可信峰会），在 24 核 128G 万兆局域网络条件下，国内被测区块链系统的性能数值如下：最高峰值 CTPS（每秒确认交易数量）23967（4 节点）、23685（16 节点）；中位值 19787（4 节点）、18762（16 节点）；平均值 15828（4 节点）、15643（16 节点）。此外，一些企业在实际测评时也不是测评自己研发的“自主可控区块链平台”，而大多是基于 Fabric 的 BaaS 平台，华为、腾讯都存在这类情况。

链研发企业通过发布白皮书的形式自愿披露其拥有的技术和开发计划，阐述开发过程和技术细节，从而确立其技术和商业模式的合法性或领先性。这已经成为潮流，也使得区块链技术的互相模仿相对容易。一些寡头企业依靠知识的累积和所谓权威建立起技术术语和规范，虽形成了路径锁定，但缺少公允的度量标准，造成了政府等关键治理主体认知的混乱，不利于初创企业发展。例如，从区块链技术的性能角度来看，白皮书中经常提到的操作系统（OS）和应用程序（App）本是计算机和互联网领域的概念范畴，将其套用于区块链技术，更多的是提供给人们一个普遍的认知基础；而超级节点和百万 TPS 等，在技术和需求上具有一定的不合理性，不应片面地进行宣扬。此外，一些著名的开源底层平台为了解决区块链“不可能三角”问题，以便获得更快的交易速度，往往采用中心化的控制系统或是不安全的加密算法。例如，由 Linux 基金会发起的 Hyperledger Fabric 平台每笔交易信息都要经过 Zookeeper 软件处理，由于 Zookeeper 是一个中心化的系统，加上 Fabric 自带的 Kafka 共识算法本身是一种一致性算法，不具备“拜占庭容错”能力，也容易造成 TPS 高的假象。与此同时，区块链技术术语体系中仍有很多需要明确的内容，如“区块链技术”与“分布式数据库”的关系，“区块链匿名性”与“区块链权责”的关系，等等。

（三）可持续发展的动力机制

1. 基本现象

区块链技术从研发、应用到实现盈利需要较长的时间。目前，区块链应用级产品的边际成本较高，尚不能实现普遍应用和规模经济。在这样的背景下，区块链初创企业面临持续融资的压力。随着全球对区块链领域股权投资的逐渐下降，[①] 初始代币发行（ICO）已成为区块链初创企业的有效融资方式之一，是正式融资体系之外的另一种选择。然而，ICO 存在重大风险，这些风险主要来自国际投资组织和加密资产市场适用的监管框架不确定、缺乏保护金融消费者的保障措施等。与现有的技术如互联网（互联网由 IETF、IGF、

---

① 根据 CB Insights 统计，2019 年全球对区块链领域的股权投资下降了 30%以上。

W3C、ICANN 等成熟的国际组织和联盟管理）不同，对区块链领域的监管总体上是混乱的、没有秩序的。在这种情况下，当区块链初创企业将区块链技术仅仅作为一个基础设施建设时，不停地“投钱”就成为必然。然而，区块链初创企业的资金往往有限，随着区块链投融资交易的热潮逐渐退去，以及经济周期下行和疫情冲击下资本寒冬的到来，在上一轮融资和获得新一轮融资的间隙，便会有很多初创企业要么萎缩，要么转行，要么将其他产品线的收益拿来贴补，生存较为艰难。

2. 原因分析

一是从共识到信任还需要巨大的跨越。区块链技术尽管可以大幅减少信息不对称的现象，但其所带来的共识只是提高了人们对信息判断的效率，并不能因此带来信任。信任体系的建设需要经过漫长的阶段（可参考支付宝等第三方支付的发展过程），初创企业除了融资和盈利还应注重信任的累积。只要能够促使信任的形成，初创企业就一定能迎来商业的繁荣。当前，区块链技术仍在初级发展阶段，在推动整个社会信任化协作方面的作用非常有限，需要巨大的技术创新和制度创新，需要在不断试错中进行监管，这也是通证（Token）逐渐得到重视的原因之一。以太坊及其设定的 ERC20 标准使得 Token 被广泛认识和认可。① Token 可以代表任何权益价值，人类所有的价值交换行为都是建立在权益证明基础之上。Token 虽具有融资功能，但不是 ICO。区块链技术的发展引发了对 Token 经济的讨论，在这种模式下，初创企业可以从过去的共享收益权（股权）融资，变为直接共享使用权（证权）融资，可以由信用引发价值增值，由价值增值引发信任的累积。随着 Token 经济的合理化、规范化，初创企业有可能找到更多的盈利点。

二是初创企业要对技术本质保有清醒认知。区块链技术的要义不是采集、记录数据，而是为数据提供“证据”和进行责任划分。因此，区块链技术必须与其他技术结合才能真正发挥作用。相关技术的集成可以分为四个层次：利用物联网技术采集数据，利用大数据构建标准化数据集并进行数据分析，

① 徐忠，邹传伟．区块链能做什么、不能做什么［J］．金融研究，2018（11）：1-14.

利用区块链技术进行公平记账并实现价值高效传递，利用人工智能技术进行数据决策。技术的集成才能促进智能合约真正“智能化”，才有可能使初创企业获得可持续的盈利，这是区块链初创企业技术研发的前景之一。因此，区块链技术与人工智能、大数据等技术的集成研发与应用，应是初创企业的首要选择。

第三章

应用篇：区块链技术对经济和社会的影响

第一节　区块链技术发展对经济和社会产生影响的基本逻辑

一、区块链技术的发展与引发技术革命的大部分技术不同

近十年来，新一轮科技革命和产业革命尚未实现重大突破，全球经济治理体系大幅撼动多边贸易基石，发达国家货币政策的负面溢出效应越发明显，国际金融治理体系结构失衡。区块链技术正是在这样的背景下产生和发展起来的。区块链技术的发展与引发技术革命的大部分技术不同，几乎没有一个技术在发展初始，在还没有想清楚能干什么，没有创造出任何实际价值，而且仅仅在无效地消耗资源时，就被如此多的投机力量所关注。然而，也正是在多重因素作用下，区块链借“币”而生，顺“势”而长，经历了从野蛮生长到群雄逐鹿的十年。

二、区块链技术对个体、组织、世界从 1 到 0 的去中心化解构

（一）被遗忘的“个人”：走出信任艰难区

区块链通过综合利用分布式架构、加密算法、数据结构、共识机制等技术，把信息固化成信任锚点，使得信任共识机制和信任规模化的社群博弈超过了信任“人”。目前，Civic（美国）、Facebook（美国）、Microsoft（美

国）、Bitnation（瑞士）、Block Verify（英国）、Peer Ledger（加拿大）、IDHub（中国）等均致力于改变割裂的数字身份系统，塑造完整、可信的区块链去中心化“自主身份”。[①] 身份“声明”一旦产生，就可由授信的各方保持验证状态，使得个人有了“被遗忘的权力”。

（二）分布式自治组织：打破固态组织边界

每一个组织都可以通过参与一个可信的区块链网络，凭借自己的能力做出贡献，而且共识机制和智能合约的存在让每一个组织的价值贡献都会被公平地记录并得到适当的激励，传统价值传递方式将被重新架构，组织的边界将更加模糊，网状交融的分布式组织格局将逐渐形成。例如，天津口岸区块链试点验证项目将“TBC 贸易直通车”主链的上链企业，通过链平台所从事的一切促进贸易额增长的行为，转化为完全属于企业自身的“信用数字资产”。信用数字资产改变了传统价值传递方式，“液态组织”模式有望出现。

（三）万物互认：信任永不离线

在去中心化的愿景中，区块链技术改变了原有的交易处理和协作框架，以密码学方式不断地进行先验审计，在这个过程中信任永不离线。微众银行利用区块链的不可篡改等特征搭建“仲裁链”，2018 年 2 月，广州仲裁委基于“仲裁链”出具了业内首个裁决书。中国人民银行亦是区块链技术的先驱者，2018 年 3 月，央行宣布成功建立区块链注册开放平台（BROP）；2018 年 6 月，央行宣布初步完成基于区块链技术的数字化票据系统。迅雷集团在基于区块链的共享经济服务领域进行了尝试。区块链技术正在以其特殊的方式慢慢实现万物互认和互通。

三、区块链技术对经济、产业、社会从 0 到 1 的信任化重组

一是区块链技术让数字身份[②]、数字资产的动向都清清楚楚地有“链”

---

① 区块链技术通过分布式等属性，使用户的数字身份属性或声明被验证，信息在进行哈希加密后被注册到区块链，并作为一个智能合约运行。

② Research and Markets 的研究显示，全球区块链身份管理市场将从 2018 年的 9040 万美元增长到 2023 年的 19.299 亿美元，预计年复合增长率（CAGR）为 84.5%。

可循，将对数字的控制权由第三方信息服务机构重新收回到个人手中，试图构建一种去中心化的可信通用基础设施，在虚拟世界和现实世界的连接中开辟另一种发展道路，也为全球经济发展带来新的视角。二是区块链技术可以使未来企业、组织上下游之间信任传递的边际成本接近0，这是其可能引发产业变革的本质。当产业链上所有节点都认可去中心化的业务传递模式价值时，传统的产业格局和产业结构就已被重塑，新的经济增长动能即已形成。三是区块链的去中心化等特性，为去掉一种中心化的管理模式提供了解决框架。基于区块链技术，多边金融、贸易平台可以将真实的数字交易金额转化为以数字信用为表征的数字资产。全球货币平等的态势将会显现。

第二节　区块链技术与金融

一、区块链技术正在成为金融企业的重要基础设施

金融是货币流通和信用活动以及与之相联系的经济活动的总称，金融的本质是基于信用在不同时空进行的金融资源配置和资金融通服务。广义的金融泛指与信用货币的发行、保管、兑换、结算、融通有关的行为。金融业具有指标性、垄断性、高风险性、效益依赖性和高负债经营性的特点。从事金融活动的机构主要有银行、信托、保险、证券、财务公司、金融租赁，以及典当、创投、外汇交易所等。传统金融行业的发展存在着诸多难以解决的问题，包括征信难度大、审核成本高、结算效率低、风险控制难，以及数据安全隐患多等。

区块链技术的应用为解决传统金融行业的痛点提供了新的方案。一般而言，区块链金融泛指将区块链技术与传统金融融合发展所形成的金融业务创新。区块链金融属于自金融概念，其本质是区块链技术在金融领域的应用。从电话银行、网络银行、手机银行到互联网金融等的逐步普及和迅速更替可以看出，技术是金融基础设施发展完善的重要因素之一。近年来，区块链技

术已日益成为全球金融企业争相布局的重要基础设施。国际清算银行（BIS）2018 年 11 月的一项调研显示，73.5%的国家中央银行将区块链视为未来 5 年提升本国金融竞争力的新手段。[①] 对于中国而言，立足中国庞大的金融场景来开展区块链技术研发与应用布局，是参与国际金融竞争和应对中美金融博弈的重要一环。目前，中行、招行、平安、微众银行、蚂蚁金服、京东金融、港交所等都在架构基于区块链技术的平台系统，相关金融机构的支付、清结算、融资和风控等核心业务未来均将在此基础上进行拓展。

二、区块链技术在金融行业中的常见应用场景

总的来看，区块链金融目前最成熟的应用场景在于数字货币。数字货币利用区块链多中心、不可篡改、高度共识和匿名安全的特性，构建数据结构与交易信息加密传输的底层技术，使得金融交易的效率和安全程度大幅提升。根据 Blockchain Luxembourg 的数据，截至 2020 年 12 月，以 Libra（已更名为 Diem）为代表的 49 种稳定币基于区块链架构发行。此外，多国中央银行正在开展法定数字货币工作，意图通过数字货币来降低货币发行和流通成本，增加支付结算尤其是跨境结算的便利性和透明度，降低洗钱等犯罪风险，提升央行对货币流通的控制力。

除数字货币外，区块链在金融领域的主要应用场景包括以下六个。

一是资产数字化场景。资产是个人或法人拥有的、具有预期经济利益的资源。在传统经济形态下，资产的权属证明要在政府认可的中介进行登记、确权、流转，交易成本较高。在数字经济时代，数据形式承载的可货币化资产成为新经济的热点。区块链技术的出现为“去中心化”数字资产网络的构建提供了新的解决方案，链上资产登记即公示，交易链路数据清晰可见，持有密钥方可随时开展资产审计。随着资产数字化的便捷程度越来越高，数字积分、数字资产证券化产品层出不穷，典型案例如徐家汇商城集团和百度商

① BIS. The Evolution of Power of Blockchain：A Central Banker's Balancing Act［EB/OL］.［2020-03-04］. https：//www. bis. org/review/r181015j. htm.

圈积分联盟平台、平安银行链上数字预付卡服务等。传统的资产证券化（ABS）产品中区块链的应用也越来越多，强化了基础资产的全生命周期管理。[①]

二是支付、清结算场景。以跨境贸易为例，传统支付工具需要跨越多个机构对账，周期长、效率低的问题影响着支付、清结算的便捷性，将交易数据流上链则可高效地实现交易的执行、清算和结算。目前，Ripple、全球支付网络 World Wire、摩根大通 IIN 银行间支付网络、Visa B2B Connect 等已将分布式账本用于银行对账与跨境结算中，中国银行区块链跨境钱包项目、中国银联区块链跨境汇款服务平台等项目上线以来，也取得了良好的效果。

三是数字票据场景。票据是具备支付、流通、融资等多重属性的高价值信用产品，票据流通涉及承兑、背书、贴现、转贴现、托收等类型的交易。目前，票据市场中“山寨票”“克隆票”“一票多卖”等行为频发，票据到期后划款不及时等行为时有发生。2016 年以来，区块链技术在票据市场得到了大量应用，“票链”保障了参与方获取信息的真实性，降低了票据市场过去难以解决的信息不对称问题。

四是供应链金融场景。供应链金融将供应链上的核心企业和相关的上下游配套企业视为有机系统，依托供应链上各个节点的商流、资金流、信息流，开发基于货权及交易控制的金融解决方案。在实践中，供应链金融的执行主要面向核心企业和一级供应商、一级客户，同时金融机构开展尽职调查和进行风险控制时需验证债权债务关系的真实性，致使供应链金融产品的业务规模受限。区块链技术可将供应链上下游的信息流、商流、物流和资金流打通，降低信任传导成本，实现了端到端的可信度（如图 3-1 所示）。基于区块链技术的供应链金融产品可使得链条信用以“数字通证”形式承载，核心企业信用可沿上下游传导、拆分和流转，进而大幅降低风控成本和融资成本。

五是征信管理场景。传统征信方式难以解决数据共享和数据隐私保护问

---

① 2019—2020 年，百度、京东、第一车贷、浙商链融等分别发行了多款基于区块链技术开发的 ABS 产品，各个参与机构的信息和资金通过分布式账本和共识机制保持实时同步，实现了对风险的实时监控和精准预测。

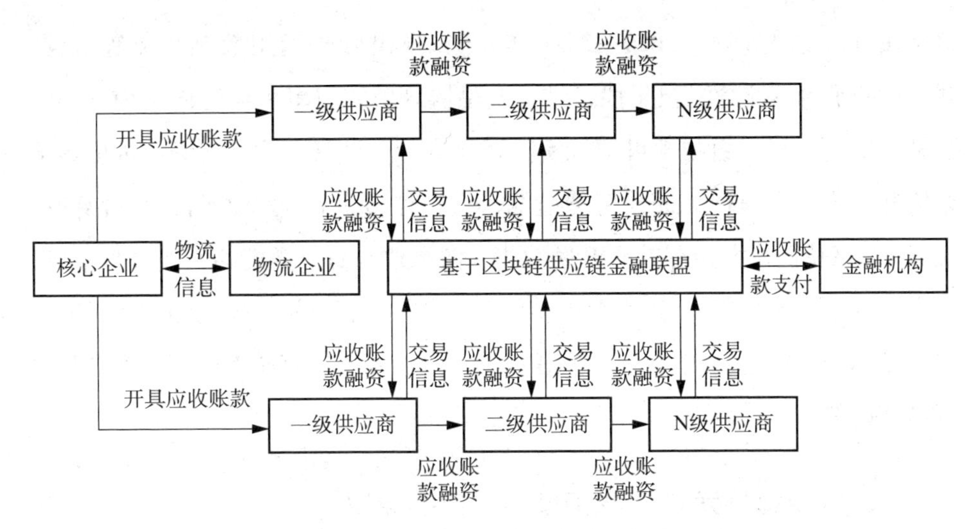

图 3-1　区块链供应链金融示意图

题，而区块链征信平台可便捷地开展身份认证、加密存储和脱敏数据共享。当前，已有多家知名机构参与搭建区块链征信平台，如 2016 年布比区块链与甜橙信用[①]共同打造了中国首个区块链征信数据平台。消费金融领域的江西银通征信开发的云棱镜区块链征信系统、LinkEye 区块链征信联盟等均开展了区块链征信应用探索。

六是金融监管场景。中国建立了“一委一行两会”的金融监管框架，但各类审慎监管数据是存量数据而非实时流量数据，科技与金融融合渗透形成的创新产品在推动金融效率提升的同时蕴藏着技术失灵、数据安全、监管套利和顺周期性风险，对金融监管提出了更高要求。从国际上看，2018 年以来，国际清算银行（BIS）和英国行为监管局（FCA）先后提出了基于区块链的嵌入式监管系统，利用区块链的分布式存储、加密计算、交叉比对验证等技术特点，可实现产品实时登记、信息及时披露，数据的真实性、完整性及安全性可以被高效交叉验证，审计流程也可大幅缩减，降低了金融监管的成本。从我国的实践来看，2019 年 8 月，中国人民银行发布了《金融科技

① 甜橙信用是中国首家运营商旗下独立的信用评估及信用管理机构，整合了中国电信、翼支付及合作方海量数据，依托专业的数据挖掘和建模能力，致力于提供专业的企业征信及个人大数据风控服务。公司主要产品有企业信用报告、企业资质审核、甜橙欺诈盾、行业关注名单和甜橙画像。

（FinTech）发展规划（2019—2021年）》，提出要“运用数字化监管协议、智能风控平台等监管科技手段，推动金融监管模式由事后监管向事前、事中监管转变”。[①] 区块链技术可记载实时资金流，交易双方信息、资金进出等金融信息上链后能进行穿透式智能监测，资金流转过程全程透明、不可篡改。换言之，区块链技术能有效提升防攻击、防篡改、防泄露能力，实现低时延、全覆盖和高效能的监管，进而变被动监管为主动监管，从而甄别和制裁脱离实体经济需求、表内资产表外化、交易结构复杂隐蔽、规避监管进行制度套利的“伪创新”。[②]

三、区块链技术在金融领域中应用的建议

区块链金融应用是区块链应用的重点领域，其发展受到区块链技术发展水平、金融业发展格局、金融监管导向等因素的共同影响。总的来看，区块链金融目前仍处在发展的初级阶段，在各个细分场景的应用尚不深入，以边缘化应用为主，“杀手级”应用暂未呈现，区块链金融发展仍需克服一些挑战。

一是区块链本身的技术成熟度有限。一方面，随着5G、物联网、智能终端的普及，业务对交易响应时间将更加敏感，数据量与交易量将继续膨胀，区块链的TPS水平无法达到某些规模化金融应用的水平。不彻底解决系统效率问题，区块链就只能被局限在低频领域应用范围中，无法快速普及真实世界里的大量商用场景。另一方面，区块链标准及主流技术路线尚未形成，各类机构纷纷自建区块链技术平台，异构系统跨链对接等技术难题导致区块链产业生态兼容性及扩展性较差，这也加剧了应用数据迁移的难度。

二是区块链金融存在“监管真空”。区块链金融应用的技术监管方面也存在许多挑战。区块链金融的应用范围往往跨越多个行业和部门，与传统金融

① 中国人民银行．金融科技（FinTech）发展规划（2019—2021年）［Z］．2019-08-22.
② 周代数．金融科技监管：一个探索性框架［J］．金融理论与实践，2020（5）：62-68.

业务相比，其边界更加模糊。虽然区块链金融业务采用分布式架构，但是参与各方的匿名性使得监管对象的身份难以被识别，加之各方交易往往基于数字货币进行，资金流转过程脱离监管机构视野，客户洞悉（KYC）和反洗钱（AML）难度较大。在这样的背景下，我国原有分业监管体制难以适配区块链金融模式下的混业经营。区块链金融带来的监管边界、监管内容、监管主体的全新变化，易造成部分金融交易的“监管真空”。

三是区块链金融难以兼顾用户隐私保护与平台数据共享。传统个人信息保护制度架构已落后于大数据时代的发展要求，既不利于用户的隐私保护，又不利于将释放数据作为新型生产要素的红利。例如，目前金融场景中上链的多方账本数据共享与参与主体的数据隐私保护尚未形成标准解决方案，在实践中跨链数据共享也难以实现。换言之，在账本共享的前提下，区块链金融难以兼顾用户隐私保护与平台数据共享。

四是区块链金融稳定性差。区块链金融的广泛应用将进一步加速金融业务的交叉融合与创新，而各类综合金融公司如果没有有效的风险防控机制，将可能导致公司内部风险的交叉感染。当金融风险外部化时，易引发连锁反应甚至触发系统性金融风险。当前，全球经济在疫情冲击下出现 1929 年经济大萧条以来的最大衰退，金融风险加剧，风险治理面临困难，区块链金融只有增强自身的稳定性才能更好地提升金融效率，防止风险溢出。

笔者建议：

一是从顶层设计上支持区块链金融发展。区块链越发成为现代金融领域不可或缺的金融基础设施，金融与科技相关政府部门应统一思想认识并发展区块链，建议中国人民银行、银保监会、证监会、科技部等相关部门组建进入区块链工作领导小组，强化区块链发展的顶层设计，为区块链技术发展提供良好的政策环境。相关机构应与区块链技术的科技企业、学术机构和国际组织加强沟通，形成政策监管、技术研究、成果转化和产业发展的良性互动，培育具有核心竞争力的区块链企业。

二是构建和完善区块链征信平台。我国的金融征信体系主要依托于中国人民银行征信系统，可能存在信息不完整、数据不准确、使用效率低、使用成本高等问题。在这一领域，区块链技术的优势在于可以依靠程序算法自动记录海量信息，并存储在区块链网络的每一个节点上，信息透明、篡改难度高、使用成本低。各征信数据主体（包括中国人民银行、商业银行和其他征信机构）以加密的形式在区块链中存储并共享征信数据，可以打破数据孤岛难题，构建更加高效、可靠的征信体系。

三是建设分布式跨境清结算系统。进一步完善中国人民银行组织开发的CIPS 支付系统，将“一带一路”沿线等重点区域的跨境贸易关系分布式存储在网络服务器中，并以加密的点对点形式进行通信，从而防止未来可能发生的美国金融制裁等潜在风险。

四是加强区块链金融柔性治理。推进区块链金融应用需要以完善的监管治理框架作为支撑和约束，不仅要注重链下治理框架的构建，而且要注重链上治理框架的完善。监管层应充分利用包括区块链在内的金融科技来改进监管、发展监管科技——可采用沙盒监管模式。在风险可控的前提下，大力推进金融创新和实践，在试错和迭代中完善区块链治理框架，不断丰富场景应用，成熟一个就推广一个。同时，应务实推进区块链金融应用落地，加强对公有链和联盟链的混合链的研究和实践，构建可监管的自金融体系，充分利用联盟链许可性和监管性强的特点，将可公开的数据放到公有链上接受公众的监督，同时也可使公众享受数据产生的权益。

第三节　区块链技术与跨境贸易

一、传统跨境贸易痛点

跨境贸易是人类最为复杂的社会经济活动场景之一，包括贸易（商品）、物流（服务）、金融（交易）、监管（秩序）四大业务领域，涉及人类经济活动诸多环节——生产、销售、物流运输、交易、秩序管理等。其中，贸易参与各方的互信问题十分值得关注，如图 3-2 所示。

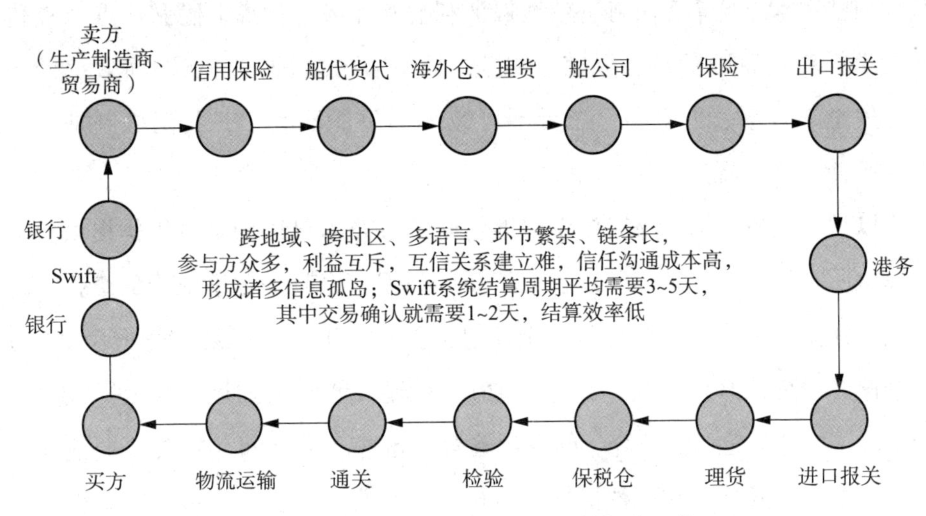

图 3-2　传统跨境贸易可能涉及的各个环节

在跨境贸易中，数据和信息无疑是贯穿整个业务流程的重要因素，数据流的打通对跨境贸易至关重要。然而，恰恰是因为数据在业务中所扮演的重要角色，其对各参与方而言都是私密且重要的商业资产，参与方无法也不愿公开分享，从而导致了“数据孤岛”的形成。跨境贸易中数据孤岛的存在割裂了业务流程中的数据流，进一步造成了各参与方信息缺失导致的信任缺失和流程低效。与此同时，跨境贸易中参与方数量众多、性质复杂，由某一机构或组织发起并运营中心平台的传统模式，难以打消参与方对于数据泄露和所有权归属的顾虑，也缺乏足够的统治力和强制措施进行大规模推广。这些问题的存在也对海关监管造成了阻碍。作为监管部门，海关审查聚焦于交易的真实性及交易的合法合规上，数据源的缺失、数据难以整合使得海关的监管难度增加、耗时更长，进而降低了监管效率。

二、区块链技术应用于跨境贸易的主要路径

从区块链技术应用的角度看，跨境贸易是较大的应用场景。区块链技术的分布式特征可以使得利益互斥各方共同存证、交叉验证贸易过程的数据信息，从而倒逼出贸易各方的“诚信”，形成完整的“链式结构”证据链；非

对称加密技术与哈希算法将有效地保证利益互斥各方的商业隐私；点对点传输技术将有效促进贸易、金融、物流、监管各方之间点对点沟通效率的提升；安全、效率、去中心化三者不可兼得而只能取其二，共识机制是对三者的平衡。

以具体业务为例。物流体系借助物联网等技术可以为金融机构提供货物在途中所有的状态信息，所以物流体系的数据整合是一项很艰难的工作，跨境贸易物流体系中的环节更是繁杂，包括但不限于生产厂家、海外运输、海外仓储、理货、海外检验、订仓（舱）、运输（水运、陆运、空运）、港口、理货、国内仓、检验、出仓、国内运输等。这些环节之间存在着“弱信任关系”下的利益互斥。在此种情况下，机构、政府、企业、平台等很难将这些环节整合起来。如果能够在这些环节之间建立起协同合作的“强信任关系”，使货物的信息数据通过物联网等技术在协同合作的“强信任关系”环境下产生，并发挥区块链技术本身的优势来实现数据的不可篡改，那么这些数据就会变成生产资料——“可信数据”。有了可信数据，金融机构就能实现货物确权。物联网等技术与区块链介入物流体系，是产生货物实时状态的可信数据的关键路径。

贸易企业在区块链平台上完成贸易全过程。贸易企业与物流、金融、监管各方共同存证贸易企业的贸易行为，构建出从企业“自证”到“他证、多证”的企业信用可信数据。金融机构对贸易企业的授信、监管方对贸易企业的各种认证如果有了“他证、多证”的可信数据依据，就打破了金融和监管传统的授信、认证过程中的寻租空间。因此，在区块链跨境贸易平台上，企业靠自身诚信业务积累出了经“他证、多证”形成的真正“企业信用”，区块链促进了企业信用数字资产的形成。区块链企业信用数字资产的形成路径：企业—业务—区块链平台上业务过程数据积累—企业信用数字资产。未来，区块链企业信用数字资产是监管对企业的认证和银行对企业的授信与金融支持的核心依据。

外汇管理是政府对跨境贸易资金流秩序的管理。传统的跨境贸易外汇管理模式是企业向商业银行提交各项贸易单证，经商业银行审核后将这些单证提交给外汇管理部门，外汇管理部门拿到这些单证后，从海关数据中心获取对应的贸易数据进行交叉比对，验证无误后准许结汇，如验证有误则卡汇。区块链跨境贸易平台上，贸易、物流、金融监管共同记录了贸易全过程可信数据信息，因此海关不仅能够借助区块链跨境贸易平台实现贸易便利化的服务，外汇也能借助区块链跨境贸易平台提供结汇便利化的服务。海关、税务、外汇等监管各方在区块链跨境贸易平台上可以看到贸易、物流、金融过程的数据，由此监管方第一次打破传统监管模式——从“过去完成时”的结果数据监管，走入监管方“参与过程”与“过程监管”，监管视角被扩大到整个贸易过程，使监管广视角、监管无死角，各方共同存证、验证，形成真正的“大监管”。过程数据的可信价值远远大于结果数据的可信价值，根据过程数据的可信特征，监管方可为贸易商提供各项贸易便利化的服务，合规成本有望大幅度降低，监管干扰点有望大幅度降低，使未来“无申报”的一站式通关便利化成为可能，精准的便利化营商环境的监管政策改革将有望借助区块链实现。

区块链技术重构了跨境贸易的业务全流程，以建立贸易方、物流方、金融方、监管方之间的“互信关系”，从而实现在贸易过程中各方的信息数据“互联互通、互信互换”。

三、区块链技术在跨境贸易领域中应用的建议

区块链被应用于跨境贸易领域中涉及方众多，很多业务需要“顶层设计”。政府部门及相关机构必须及时进行知识更新，不能将区块链单纯地视为一种“技术”，要从业务流程、应用模式、生态建设、行业治理等多个角度深入探索区块链技术在跨境贸易领域应用中的价值，力求打破信息壁垒，提高应用效率。

第四节　区块链技术与在线纠纷解决

一、在线纠纷解决机制的产生与现状

（一）在线纠纷解决机制的产生

近30年来，电子商务的总量和频次都在迅速增长，一批在线跨境贸易平台或公司崛起，使数以亿计的消费者在跨境电子商务活动中获得实惠。随着跨境电子商务活动高速增长，跨境电子商务纠纷也相应增加。为解决跨境电子商务贸易纠纷，保护跨境电子商务消费者权益，促进跨境电子商务发展，在线纠纷解决机制（Online Dispute Resolution，ODR）应运而生。

ODR是伴随着互联网广泛应用出现的一种争议解决机制，是利用互联网进行争议解决方式的总称。追溯ODR的历史，我们可以发现在互联网技术兴起时，替代性纠纷解决机制（Alternative Dispute Resolution，ADR）领域最先做出回应。美国执业律师认识到网络技术蕴含的巨大机遇，开始尝试利用互联网技术提供ADR服务，这就是ODR的起源。狭义的ODR是法院外或司法外ADR，主要包括在线仲裁（online arbitration）、在线调解（online mediation）和在线和解（online negotiation）等。广义的ODR主要有两类，一类是法院外ODR，包括在线协商、在线协调、在线仲裁，以及其他在线形式的ADR服务；另一类是法院ODR，包括在线诉讼和在线法院附属ADR服务，是指法院采用在线的形式进行诉讼或调解。ODR继承了传统的ADR理念，是ADR在网络环境中的拓展与延伸。ODR凭借其费用低、周期短、效率高等优势，已经成为解决跨境电子商务纠纷问题的主要路径之一。

从ADR发展到ODR，争议解决的场景也从电子商务领域扩展到其他领域。[①] 但是，争议解决方式仍采用中心化框架。所谓“中心化框架”，是指争议双方都需要指定一个被认可的“第三方”，由第三方对纠纷进行裁决。第三方既可能是政府指定的机构如法庭等，也可能是民间机构，如行业协会、调解机构、双边贸易平台等。中心化争议解决方式的一个重要核心是，争议双方都需要信任中心化的第三方机构，这就要求中心化的第三方机构须具有一定的权威性、专业性、可执行性、公信力等，如图 3-3 所示。

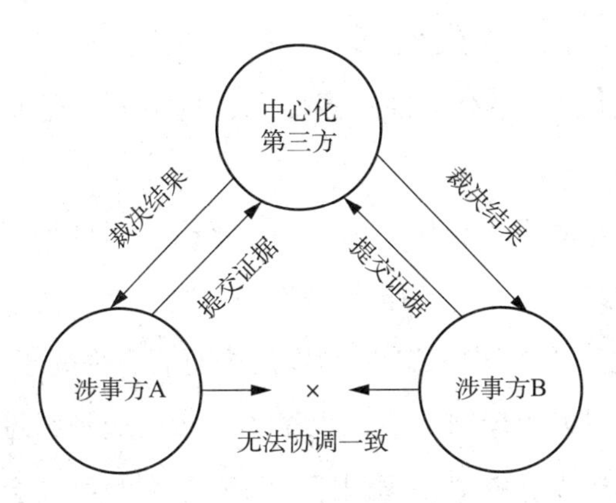

图 3-3　中心化的争议解决方式

（二）ODR 的全球发展现状

由于各个国家的网络基础设施、司法框架、法律发展程度等诸多因素发展不平衡，ODR 在全球各地的发展程度也不尽相同。

ODR 最早起源于美国，一方面是因为美国互联网设施比较发达，另一方面是因为美国有较为完善的 ADR 制度基础，但美国近些年来提供 ODR 服务的机构数量却出现下降的趋势。EBAY 是北美地区最大的 ODR 服务提供者，从 2003 年开始提供 ODR 服务，每年有超过 6000 万件电子纠纷需要处理，其中 90%的纠纷可以通过计算机程序自动解决，10%的纠纷需要具备专业知识的调解员介入解决。

欧盟曾出台一系列规范电子商务的法律。为了规范 ODR 程序，欧洲议会

---

① Eisenberg D T. What We Know (and Need to Know) about Court-Annexed Dispute Resolution [EB/OL]. [2019-08-02]. https://ssrn.com/abstract=2656170.

和欧盟理事会在2013年5月21日颁布了《消费者ODR条例》。该条例填补了欧盟在电子商务领域消费者保护程序法上的空白，促进了欧盟内部跨国电子商务的发展。当前，在欧盟的官方网站上，列出了400余个提供ODR/ADR服务的机构，并按照国家和擅长领域进行了分类。

日本的ODR机构有“越境消费者中心”（CCJ）、“EC network”等，大多数律师事务所也提供在线相谈服务。日本的ADR服务相对来说是比较完备的，司法型、行政型、民间型的各类ADR涵盖了社会争议解决的方方面面。但在ODR方面，其制度还存在许多需要完善的地方，还处于在线“口头相谈”阶段。

中国作为电商交易最为频繁的国家，各平台为了处理网络交易中出现的大量纠纷，都相应地建立起自己平台的争端解决机制。淘宝网作为国内较大的网络交易平台之一，是国内ODR制度的先行者，率先于2012年引入大众评审。京东和苏宁易购也紧随其后，设置了京东的交易纠纷专员和苏宁易购的纠纷专员。中国还设置有“中国国际经济贸易仲裁委员会网上争议解决中心”（CIETAC），主要解决网络域名争议等。中国的ODR不仅成为处理电子商务纠纷的主要方式，同时也成为解决线上、线下各类纠纷的重要机制，并逐渐彰显出其作用和价值。

（三）ODR的不足

尽管ODR在电商消费者保护中发挥了重要作用，但目前ODR仍然存在一些不足。这些不足包括以下五个方面。

1. 信息可能泄露

ODR的一个特点是对当事人隐私可进行一定程度上的保护，但即使对在线纠纷解决的账户进行了加密，同时要求申请人保密，由于网络技术的缺陷、黑客和病毒的存在，当事人为解决纠纷所上传的答辩意见、证据等资料也可能被下载、复制、篡改。这些问题对ODR网站的安全性提出了巨大挑战。因此，不仅要从制度层面为ODR网站的安全性和保密性制定标准，还应从技术底层逻辑上对其加以改造，以确保数据的安全性和保密性。

2. 执业者资格认证制度存在缺陷

目前的 ODR 网站主要采取行业自治模式，由认证机构制定被大众公认的行为准则，或由行业制定公认的行业准则，由认证机构或行业组织授权使用信赖标志。但这种信赖标志制度容易让消费者对公认准则或各类行业准则产生混淆，且认证机构的权威性和公正性在现实中往往存在争议，降低了使用者对 ODR 解决纠纷的信任度。此外，如果 ODR 网站对调解纠纷的仲裁员、调解员或调解程序等基本信息不予公布，则消费者也不会对网站产生完全的信任。

3. 在线争端解决机制缺乏保障

由于现阶段发起、退出 ODR 程序不需要特别正式的流程或审批，用户可以非常低的成本发起、参与、退出 ODR 程序，且不用承担过多的后果，因此 ODR 程序不仅被滥用，还有可能成为拖延诉讼的工具。

4. 扩展性不够

ODR 网站的数据库相对孤立，ODR 平台的权威程度低、可靠性不高，致使许多跨境电商及其供应链企业的数据缺乏主动对接的积极性，从而使 ODR 网站数据库成为“数据孤岛”，跨境电商消费者、跨境电商平台、跨境电商及其供应链、仲裁机构、物流企业等相关数据价值均未能被有效挖掘。

5. 合同成本高

无论是 ADR 还是 ODR，都存在合同拟定成本高的问题。对于当事双方而言，拟定合同是一项必不可少的工作。双方律师需要在拟定合同上花费大量时间以防止任何可能的纠纷，这导致需要完成庞大的工作量。这种工作并没有产生任何的确定性，只是为了防止可能性的发生，但客户必须为此付出代价；而且即使付出这部分成本，协议仍有可能被违反或者未得到充分履行。

二、基于区块链技术的在线纠纷解决优势

基于区块链技术去中心化的争议解决方式，是在争议双方不必信赖第三方机构的情况下，出现的一种新的争议解决方式。裁决由涉事双方所在区块链平台上的多位匿名用户共同决定，无须涉事双方对第三方的信任，甚至无

须信任区块链的设计者和维护者，如图 3-4 所示。

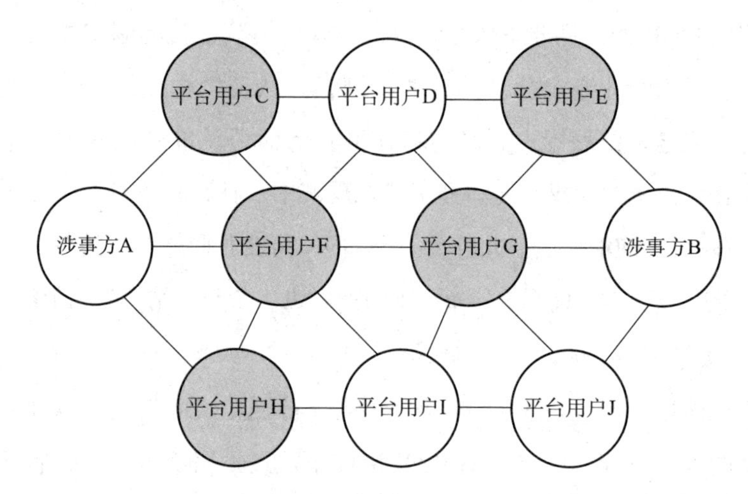

图 3-4　基于区块链技术去中心化的争议解决方式

注：灰色代表从所有用户中随机选择的部分不相关的用户，让其作为仲裁员。

区块链争议解决平台是在匿名化和去中心化的前提下解决争议的一种机制，这一构想首先是由美国的 Kaal 教授和 Calcaterra 教授提出来的。① 这一机制可以在一个开源的区块链平台实现。平台的运行需要具备两个条件：一是所有参与争议解决的当事人，包括裁定人员都是匿名的；二是争议解决机制偏重于向认同争议裁定结果的多数支付代币报酬。

基于区块链技术的去中心化争议解决方式并不能解决 ODR 的所有弊端，但相对于 ODR 仍具有以下一些优势。

（一）保护隐私

非对称加密技术的采用，使区块链网络的加密性比传统网络高了许多，也使得双方涉事人以及仲裁员的隐私可以得到充分的保护。传统网络的中心服务器可以通过入侵服务器，对加密方式进行破解而获得用户隐私，甚至利用大量用户的隐私进行诈骗、勒索等犯罪活动。区块链技术不仅使得加密破

① KAAL W A，CALCATERRA C. Crypto Transaction Dispute Resolution［EB/OL］.［2020-08-04］. https：//ssrn. com/abstract=2992962 or http：//dx. doi. org/10. 2139/ssrn. 2992962.

解的难度增加，而且不会造成大量用户的隐私被泄露。此外，隐私保护更利于避免涉事人的国籍、种族、肤色、性别、使用语言等引起仲裁者、参与者的偏见。

（二）存证安全

中心化的服务器可能因为遭受物理损坏或黑客攻击，造成服务器存储的数据丢失或被修改。区块链技术采用的是分布式存储，一个网络节点的数据被损坏不会影响数据的完整性，而所有节点的数据同时被损坏则是概率极小的事件。因此，在区块链网络中的证据、裁定意见以及裁定结果会被长期保存，以便于案件复审。

（三）无须中心化的信任

争议涉事方无须对中心化组织信任就可以在区块链网络中完成争议的解决，这就避免了中心化的一些弊端。比如中心化的解决方案中，争议涉事方可能担心另一方是否会因为贿赂而影响中心化组织的判决，或者中心化组织的操作人员因为专业性不足而不能做出公正的判决，或是因为中心化组织自身利益而影响了判决，等等。而去中心化的争议解决方案则可以避免这些问题，争议涉事方无须对某个机构或个人信任，也可以完成争议的解决。

（四）执行可保证

传统的 ODR 裁决结果虽不具有强制执行力，但可以作为法庭审判的重要参考之一。ODR 不具有强制执行力是由其性质决定的。在 ODR 过程中，仲裁方并没有对涉事双方的资产或者资源进行处置的机制，同时也没有处置的权力，因此在执行层面就要大打折扣，是否能执行依赖于涉事双方对裁决结果的认可程度和涉事双方的主动执行能力。由于涉事双方在区块链网络中都拥有数字代币资产，所以区块链网络中有对涉事双方以及参与仲裁的用户的数字资产进行处置的机制。而且，处置机制是由代码自动执行的，不以人的意志为转移，因此在执行上天然具有可操作性，仲裁结果也可以继续作为法庭审判的重要参考之一。

三、基于区块链技术的在线纠纷解决平台模式

尽管区块链技术在解决现实问题中仍存在一些问题，如编程者的有限预见性、信息不完整性、代码错误等，但去中心化的“自治”在技术上已经出现，并且是一个不可忽视的趋势。笔者整理、比较了基于区块链技术的仲裁平台，并对区块链技术应用于在线仲裁的规律和模式进行了总结。

（一）非中心化仲裁

目前，一些企业开始尝试采用基于区块链技术的非中心化仲裁，一些开源的区块链平台上已出现在线纠纷解决的应用，且影响范围比较广泛。

1. Kleros

Kleros[①] 是全球第一个去中心化司法平台，[②] 是一款基于以太坊的仲裁应用。

Kleros 是一个分散的第三方组织，负责对以太坊上的各类合同纠纷进行仲裁，仲裁的过程实现完全自动化。Kleros 基于以太坊所提供的底层区块链技术，建立了一种去中心化的仲裁方式，即当纠纷产生时，用户向 Kleros 发出一个纠纷仲裁申请，Kleros 会选择一组评审员，根据评审员的意见进行仲裁，最终向双方用户发送仲裁结果。

Kleros 的仲裁方法设定基于诺贝尔经济学奖获得者 Thomas Schelling 提出的谢林点的概念，即“每个人期望的聚焦点是他人期望他本人期望被期望做出的选择”。这个概念是指未经沟通的两个人，如果同时选择了同一个选项使得双方都能够受益的话，那么他们各自的选择就被认为是对方期望自己所做出的选择。

在 Kleros 的模式中，争议双方都需要通过购买 Kleros 发行的 Pinakion 币

---

① “Kleros”一词在希腊语中为“随机”的意思，起源于一种古老的随机裁决系统。

② https：//kleros. io/about/.

（简称“PNK 币”），[①] 将 PNK 币作为抵押来发起仲裁。仲裁员同样需要抵押自己的 PNK 币才能够参与仲裁。如果仲裁员投票的结果和最终裁决的结果一致，那么仲裁员将获得相应比例的奖励；否则，仲裁员将失去所抵押的 PNK 币。在一起仲裁案中并不需要过多的仲裁员，这就要求仲裁员的质量高而非数量多。Kleros 依据仲裁员所抵押的 PNK 币多少进行筛选，抵押 PNK 币数量少的仲裁员权重就低，对仲裁员的选取偏向于权重高的仲裁员。

由于 Kleros 是建立在以太坊上的，对仲裁员的奖励包括以太币和 PNK 两部分。以一个 7 人的仲裁团为例，在投票后 7 个仲裁员重新分配了 PNK 代币，代币从少数投票失败的仲裁员流向多数投票正确的仲裁员。仲裁涉事双方失败的一方向多数投票正确的仲裁员支付仲裁费，其他费用则返还，如图3-5所示。

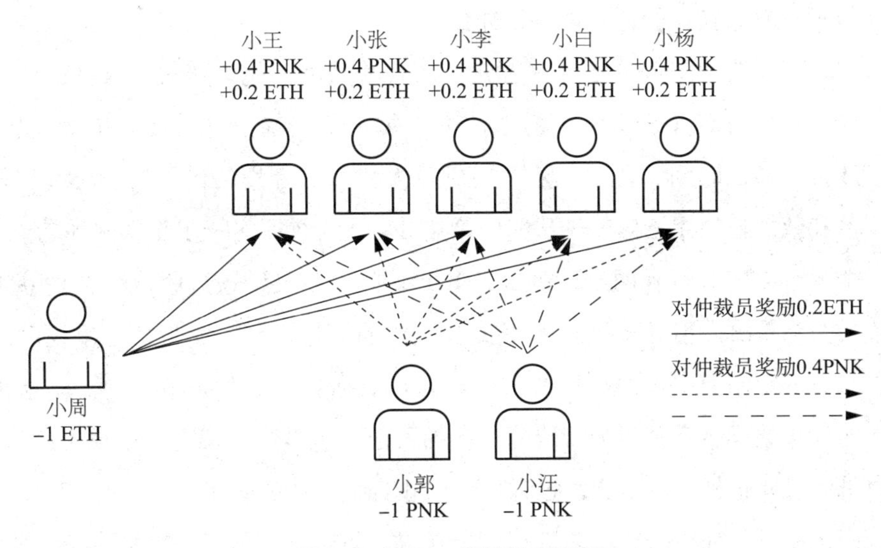

图 3-5　Kleros 奖励机制图解

Kleros 对仲裁费的要求考虑了诉讼双方的利益。在传统的仲裁中，一般

① Pinakion 出自古代雅典典故。公元前 508 年或公元前 507 年，为了推进雅典的民主制度，贵族出身的克里斯提尼将雅典的 4 个血缘氏族打散，改组成按所居地划分的 10 个新氏族，其下再按人口比例划分“民区”，只有民区的成员才是公民。公民配备身份证（Pinakia），上面记载自己的姓名、父亲的姓名以及民区之名。参见：孙隆基．新世界史［M］．北京：中信出版社，2015.

都认为应由提出仲裁的一方缴纳仲裁费，因为这是提出仲裁的一方为伸张自己的权益需付出的成本。而 Kleros 对仲裁费的规定是这样的：首先由提出仲裁的一方缴纳一半的仲裁费，再由涉事方缴纳另一半仲裁费。如果涉事方不缴纳仲裁费，或者不理会仲裁，系统则会自动判决发起仲裁的一方获胜。此外，为了防止恶意仲裁申请，仲裁提出方除了需要缴纳一半的仲裁费外，还需要质押一部分按比例缴纳的费用。这样规定的优点在于，如果恶意仲裁的一方提出仲裁被判失败后将会承受额外的损失，这样就有效防止了“碰瓷”行为。

Kleros 除了设置一般仲裁庭外，还设置了很多专业的仲裁庭，由具有专业知识的仲裁员对案件进行仲裁。Kleros 平台的仲裁员是去中心化的，由个人申请即可获得仲裁员资格。这使得很多需要具有专业知识的仲裁案，更容易获得具有专业知识的仲裁员进行仲裁。

用户在注册为陪审员之后，首先会从普通法庭开始，并根据自己的知识和技能进入需要专业知识背景的子法庭。每个子法庭都有一些特定的设置，包括政策、会议时间、费用、陪审团成员人数和所筹集的代币。子法庭积累的案例和数据将被用于修改子法庭的策略和参数，使平台产生新的附加功能。

个人可以在 Kleros 网站注册成为 Kleros 的陪审员，通过收取仲裁费获得相应的劳动报酬。但 Kleros 对陪审员有一定的筛选机制，成为特定争议的陪审员具有一定的概率，而概率的大小与陪审员所投注的代币成正比。陪审员投入的代币数量越高，成为特定陪审员的可能性就越高；反之，如果不押注，陪审员则没有被抽中的机会。这样可以防止选择无效的陪审员。

Kleros 平台对仲裁员也会进行智能筛选，避免同一类型的案件持续分配给某一位仲裁员。Kleros 对仲裁员的过往仲裁水平也会有判断，进而使仲裁案中的仲裁员保持多样化。

Kleros 弥补了去中心化仲裁中的一些漏洞，如无限次上诉或防止贿赂。当仲裁结果一方不满意或者认为结果不公平时可以提出“复议”，但申请方需要支付更多的 PNK 币，且参与“复议”的仲裁员需要抵押更多的 PNK 币才可能参与仲裁。由于陪审员人数增加，支付的上诉费也会成倍地增加，这意味着在大多数情况下，当事方不会上诉，或者不会无限次地上诉。

Kleros 防止贿赂的策略是使“贿赂成本”变得高昂。纠纷涉事一方想要贿赂仲裁员时，需要向多数仲裁员进行贿赂，这样成本会很高，贿赂者也需要更多的贿赂金额才可能影响仲裁结果。当贿赂者的贿赂成本高于案件本身所获得的利益时，贿赂者一般就不会再贿赂。

PNK 在 Kleros 中有两个重要的关键功能可以用来弥补系统漏洞。一是它可以保护系统免受 Sybil 攻击。[①] 如果简单地随机抽取陪审员，则恶意的黑客可能创建大量地址冒充待选陪审员。每次争议都要从陪审员池中筛选数个陪审员，黑客创建的地址更可能被选中，而且可能占据更多的陪审员席位，从而恶意控制系统。二是 PNK 能够鼓励陪审员按自己的真实意愿投票。陪审员投出的票如果与最终多数人的投票相反，则其所抵押的部分 PNK 币将会奖励给其他投票与多数陪审员相同的用户。

Kleros 不仅在区块链技术的基础上实现了去中心化的仲裁，而且仲裁过程中产生的证据都被存储在区块链上，因此整个过程安全且透明。

2. Jur

Jur 是一家瑞士法律技术公司设计的基于区块链技术的分布式法律生态系统。整个生态系统包含三个组成部分：一是由法律专业人士创建的基于智能合约的法律合同模板，以实现业务交易的自动化；二是通过基于智能合约的法律合同，促进高质量的合同传播；三是建立起基于区块链技术的综合纠纷解决体系。

在高额的律师费下，只有大型企业才更有优势通过司法系统获得公正的

---

① Sybil Attack，可译作“女巫攻击”，该名称最早出自 1973 年由小说《女巫》（*Sybil*）改编的同名电影。Sybil Attack 后来被引申到了 P2P 网络中。因为节点随时加入退出等，为了维持网络稳定，同一份数据通常需要备份到多个分布式节点上，这就是数据冗余机制。女巫攻击是攻击数据冗余机制的一种有效手段。如果网络中存在一个恶意节点，那么这个恶意节点的数据将被欺骗并导致备份到同一个恶意节点，相当于该恶意节点伪装成多重身份。这样一来，作恶的节点就可能掌握网络的控制权。在区块链网络中，如果采用了投票机制，就需要一套反 Sybil Attack 的技术。否则，如果一个参与者有很多账户的话，会带来仲裁结果的不公平。需要指出的是，反 Sybil Attack 有很多种方法，如工作量证明（PoW）。如果想证明自己是一个节点，就需要用算力来证明，这样就极大地增加了攻击的成本。另外一种就是身份证明，Vitalik Buterin 在演讲中提到的就是这类方法。

纠纷处理方式，而中小型企业如果向司法系统寻求帮助，则会承担较高的司法成本。Jur 的目标客户是中小企业，致力于将区块链和人工智能技术集成应用于中小企业的纠纷解决中，使得标准的法律合同可以以极小的成本获得，并通过智能合约自动生效执行。

Jur 开发了一款合同编辑器 Jur Editor，允许用户创建智能法律合同。用户既可以使用空白文档创建，也可以使用其他用户提供的模板创建。创建或修改过程非常简单，用户使用编辑器中的“拖放”功能即可完成对合同条款的创建。虽然在 Jur 上创建或修改模板的用户大多数是律师，但 Jur 平台并不要求用户必须拥有律师资格证书或者通过律师协会注册才能使用平台。用户使用 Jur Editor 创建或修改的合同条款模板被记录在区块链上，并接受社区内的同行评审，创建者或修改者以此获得代币。Jur 运用数据收集和分析系统确定哪些条款导致的争议最少，并将这些条款推荐给用户。

Jur 本身还是一个创建和销售智能法律合同的平台，可以通过人工智能程序快速实现定制化的合同，也鼓励使用人工定制的合同范本。Jur 鼓励用户在其平台上销售合同，以使优质的合同范本能够得以广泛传播和使用。Jur Marketplace 是 Jur 平台整个生态系统的重要组成部分，没有 Jur Marketplace 就无法将 Jur Editor 上创建的内容传播给大众。Jur 的目标是通过合同审查、代币奖励及 Marketplace 创建一个审查机制，使优秀的合同编辑者在 Jur 平台上发展业务，提高 Jur 平台上法律模板的质量。

Jur 依托智能合约，拓展了合约纠纷的去中心化解决方案。若涉事双方根据 Jur 所提供的合约服务签订了合约，但实际履行有争议，就可以在 Jur 的区块链网络中进行仲裁。仲裁由发起方抵押代币，仲裁中心指派仲裁员。Jur 所提供的仲裁分为“开放层”“社区层”和“法院层”三个层面，三种层次的解决机制逐渐复杂，目的是在区块链上建立完整且适用的管辖权。“开放层”向所有参与者开放，仲裁决策遵循博弈论原理，主要适用于低价值的争议；“社区层”只向当事双方选定的社区成员专家开放，只能由选定专家参与仲裁决策过程；“法院层”即商业化的数字仲裁，需遵守《承认及执行外国仲裁裁决公约》（《纽约公约》），对当事双方均具有约束力，适用于高价值的争议。

"法院层"的仲裁争议可以由一名仲裁员或三名仲裁员组成的仲裁庭裁决。如果争议不超过 15 万美元，独任仲裁员是理想的选择；对于较高价值的争议，Jur 平台建议由三名仲裁员组成仲裁庭。

3. ECAF

ECAF 即 EOS Core Arbitration Forum，是在 EOS 链上的仲裁组织，解决的争议包括：资产所有者要求损害赔偿和救济的典型争议，对系统漏洞或账户冻结的紧急干预，利益相关方对 EOS 主链上的数据请求，来自国外法庭的法律程序的请求，等等。

ECAF 设立的目的是通过执行规则和提供管理支持来服务社区。该法庭由积极的仲裁员管理，它授权一个透明的手册来记录程序、细节等。该法庭可以任命专家、翻译者、案件经理，或者安排来自外部法庭的支持。ECAF 的仲裁员通常通过社区全民公投获得任命，撤销一个仲裁员的任命需要来自节点、社区、法庭三方中两方的核心权力批准。上诉和违纪案件通常由三个在册仲裁员庭审，并由一个资深仲裁员担任首席仲裁员。在特殊情况下，一个单独的仲裁员可以要求任命增加两名仲裁员。

4. Aragon Network

Aragon Network 是基于以太坊区块链的仲裁机构。Aragon Network 发行代币（Aragon Network Token，ANT）来激励用户使用其网络，还利用代币激励机制处理争议纠纷。

Aragon Network 为了保证合约在链上被强制执行，要求合约的参与方在履行过程中要质押一定量的数字资产。用户通过质押数字资产，共同履行事先达成一致的合约。如果期间发生争议，则由一个去中心化的法庭来仲裁并强制执行仲裁结果。

Aragon Network 上的仲裁是通过 Aragon 法庭执行的。Aragon 法庭是 Aragon Network 内负责强制执行的中立机构，一般根据共享的信息做出判决。Aragon 法庭有不同等级，越是低级的法庭处理的纠纷越细致、越具体；越是高级的法庭处理的纠纷越宽泛、越抽象。经验比较少的新法庭往往从细致、具体的纠纷开始处理，随着经验积累和声誉提高，处理的纠纷越来越宽泛、抽象，这样低级法庭开始慢慢向高级法庭发展。最顶层是体系内的最高法院，它制定并维护着整个体系的根本价值观。

智能合约很多时候看起来会让人觉得晦涩难懂，这是因为智能合约的目的是让机器读懂。因此在智能合约无法处理的情况下，各方不得不求助传统的法律合约。Aragon Network 为了解决这个问题，提出了一个新的机制，试图让区块链中的合约变得通俗易懂，这就是 Aragon Agreements（阿拉贡合约），它由一系列的智能合约和经由加密签名且可读性很好的文档组成。DAO① 和个人提供一种机制让各方可以灵活创建可读性强的合约，并能在链上强制执行这些合约。

5. RHUbarb

RHUbarb 是由一个名为“People Claim”的项目发展来的。“People Claim”项目早期是一个涉及“社会公正”的网络实验，即致力于以社会的意见取代司法机关或者专业人士的意见。创立者的目标是探索科学技术能否取代或者部分取代、补充法律体系，能否以一种低成本和去中介化的公正、便捷、易接触的网络争议解决方式去解决传统的法律问题。经过 3000 多个案例的检验，“People Claim”项目已经受到消费者、当事人、雇员和其他需要争议解决帮助人们的欢迎。

RHUbarb 通过区块链技术和其他分布式应用促进 ODR 以新的形式发展，致力于通过平台发布的代币使人们更便利、更低廉、更有机会解决遇到的不公正问题。在 RHUbarb 平台上，为解决争议提供仲裁意见或解决建议的人被称为“公共调解员”，目前平台上已经有超过 10 万名注册用户。在 RHUbarb 平台上，新申请的争议项目会被展示出来，邀请仲裁员进行仲裁，或者给出如何能够最好地解决争端的建议。一个争议解决后平台上就不再展示，但可以作为争议双方认可的法律依据。

RHUbarb 推出的产品包括以下几种：①Online Community Dispute Resolution（OCDR）。这是一个拥有超过 3000 名专业人士和消费者的调解争议的社区，已有

---

① Decentralized Autonomous Organization，即去中心化的自治组织，有时也称为 Decentralized Autonomous Corporation，DAC。

30000 余起争议得到了有效解决。OCDR 的目标用户是普通消费者、患者、员工和寻求司法救助的其他人，允许用户以低于 25 美元的成本解决任何类型的争议。推出 OCDR 的目的是建立一种能够取代小型法庭、小额诉讼和商业争议的解决渠道。②Public Fairness Assessment（即将发布）。这个产品是通过让一些知名的具有前瞻性思维的人士在 RHUbarb 平台进行投票或者给出意见，来评估一个公共政策的发布是否能够得到民众支持，并获得良好效果。它可以预测公共政策推出后的效果，降低公共政策的推广和执行风险。③Free Court（即将发布）。这是一种快速的、具有约束力的仲裁产品，通过去中心化的投票来解决争议，争议双方可以选择具有法律专业背景的调解员或者国内的专家。推出 Free Court 的目的是取代第三方仲裁机构，其纠纷解决的成本不超过 50 美元。④RHUNeutral（即将发布）。帮助争议双方获得来自行业专家、消费者团体等的意见以达成共识。RHUNeutral 的目标用户是法院预审会议、传统和在线调节平台，以及医疗和保险平台的供应商，目的是取代调解员以使纠纷解决更为公正。⑤RHUPredict。这个产品用来预测可能出现的结果或者提供技术方案，帮助纠纷双方进行审前和解或提供诉讼策略。推出 RHUPredict 的目的是取代模拟审判、陪审团顾问选择和专家证人等。

RHUbarb 的产品基于去中心化的匿名投票，服务于争议解决、意见统一、评论收集、舆论预测等，这是对区块链匿名投票功能在应用场景开发方面的有益尝试和探索。RHUbarb 团队在区块链上建立了一个名为 Poll Verdicts 的投票机制，并引入了原 People Claim 的参与者一起解决争议。

目前，RHUbarb 平台仍然需要解决激励措施的成本问题，以吸引和聘请更多调解人帮助解决案件。RHUbarb 同时规定了参与成员的义务：使用 RHUbarb 参与投票系统，需要具有良好信用的用户通过公正投票形成共识，“挖掘”RHUCoins，解决争议纠纷。用户不得与其他用户串通以影响结果，或以别名参与投票，抑或以其他方式试图扰乱社区共识的形成过程。用户只对区块链平台上公布的争议做出响应，虚假的、诽谤的、恶意的或者其他伤害沟通的行为都将会影响用户在网络中参与活动。

6. Mattereum

Mattereum 是一个基于区块链技术实现资产注册、资产交易和转移，以及争议解决的平台。Mattereum 关注的是资产注册和智能合约，并在资产注册的基础上建立了一套生态系统，以确保合理配对专业人员，辅助处理争议案件。

Mattereum 结合了智能合约和法律专业的知识，管理区块链上对物理财产的所有权、知识产权甚至是地产所有权，以此实现具有法律效力的数字合约。

对资产的管理是在资产上链时确定的，需要用户对资产予以一定程度的保证。Mattereum 项目第一个注册的资产是一把价值 900 万美元的斯特拉迪瓦里乌斯小提琴（Stradivarius Violin），资产的合法所有者要求小提琴一年之内至少在三个国家举行六场音乐会，才可以将小提琴的所有权进行转移。在传统资产管理环境中，这一要求显得麻烦且苛刻，资产管理机构可能拒绝这样的请求，但在区块链网络中，登记员有能力对资产执行这些法定要求。

区块链技术使基于登记财产权的智能合同得以执行，而不需要任何新的立法。理论上，通过资产在区块链上注册，用户可以购买一件物品的全部或者部分产权，通过创建使用许可证（出租）或抵押获得收益。Mattereum 智能财产登记册打破了传统的所有权概念，将合法所有权、财务收益权以及资产的占有或使用权分开。当资产被上链登记时，所有者定义了附加到资产的治理模型。

Mattereum 引入了“自动托管人”的概念，在无须信任的交易中，设立一个自动的第三方保管人（自动托管人）是非常好的解决办法。卖家将商品托管给自动托管人，托管人将商品出售给买家，而且托管人行为是由区块链程序自动执行的（如图 3-6 所示）。自动托管人是资产的合法所有者和注册者，保留资产的利息获益权。被代币化[①]的资产的利息变得可以交易，使用权经过智能合约变得可被许可化（需要付出代币）。

---

① 资产在区块链上注册后，资产以区块链的代币表示。这一过程类似于现实中的资产证券化。

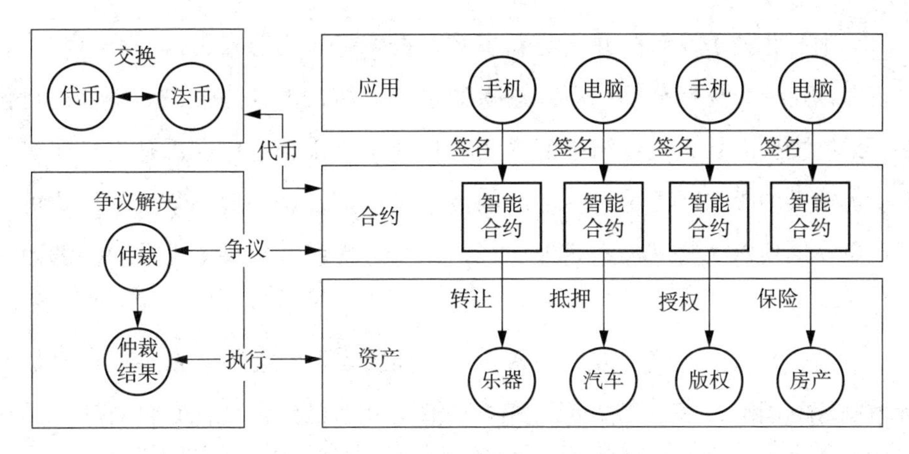

图 3-6　Mattereum 模式示意图

资产注册方面始终存在的一个问题是“重复消费”，就是同一个资产在用户不知情的情况下，被卖给（或抵押给）多个用户。这种现象在现实生活中很常见，即使在区块链技术出现后，也暂时无法避免，因为卖家可以在不同的区块链上对资产进行注册。Mattereum 指出，解决这一问题需要一个被认可的“中心”，数据只有在“中心”被记录才能得到认可。这一方法和传统的做法是一致的，许多房产的注册都是在公众认可的“唯一中心”进行注册。尽管区块链使用的是“去中心化”思维，但 Mattereum 认为在资产注册层面，还需要多个区块链项目共同配合一个“中心化”的、被广泛认可的数据库。

7. 总结

从全球范围来看，区块链应用于仲裁解决主要分布在三个领域：去中心化仲裁、数据存证、智能合约，以上六个案例所涉及的领域见表 3-1。

表 3-1　国外基于区块链争议平台业务内容对比

	Kleros	Jur	ECAF	Aragon Network	RHUbarb	Mattereum
去中心化仲裁	★	○	★	★	★	○
数据存证	○	×	×	×	○	○
智能合约	×	★	×	○	×	○
资产注册	×	×	×	×	×	★
代币发行	○	×	○	○	○	○

注：★为主要业务，○为涉及业务，×为未涉及业务。

去中心化的争议解决并不是新事物，古希腊居民曾采用这一争议解决方式，即设定一个任何公民都可以进入的投票场所，由这些公民对争议进行投票，最终投向多数人认可结果的投票者将获得金币，这些金币是由投向少数人认可结果的投票者支付的。在新的技术条件下，这一解决争议的模式可以用代码在区块链中公平、透明地实现，在一定程度上解决了目前司法的效率和成本问题。

各国政府对区块链和数字加密货币的监管态度有差异，在某些许可加密货币发行的国家，基于 Token 经济的自治型社区已经出现，必将对现存的司法体系产生影响，甚至是冲击。我国司法界对区块链技术的应用主要集中在数据存证方面。对于区块链在国外司法界的应用，我们应该密切关注其发展动向，吸取经验和教训，有力推动我国司法应用的发展。

（二）区块链存证取证

应用区块链存证取证也是将区块链技术应用于纠纷解决实践的一种重要方式，在此方面中国的实践较为领先。目前中国有三个互联网法院，专门针对涉及互联网的纠纷进行裁决。三家互联网法院都已经探索应用区块链技术进行存证和取证。

1. 杭州互联网法院

2017 年 8 月 18 日，杭州互联网法院挂牌成立。2018 年 9 月 18 日，杭州互联网法院宣布司法区块链正式上线运营，这是中国首个应用区块链解决纠纷的法院。司法链架构分为三层：一是区块链程序，用户可以直接通过该程序将操作行为全流程记录下来，如可在线提交电子合同、维权过程、服务流程明细等电子证据；二是区块链的全链路能力层，主要是提供实名认证、电子签名、时间戳、数据存证及区块链全流程的可信服务；三是司法联盟层，使用区块链技术将公证处、认证机构、司法鉴定中心以及法院连接在一起形成联盟链，每个单位成为链上节点。[①] 杭州互联网法院设立跨境贸易法庭具有

---

① 杭州互联网法院司法区块链上线 实现电子数据全流程记录全链路可信全节点见证［EB/OL］.［2019-02-01］. https://www.chinacourt.org/article/detail/2018/10/id/3522776.shtml.

重要意义，一是有助于塑造法治化的全球跨境贸易经商环境；二是加强杭州地区与全球数字贸易的联系，推动杭州自贸区的发展，使其成为全球数字贸易的一个中心；三是对全球数字贸易领域的一些裁判规则、交易行为进行指引和经验积累。

2. 广州互联网法院在线纠纷多元化解平台

2018 年 9 月 28 日，广州互联网法院挂牌成立。它集中受理广州市辖区内基层人民法院有管辖权的涉及互联网的 11 类纠纷或案件[①]，包括：电子商务平台签订或履行网络购物合同产生的纠纷；通过电子商务平台购买的产品，因存在产品缺陷，侵害他人人身、财产权益而产生的产品责任纠纷；互联网金融借贷合同纠纷；著作权纠纷；互联网上侵害人身权、财产权等民事权益纠纷；等等。

广州互联网法院于 2019 年 3 月 30 日正式上线“网通法链”，应用区块链技术进行存证。其在 2019 年 10 月 22 日发布的《广州互联网法院在线审理规程（试行）》中，第二十八条明确规定“本院通过电子签名、电子数据摘要值校验、区块链等技术，保障电子证据平台存储的数据不被篡改”。

广州互联网法院在线纠纷多元化解平台（Guangzhou Court of the Internet Online Dispute Resolution Platform）是法院在线纠纷调解的一种典型应用。用户在广州互联网法院诉讼平台申请立案后，广州互联网法院会根据案情委托调解机构进行调解。案件进入调解后，调解员会发送手机短信至双方当事人，当事人收到手机短信后，登录广州互联法院在线纠纷多元化解平台参与调解。申请人在平台申请调解案件中，可选择自己的意向调解机构，调解机构管理员分配该案件给适合的调解员，调解员将联系当事人处理该纠纷。[②]

3. 北京互联网法院

北京互联网法院成立于 2018 年 9 月 9 日，集中管辖北京市辖区内应当由基层人民法院受理的第一审特定类型互联网案件。法院按照“网上案件网上

---

① http：//www. gzinternetcourt. gov. cn.

② 信息来自广州互联网法院纠纷调解服务介绍详情。

审理”的基本思路，通过全流程一体化的在线服务平台，实现案件起诉、调解、立案、送达、庭审、宣判、执行、上诉等诉讼环节的在线进行。

北京互联网法院联合北京市高院、司法鉴定中心、公证处等司法机构，以及行业组织、大型央企、大型金融机构、大型互联网平台等20家单位共同组建了“天平链”，并于2018年9月9日上线运营。天平链利用区块链技术特点，实现了电子存证的可信存证、高效验证，降低了当事人的维权成本，提升了法官采信电子证据的效率。

“天平链”已经被技术服务、应用服务、知识服务、金融交易等9类22家应用单位接入，实现了社会化参与、社会化共治，打造了社会影响力高、产业参与度高、安全可信度高的司法联盟区块链。

法院调解书与判决书具有同等法律效力，如对方拒不履行义务时可向法院申请执行。需要注意的是，基层调解委员会等组织、部门制作的调解书，经双方签字后具有证据效力。如果一方拒不履行，就需要通过诉讼来确认该调解书的效力，然后才能进入执行程序。调解委员会对争议纠纷没有强制处理权，对经调解达成的协议也没有法律强制力保证执行。

四、区块链技术在在线纠纷解决领域中应用的建议

尽管区块链技术在存证和投票方面与以往信息技术相比有着极大的优势，一些区块链技术追随者认为区块链可以弥补争议解决中的任何问题，但这远非事实。区块链技术在解决全球跨境电商消费者争议方面虽具有巨大的潜力，但仍不可替代传统的ADR，更无法撼动各国的司法系统。其目标定位应为现行世界争议解决的补充方案。

各国政府部门或企业如果想要加强相关领域的应用，就必须构建一致性的法律框架，增加知识共享，打破业务壁垒，这至关重要。

第五节　区块链技术与知识产权

一、我国知识产权运营面临的困境

知识产权是以专利、版权、商标等形态存在的智力劳动成果所享有的财产权利。知识产权产业链包括确权、用权和维权三个环节，目前我国知识产权运营在这三个环节均面临较大挑战。

（一）知识产权确权难

知识产权确权包括作品原始权属的登记和知识产权后续交易的记录。知识产权确权难表现在以下两个方面。

一是审查周期长。当前，知识产权确权认证周期较长，通过线下渠道进行版权注册一般需要 1~3 个月的时间，通过线上渠道也需要 10 个工作日以上，专利申请取得权利的时间则长达 3 个月至 3 年不等。[①] 以发明专利为例，2019 年发明专利平均审查周期为 17.3 个月。[②]

二是数字产权易存在“原创争议”。在数字时代，文字、图片、音乐、视频等各种格式和类型的数字内容均可以实现瞬时传播，相关版权归属问题容易存在争议。尤其是部分具有一定相似度的知识成果往往由不同地区、不同语言且不存在委托或合作关系的人创造，一旦产生经济利益和社会影响，便往往难以清晰界定独创者或第一原创者。[③]

（二）知识产权用权难

近年来，我国知识产权供给能力大幅提升。2019 年，我国国家知识产权

① 实践中，在我国取得外观专利和实用新型专利的时间一般为 3~10 个月，取得发明专利的时间为 1.5~3 年。

② 数据来源：国家知识产权局 2019 年工作统计数据。

③ 典型案例存在于音乐、电影、小说等领域，版权的界定除了参照时间因素之外，还需通过抽象测试法、整体观感法等方式来确定作品是否“实质性相似”，确权过程需要较长时间。

局共审结发明专利申请102.3万件，实用新型专利申请198.1万件，外观设计专利申请74.4万件，商标注册申请783.7万件，受理PCT国际专利申请6.1万件。[①] 然而，如何有效促进知识产权的交易、融资和转化，进一步释放知识产权的应用价值已经成为影响行业发展的重要课题。用权是实现知识产权价值的关键环节，我国在知识产权用权方面面临“变现难”和“融资难”的困境。

一是“变现难”。知识产权交易流程目前仍有不少问题，IP交易模式单一且流程烦琐，对各类“中心化”交易机构的依赖程度过高，带来较大隐患。

二是“融资难”。知识产权融资主要包括知识产权质押融资、知识产权作价入股、知识产权租赁、知识产权证券化等几种方式，但总的来说，科技型企业想以知识产权为基础资产进行融资依旧面临较大障碍。科技型企业经营风险高，同时部分企业的知识产权与其主营产品的相关性不足，信息不对称的问题较为突出，因此银行等金融机构接受知识产权质押融资的积极性不高。

（三）知识产权维权难

知识产权保护要以便利化维权为前提，我国目前在知识产权维权方面仍面临较多挑战。

一是原始权益人自证原创较为困难。一般来说，专利与商标的权属由登记注册部门确认，著作权和计算机软件是以作者（包含自然人或者各类机构）完成整个作品的具体时间为权利节点。但是，在专利和商标在国家主管部门完成登记之前、著作权公开发表之前、计算机软件登记之前发生侵权的案件时有发生，在完成确权之前的“窗口期”，原始权益人如欲自证权利则较为困难，需要提供创作痕迹、创作时间脉络、电子或纸质文档以及其他证人证词。

二是数字时代的侵权行为具有一定的隐蔽性。例如，当网络型知识产权纠纷产生时，在互联网平台上的相关内容容易被删除，增大了查证侵权者的难度。而且侵权成本低而维权成本高的“倒挂”现象成为数字时代的常态。

---

① 数据来源：国家知识产权局。

二、区块链技术在知识产权运营中的应用价值

（一）提升知识产权确权效率

针对数字时代知识产权原创人认定难的问题，区块链具有较大的应用价值。通过知识产权创作和流转数据上链能完整、有效地记录著作权的原始取得。数据上链的时间以“时间戳”形式被清晰记录，原始权益人完成创作后，相关数据被保存在对应区块上，从而记录了产权形成的具体时间。区块链技术的非对称性加密算法可在不暴露具体内容的前提下记录创作过程和结果，保障知识产权信息的完整无误。知识产权流转的后续信息也会在区块链上进行全网广播，确保了知识产权转让交易完整链的形成。知识产权的静态归属和动态变化均可清晰记载，这有力地提升了知识产权确权效率。

2018 年 11 月，英国知识产权局（UKIPO）与数家音频、视频和图像组织，以及区块链版权公司 Jaak 成立了 UKIPO 区块链联合工作组，将基于以太坊区块链的开源协议 Kord 用于专利申报系统建设和版权确权。① 日本亦提出将区块链技术用于信息内容（即电影、音乐、书籍等商品化的无形资产）从确权到运用的全流程。② 美国专利商标局（USPTO）于 2019 年 4 月开始探索区块链技术在专利申报审查中的全流程应用，目标是提高专利审查质量和效率。

（二）降低知识产权用权过程中的信息不对称

发挥知识产权的使用价值需从解决信息不对称问题着手。通过建立知识产权区块链平台，③ 使数据资产形成多层穿透，可对资产信息实施全程监测，重塑知识产权融资各利益相关方的信任机制，以便解决中小企业、银行、征

---

① UKIPO. 原文标题：UKIPO *Will Use Blockchain to Adapt to Digital Transformation Trends*，参见：https：//www. gov. uk/government/organisations/intellectual-property-office。

② 日本知识产权战略本部《知识产权战略愿景（2025—2030 年）》，原文标题：知的財産戦略ビジョン，参见：http：//www. kantei. go. jp/jp/singi/titeki2/index. html。

③ 知识产权金融科技平台将企业的专利数据、现金流数据、投融资数据、业务经营数据上链，对入链数据加密存储，防止用权过程中的数据篡改或泄露。同时，智能合约技术对知识产权权益人、专利代理人、平台服务商形成了充分激励，各方均可参与知识产权价值链的收益分配。

信机构、监管机构间的信息不对称难题，进一步提高上链企业融资成功率，降低企业融资成本，形成产业链各个环节的良性运营，进而在一定程度上缓解科技型中小企业融资难的问题。

从调研来看，四川成都、江苏南京、广东省等地的科技部门已经上线了知识产权区块链平台，① 此类平台的基本架构如图 3-7 所示。科技企业、金融机构、第三方科技服务机构等主体共同参与该平台运营，可以有效缓解各参与机构间的信息不对称问题，降低金融机构的尽职调查成本，扩展基于知识产权的融资评价维度，提高金融机构对知识产权密集型企业授信的积极性。2019 年 11 月 27 日，成都市人民政府、人民银行成都分行、四川省知识产权服务促进中心在全国率先启动了基于区块链技术的知识产权融资服务平台。该平台由成都知易融金融科技有限公司实体化运作，委托迅鳐成都科技有限公司开发区块链融资服务平台，主要应用于知识产权登记注册、使用管理、价值评估、交易流转、质押融资和知识产权资产证券化等业务场景，构建了完整的知识产权运营生态链。②

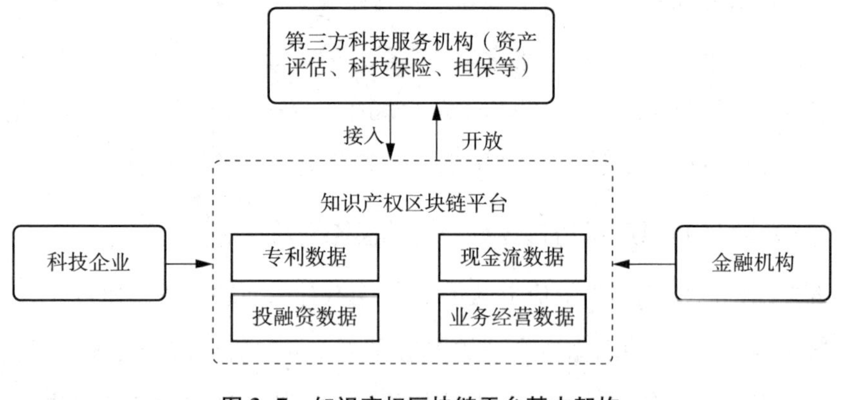

图 3-7　知识产权区块链平台基本架构

---

① 比较典型的平台，如广东省知识产权保护中心的知识产权大数据业务智能平台、南京国际知识产权金融创新中心的知识产权区块链平台等。

② 全国首个区块链知识产权融资服务平台在成都启动试运行［EB/OL］. 中国新闻网，https：//www. chinanews. com/cj/2019/11-27/9019121. shtml.

（三）降低知识产权原始权益人的维权成本

区块链技术可以在较大程度上降低权益人的知识产权维权成本。以商标保护为例，通过将从商品生产、加工、流转、运输到多级分销的数据在区块链上进行“共识验证”,[①] 商标侵权等行为会在第一时间被发现。同时，平台上数字 IP 的访问、流转数据被记载在区块链中，实现了对盗版侵权行为轨迹的溯源，权益人可实时查询和追踪侵权方，链上存证数据可作为法律证据,[②] 大幅降低举证成本。

调研显示，目前杭州、北京、广州三地的互联网法院已经在知识产权侵权类案件审理过程中全面使用跨链存证数据进行判决。其中，杭州互联网法院作为节点加入了阿里巴巴建立的联盟链，已记录存证超过 3.25 亿条。[③] 2018 年 6 月 28 日，全国首例基于区块链存证的著作权侵权案在杭州互联网法院一审宣判,[④] 法院支持了原告采用区块链作为存证方式，并认定了对应的侵权事实;[⑤] 2019 年 4 月 11 日，北京互联网法院审理了首个“天平链”存证的著作权侵权案件,[⑥] 大幅缩减了取证时间，提高了审判效率，降低了知识产权权益人的维权成本。

---

① 区块链的共识验证机制包括工作量证明机制（PoW）、权益证明机制（PoS）、股份授权证明机制（DPoS）、实用拜占庭机制（PBFT）等。

② 2018 年 9 月 7 日，中国最高人民法院公布了具有里程碑意义的《最高人民法院关于互联网法院审理案件若干问题的规定》，第十一条规定：“当事人提交的电子数据，通过电子签名、可信时间戳、哈希值校验、区块链等证据收集、固定和防篡改的技术手段或者通过电子取证存证平台认证，能够证明其真实性的，互联网法院应当确认。”这是最高人民法院首次对以区块链技术进行存证的电子数据的真实性做出司法解释，自此区块链存证的法律效力得到明确确认。

③ 数据来源：金色财经。

④ 杭州互联网法院首次确认区块链电子存证法律效力［N］. 人民法院报，2018-06-29（03）.

⑤ 原告为杭州华泰一媒文化传媒有限公司，被告为深圳某公司，被告在其运营的网站中发表了原告享有著作权的相关作品，原告通过第三方存证平台进行了侵权网页的自动抓取及侵权页面的源码识别。

⑥ 邓恒，王伟 . 互联网司法研究：探索、践行与发展——基于考察三家互联网法院的研究进路［J］. 中国应用法学，2020（5）：144-164.

三、区块链技术在知识产权领域中应用的建议

一是完善顶层设计，将知识产权区块链应用产品纳入监管沙盒试点。建议国家知识产权局牵头，联合科技部、工信部等部门，共同做好知识产权领域区块链应用的顶层设计，出台支持知识产权领域区块链应用的意见。完善对区块链和数字产权相关法律法规的更新，使得相关立法能适应数字时代的知识产权保护需求，对区块链存证的有效性、智能合约运用的规范性等问题予以明确。在合规前提下，分环节、分阶段地开展知识产权区块链应用试点工作，率先在知识产权资产证券化、知识产权存证等领域组织开展应用示范试点工程。将知识产权运营领域的区块链应用产品纳入监管沙盒试点范围，[①] 鼓励区块链公司和知识产权运营机构联合申报沙盒创新产品。

二是开展应用示范，建设开放的知识产权区块链平台。由国家知识产权局、科技部等相关部门联合各省知识产权交易中心、中国知识产权交易所等机构共建国家级知识产权区块链开放平台，该平台面向知识产权运营企业、科研从业人员、区块链公司、金融机构、司法机构开放，着力建设知识产权链、企业融资链、业务流程链，其基本框架如图 3-8 所示，打造诚信、透明、可信的知识产权生态。

三是加强实践总结，加快知识产权领域的区块链标准制定。组织编写基于区块链的知识产权确权、用权、维权案例集，加强试点经验总结，不断促进区块链在知识产权运营中的广泛应用。加快推动知识产权领域区块链应用的参考架构、数据格式、应用接口等标准的制定和验证，并与 ISO、IEC、ITU 等国际标准组织加强对接，积极参与国际标准制定工作。

四是强化人才培养，支持区块链企业与知识产权行业机构开展广泛合作。支持高校科研院所加强区块链专业人才培养，尤其要培养知识产权区块链应用所急需的金融、法律和技术跨学科复合型人才。支持区块链企业与知识产

---

① 2020 年 1 月 14 日，中国人民银行向社会公示 2020 年第一批 6 个金融科技创新监管试点应用。目前，北京市、上海市、重庆市、深圳市、河北雄安新区、杭州市、苏州市等 7 个地方已逐步开展监管沙盒试点。

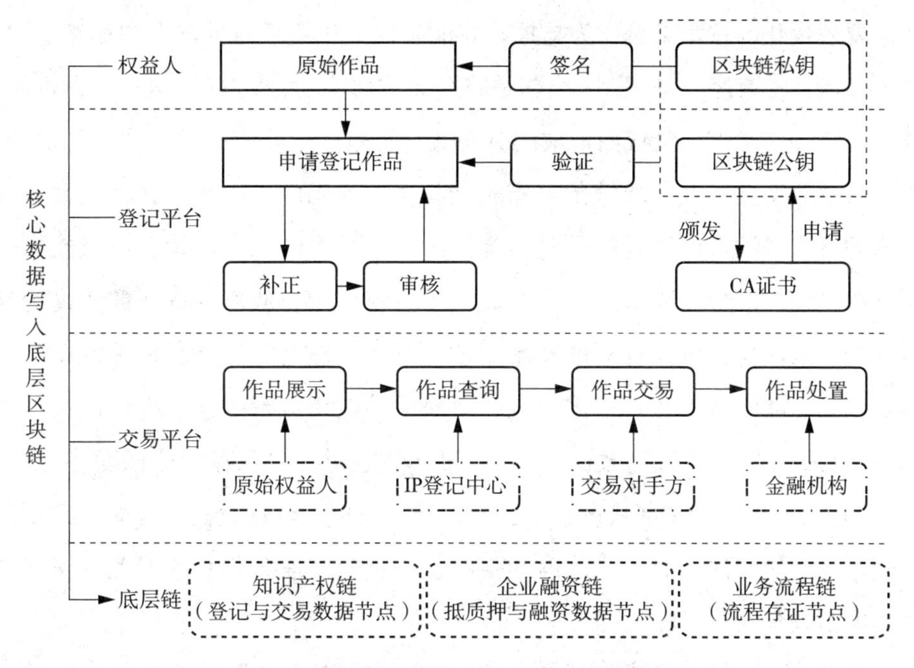

图 3-8　知识产权区块链平台基本框架示意图

权行业机构开展合作，加强人员技术及业务交流。

第六节　区块链技术与政府治理

当今世界处于百年未有之大变局，突发的新冠肺炎疫情使得国内外政治、经济形势更加复杂。与此同时，新冠肺炎疫情暴露出中国在数据协同、共享、比对、披露，以及舆情管理等方面存在“信息孤岛”，这将导致一定程度的公共信任风险，社会潜在的不稳定性因素可能增加。党的十九届四中、五中全会均提出“推进国家治理体系与治理能力现代化”。伴随着现代化信息技术的迅猛发展，如何在信息化、智能化的大背景下促进国家治理体系和治理能力现代化成为一个重要议题。[①] 余宇新和章玉贵（2020）指出，国家治理现代

① 陈劲．信息化、智能化对国家治理现代化至关重要［J］．国家治理，2020（18）：16-18.

化需要现代化的技术工具作为支撑，才能实现生产关系与生产力的相互适应，形成二者良性有序互动。[①] 区块链是将分布式账本、点对点传输、共识机制、加密算法等技术综合集成而形成的分布式计算范式，具有去中心化、可追踪、不可篡改等特性；在区块链的分布式架构中，代码的中立性、分布式共识和交易的可审核性可以显著减少政府部门决策过程中的固有摩擦，以及缺乏透明度等问题，充分发挥出改变生产关系的独特作用，从增进信任的角度为疫情下的国家治理提供一种新的技术手段。目前，理论界已有对相关问题的探讨。例如，欧盟（2019）对区块链在政府中的应用进行探索，提出区块链可以减少官僚主义，提高行政流程效率，提升对公共记录保存的信任度。[②] 陈劲（2020）也提出，加快区块链自主创新，充分发挥平台自我监督等非正式制度的规范性作用和法律等正式制度的强制性作用，使信息化和智能化真正服务于国家治理现代化。[③]

疫情下，区块链可能将赋予国家治理更多的技术内涵。本节从区块链促进国家智治的基本逻辑出发，针对应急管理进行情景设计，分析将区块链应用于国家治理时可能面临的主要问题与对策建议，期望能够为相关部门提供一些决策借鉴。

一、数据治理模式需要与国家治理模式相互适应

关于治理，学者们有不同角度的理解。例如，Rosenau 和 Czempiel（1992）将治理定义为一种由共同的目标支持的一系列活动，并指出治理就是这样一种规则体系，它依赖主体间重要性的程度不亚于对正式颁布的宪法和宪章的依赖。[④] Rhods（1996）指出，治理标志着政府管理含义的变化，指的是一种

---

① 余宇新，章玉贵．区块链为国家治理体系与治理能力现代化提供技术支撑［J］．上海经济研究，2020（1）：86-94.

② ALLESSIE D，SOBOLEWSKI M，VACCARI L，et al. Blockchain for Digital Government［M］. Luxembourg：Publications Office of the European Union，2019.

③ 陈劲．信息化、智能化对国家治理现代化至关重要［J］．国家治理，2020（18）：16-18.

④ ROSENAU J N，CZEMPIEL E O. Governance Without Government：Order and Change in World Politics［M］. Cambridge：Cambridge University Press，1992.

新的管理过程，或者是一种改变了的有序统治状态，或者是一种新的管理社会的方式。[①] 总体而言，国外的治理较多地强调了一种“去中心化”的思想，包含了“多元共治”的相关内容，认为国家或政府是多个中心中的一个中心。而中国的治理则内含了“管理”“善治”“包容性治理”的语义，是政府主导下的治理模式，是由多方治理主体通过对话、协商、合作等行动，形成协同机制，实现治理目标。

当前，跨部门、跨机构、跨领域之间的数据共享，一直受制度化、中心化的掣肘。行政部门对数据的产生方往往具有管理权力，但管理权力的分散很大程度上导致了数据信息孤岛的形成。同时，由于没有交叉验证的数据治理方式，加之中心化的舆情监管审核机制对舆情数据的过滤依据过于简单，缺乏证明可信的技术方式，各种繁杂的数据信息在移动互联网上肆意传播。因此，如何适度排除制度与权力干扰，建立相互适应、可良性互动的国家治理与数据治理模式，在满足合法性、安全性的条件下，让数据更加真实可信、及时精准，以便更好地决策和管理，就变得十分重要。

二、区块链技术可以促进数据治理与国家治理体系的范式融合

区块链技术通过分布式记录存证促进数据治理融入国家治理体系之中。国家或政府部门通过搭建联盟链平台，形成一种多方准入、可控的共同治理模式，将多机构、多领域主体变成分布式节点，共同记录存证节点数据，以形成多节点证据链，从而倒逼节点贡献真实数据，助力国家治理的信息化、智能化。

区块链技术通过共识机制将国家治理行为植入数据系统之中。区块链可对数据作点对点交叉比对，对虚假信息的提供方、散播谣言的主体形成精准确权与锁定，以维护国家治理秩序。如果充分赋予区块链对节点系统主动抓取数据的权限，则数据上报、披露将尽可能摆脱外部制度与权力干扰。这些

---

① RHODES R A W. The New Governance: Governing Without Government [J]. Political Studies, 1996, 44 (4): 652-667.

数据均建构在密码学基础之上，可充分满足安全性和隐私保护需求，进一步打破数据信息孤岛。

目前，全球已有至少30个国家正在探索利用区块链改进其政府管理体制，这些项目涉及土地管理改革、学历认证等多个方面。①② 区块链在国家治理中的作用已经引起很多国家政府部门的重视。

三、区块链技术促进国家治理体系与治理能力建设的情景设计——应急管理的视角

受疫情影响，全球经济面临大幅衰退风险，各国都在大力发展新兴科技，以期寻找新的经济增长动力。5G、人工智能、大数据、区块链等技术在经历了长期的科技积累和酝酿之后，逐渐赋能社会多个应用领域。例如，世界经济论坛发表报告提出，COVID-19危机表明，全球供应链普遍缺乏透明、可互操作和连接的网络，区块链有助于提高供应链的可见性。③ 疫情之下，全球对数据可信、可控、可见的需求越发凸显。本书假设一种应急事件有突发的可能，在这种假设条件下，探讨如何利用区块链技术推进国家治理体系与治理能力现代化建设。在应急管理情景中，可搭建国家区块链应急管理协同平台（联盟链平台），将国务院、互联网信息办公室、发展改革委、卫健委、应急管理部、公安部、交通运输部、科技部等中央政府部门，以及地方与之相对应的委、办、厅、局作为主要链上节点；利用区块链技术对数据信息进行清晰确权，以实现数据可比对、可溯源、可追责；同时，综合运用人工智能等多种信息技术，形成应急管理决策的精准依据，如图3-9所示。

情景一：应急事件爆发前，若下属部门直接报送系统出现故障，互联网信息办公室可从社会舆情中进行数据或信息的筛选、判断，并在国家区块链

---

① ALLESSIE D, SOBOLEWSKI M, VACCARI L, et al. Blockchain for Digital Government [M]. Luxembourg: Publications Office of the European Union, 2019.

② 中国信息通信研究院，可信区块链推进计划项目组．区块链白皮书［R］．北京，2019.

③ WEF. Inclusive Deployment of Blockchain for Supply Chains: Part 6-A Framework for Blockchain Interoperability [R]. Geneva: 2020.

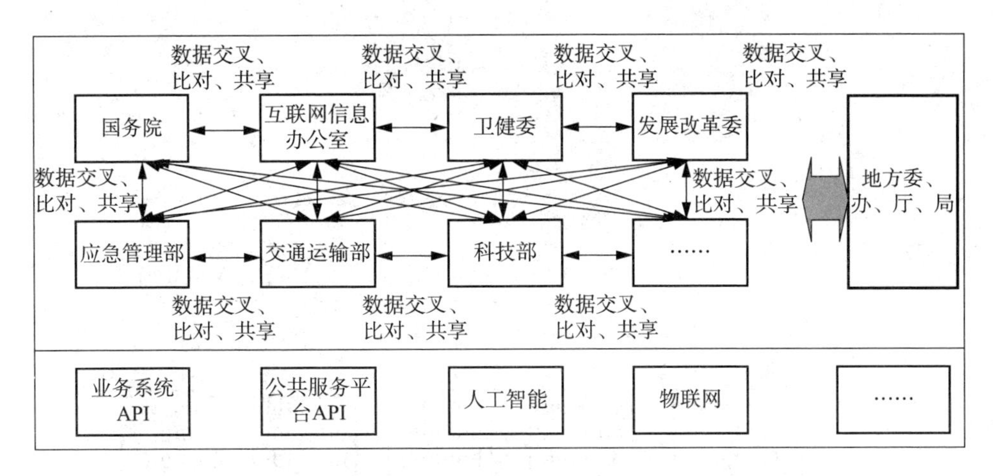

图 3-9　区块链应急管理协同平台（联盟链平台）基础架构示意图

应急管理协同平台上发出数据、信息比对要求。如果发现应急事件有爆发的潜在可能，互联网信息办公室可将交叉比对信息在联盟链平台同步共享。随后，平台可启动自动预警机制，各部门进入应急管控状态。若应急事件爆发前仅产生少量数据，而且这些数据未达到上报标准，或从稳定性等因素考虑暂不宜披露数据，则这些数据可首先在国家区块链应急管理协同平台上同步共享给各个节点，各节点掌握数据之后，可以进一步采取一定的相应控制措施，以便能在后续的应急管理中形成主动，如图 3-10 所示。

情景二：应急事件发展过程中，国家主管部门的数据被同步共享在国家区块链应急管理协同平台上，公安部与地方公安机关对比锁定人员信息、车辆信息，交通运输部与地方交通部门依据人员信息与车辆信息进行关卡跟踪，卫健委与地方卫健部门对应急事件进展情况进行实时跟踪，科技部与地方科技部门发布应急技术攻关信息，相关数据均第一时间共享，使得多部委和多地方政府委、办、厅、局协同作战，对应急事件的扩散形成精准布控、准确干预，降低全社会防控成本。与此同时，国家区块链应急管理协同平台可利用应急事件发展过程中多方共享的加密数据，在必要环节/时间节点进行仿真模拟，综合采用神经网络等技术手段，建立有效预警和应急事件发展分析模型，使模型分析数据进一步被同步至各个节点，为后续的应急事件防控提供经验数据，如图 3-11 所示。

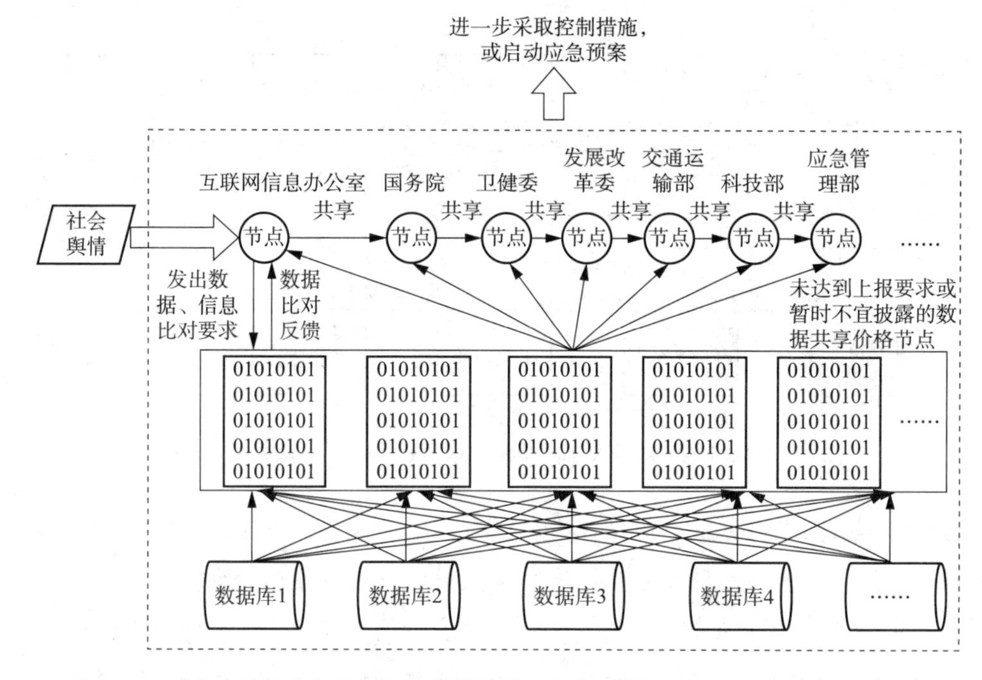

图 3-10　应急事件爆发前区块链应急管理协同平台（联盟链平台）运作流程示意图

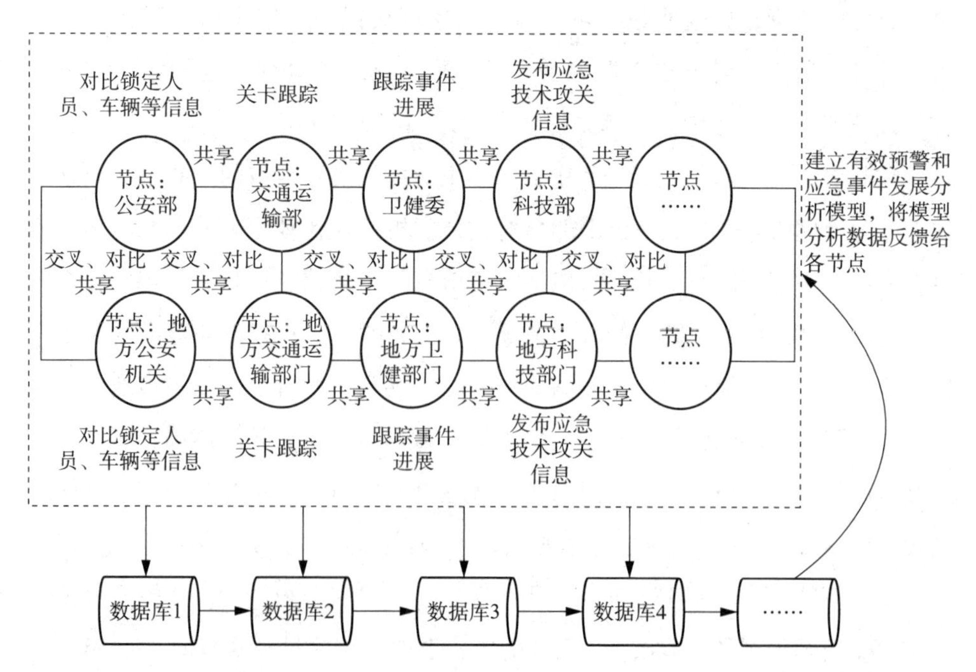

图 3-11　应急事件爆发中区块链应急管理协同平台（联盟链平台）运作流程示意图

情景三：待应急事件稳定后，进一步将数据共享范围拓展至物资供应、溯源等多个关键领域，最终形成交通运输、国家公共卫生、食品、健康、公益慈善、技术攻关等交互集成的一体化信息平台，也为国家信息基础设施建设提供坚实的数据、信息、流程设计等基础，如图 3-12 所示。

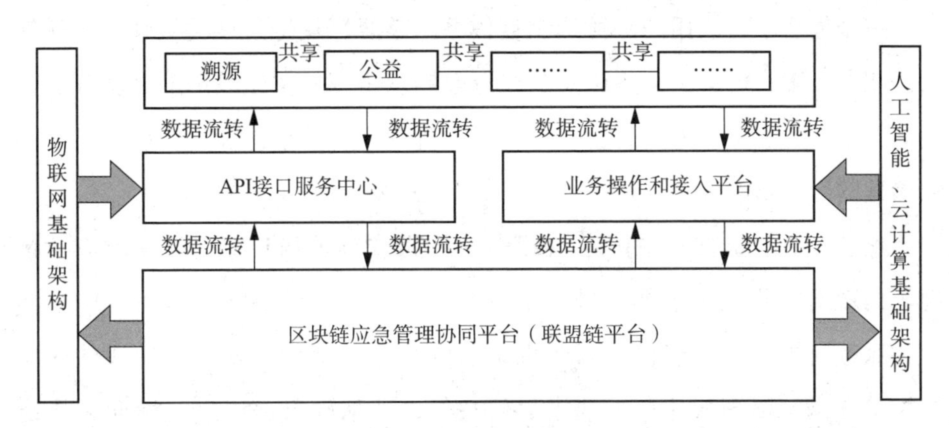

图 3-12　基于区块链应急管理协同平台的国家一体化信息平台设计示意图

总体而言，区块链技术通过设置多个链上节点将数据共享模式向扁平化延伸，通过信息交叉、比对，并结合人工智能等信息技术，将数据要素向精度化推进，有益于国家治理体系和治理能力现代化建设。

四、区块链技术在国家治理领域中应用的建议

一是由政府部门建立协调小组加强知识共享。可借鉴欧盟启动的区块链观察站和论坛项目经验，由某一个政府部门作为应急管理协同平台体系或其他协同应用场景的协调单位，组织相关会议和活动，并提供指导方针和建议，以便在政府与各利益相关者之间分享部署区块链的最佳做法，从业务流程、监管、技术、生态等多个角度形成联盟平台的建设共识。可由政府部门共同筹建试点项目，在某些部门或某些行业领域先行先试，渐进式推进应用。

二是强化对基础服务组件的研发支持。加强对区块链项目的研发支持，

目的在于创建大量通用和可重用的数字服务基础设施，提供连接政府间服务的基础区块链组件。通过资金资助、奖励等形式促使地方政府和中央政府构建这些基础组件，鼓励政府部门之间采用区块链 API 主动抓取数据，以保证隐私。这一部分的工作还需要大量的实践研究和验证。

三是健全平台应用的法律和制度体系。整合区块链发展关键环节与法律法规相关要素，可尝试在法律规范或行政制度中列示关于政府间数据互通的明确要求。建立更加灵活的新兴技术监管程序，持续监测和讨论区块链对国家治理的潜在影响。

本节对区块链技术在国家治理中的应用进行了初步探讨，并对应急情况下的政府间协同治理模式进行情景分析。但是，区块链技术对于国家治理体系改善的益处还仅仅局限于理论上的分析，迫切需要准确地评估区块链技术在国家治理应用中的成本、效益等，评估政府部门进行面向区块链的数字化转型的可能性，以全面了解区块链技术在国家治理中的应用潜力。另外需要注意的是，区块链技术虽然可以改善管理、决策过程，解决国家/政府作为单一决策中心可能产生的单点故障问题，但是去中心化并非始终是所有组织的最佳选择，效率和自动化也不是国家治理的最终目的，追求善治、包容性才是实现国家权力机关和整个社会良性互动的出发点和根本落脚点。

第七节　区块链技术与应用现状的思考

当前，区块链的发展遵循着 1.0→2.0→3.0 的基本路径（如图 3-13 所示）。通过对区块链技术与应用发展的分析，我们做出如下判断。

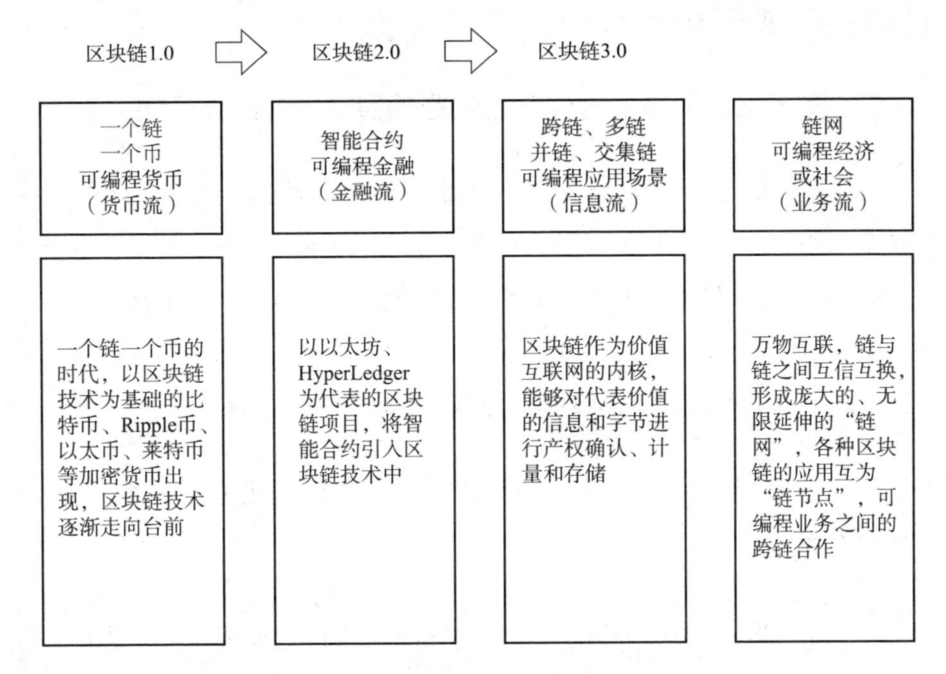

图 3-13　区块链技术发展路径

一、区块链技术本身并不成熟

前文已述，区块链技术的颠覆之处在于它解决了“信任”问题，仅仅从技术角度出发，它只是若干信息技术的集合，并不强大。区块链技术仍然存在很多局限。目前，区块链技术在系统稳定性、应用安全性、业务模式等方面均不成熟，很多专家认为，区块链技术的成熟程度大概仅相当于 20 世纪 90 年代互联网技术的成熟程度。回顾互联网技术的成长历程，仅以 TCP/IP 协议为例，该协议从 1973 年提出到 2000 年左右才真正成为工业界事实标准，历时 20 余年，在诸多技术优胜劣汰的生态环境中成长演化而来。当前，绝大多数开源社区都由西方控制，我国缺乏区块链核心技术以及核心技术成长的生态环境。调研过程中有多位专家表示，要通过区块链技术联盟形式，大力布局区块链底层技术，抓紧开发和推出区块链基础设施，如区块链操作系统等，真正参与、制定和引领相关行业标准。中国不应错失这个机会，应不断完善区块链技术，更好地服务社会。

二、关于区块链技术对生产力的影响目前存在高估倾向

在数字货币之外，区块链技术的应用场景仍较为模糊。虽然，大家对区块链技术的发展抱有积极的观望或欢迎态度，但是绝大多数区块链技术企业和投资人对于区块链技术的未来依然看不清楚。我们认为，区块链技术带给我们真正的想象力是对生产关系的“去中心化”改造。未来，只有它与产业互联网真正深入融合，才会给某些产业或行业带来深远影响。

三、区块链技术在非金融领域的应用可能比在金融领域的应用更具有优势

从美国 DHS、DOD、DOE、NASA、NSF 等部门近期资助的一系列项目来看，区块链技术与非金融领域融合的前景已经显露。学术界关于在实体经济中使用区块链技术的文献也越来越多。①② 就世界范围来看，欧盟发布的《区块链的现在与未来——评估分布式账本技术的多维影响》③ 以及德国联邦政府发布的《联邦政府区块链战略》④ 中均重点提及了区块链技术与工业领域的结合。“区块链+非金融行业”会是未来区块链发展的重要方向。我们认为，区块链技术在非金融领域的应用，比在金融领域的应用更具有优势，这主要体现在：如果区块链遭到破坏，所带来的损失会更少，所以在快速部署区块链方面不会存在过多担忧。因此，非金融领域可能是区块链技术应格外

---

① DÜTSCH G，STEINECKE N. Use Cases for Blockchain Technology in Energy & Commodity Trading [R]. 2017. Available at：https：//www. pwc. com/gx/en/industries/assets/blockchain-technology-in-energy. pdf.

② SHARGEL B H，Livingston D. Assessing Blockhcain's Transactive Energy [R]. 2019. Available at：https：//www. atlanticcouncil. org/in-depth-research-reports/report/assessing-blockchains-future-in-transactive-energy/.

③ European Commission. Blockchain Now and Tomorrow-Assessing Multidimensional Impacts of Distributed Ledger Technologies [R]. 2019.

④ Bundesministerium fur Wirtschaft und Energie，Bundesministerium der Finanzeen. Blockchain-Strategie der Bundesregierung [R]. 2019.

重点部署的领域，尤其是在政务领域。

四、区块链技术成功应用有其前置条件

从最早的数字货币，到银行的合同存证、医院的电子医疗档案、版权认证、政府的公司注册记录、土地登记、精准扶贫、电子身份存储、食品溯源、奢侈品追溯、疫苗追溯等场景，区块链技术的应用都是因为成功满足了以下两个前置条件①：数据有保持完整性和真实性的必要；数据有保持其在不同主体之间一致性的必要。例如，数字货币、电子合同、医疗档案、版权记录、公司登记信息、土地登记信息、扶贫资金审批和拨付信息、电子身份证、食品、奢侈品、疫苗的供应链信息等均满足上述前提。而且，不同主体之间的信任关系越弱，区块链的作用越显著。

此外，不仅是数据本身，数据的使用记录、调用情况等过程性数据也有存储于区块链上的必要性，正如中国保险信息技术公司项目、安吉县税易贷项目、广州市信息中心区块链基础设施建设项目等，都是将属于业务关键的过程性数据存储于区块链上，从而使数据的流通合法合规，打破数据信息孤岛。

五、区块链技术发展存在一定风险

任何技术都有两面性，区块链技术也不例外，它既可能用于作恶，也可能促进产业、经济和社会发展。区块链技术确实能创造很大的价值，但一些风险也不容忽视。区块链热潮的背后免不了会有一些搞噱头、想投机的公司，它们并没有真正开展业务，只是企图到资本市场捞一笔就走。要谨防由此出现“劣币驱逐良币”，导致真正想开展业务的机构退出市场，影响区块链技术的应用。区块链技术发展过程中，由于供给侧和需求侧看法不一样，也会出现扭曲和风险。当前，特别需要控制风险、规范其行为的主要是公有区块链（或称作

---

① 王毛路，陆静怡．区块链技术及其在政府治理中的应用研究［J］．电子政务，2018（2）：2-14.

无许可区块链）。公有链网络节点是不确定的，任何人只要有特殊的计算机设备，就可以随时接入这个链，也可以随时退出。一旦有人上传了不良信息，谁在打包、记录这个信息事先亦无法确定，所以法律监管在此方面存在空白。

六、区块链技术发展的关键：融合与治理

区块链技术的本质是通过共识机制让不信任的各方都能够彼此信任。区块链技术应该打破无序状态，从解决业务真实痛点出发，脱虚向实，走进人们的生产和生活，真正改变人类生产关系。这是区块链技术得以大规模应用的关键落脚点。区块链技术未来的发展需要多种融合，包括地域国际化的融合，技术和应用的融合，技术团队的融合，产学研的融合，互联网、人工智能、云计算等多种技术的融合，生态的融合，等等。微众银行牵头发起成立金链盟，其打造的未来公众联盟链生态构想如图 3-14 所示。

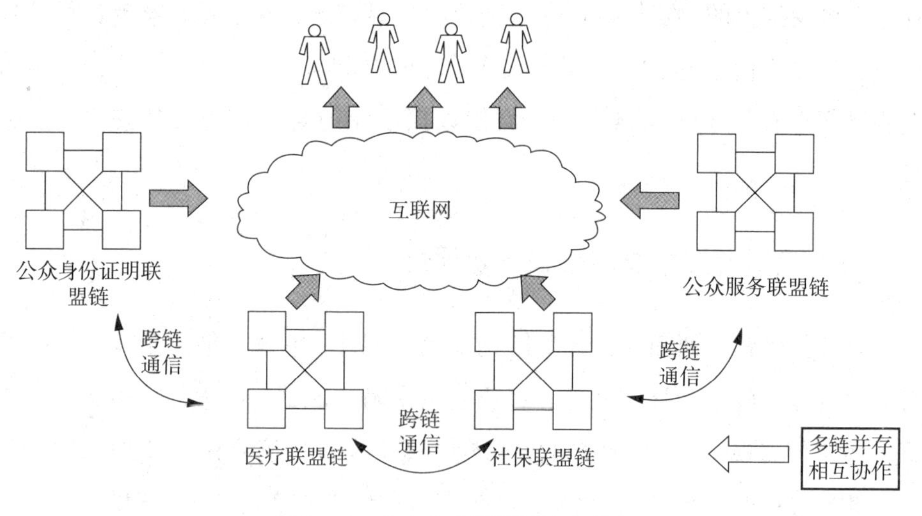

图 3-14　未来公众联盟链生态构想

资料来源：微众银行。

联合国秘书长安东尼奥·古特斯（Antonio Gutteres）将对新兴技术的治理列为联合国 2019 年五个优先事项之一。他提到此类创新“可以加速”促进和平

与可持续发展，但同时警告说，这些创新“超过了我们对其影响力进行评估的能力”。[①] 区块链公平在美国也已经成为重要的研究议题之一。美国已经有学者提出对数据条目负责的应是用户而不应是区块链管理器。[②] 如何对以区块链技术等为代表的新兴技术进行有效、敏捷的治理，也是摆在我们面前的问题。

区块链技术在文化版权中的应用

一、区块链技术在文化创意产业中的主要应用方向

文化版权属于知识产权的一部分。目前，在文化创意产业中，区块链技术的应用主要分为三个方向：创意产品的版权确权和司法索赔、艺术品和文玩的数字资产确权、文化创意产业价值链的重新分配。

（一）创意产品的版权确权和司法索赔

一直以来，文字、图片、影视、设计等以创意为核心的文创作品，都面临版权被侵权的问题。在传统互联网环境下，依据“谁主张谁举证”的司法原则，被侵权的文化创意产品原作者取证和起诉费时费力，维权之路举步维艰，但在区块链环境下，其取证和维权就变得非常简单。区块链具有不可篡改、可溯源、真实可信的特点，在版权确权、司法取证、司法流程应用中有着天然的优势。

（二）艺术品和文玩的数字资产确权

区块链技术可以应用于资产的注册、存储和交易。任何资产都可以在区块链上注册，注册后所有权归控制私钥的人拥有，所有者可以通过转移私钥

---

① https：//www. cfr. org/blog/transformative-technology-transformative-governance-new-blog-series-future.

② SUOMINEN K，CHATZKY A，REINSCH W. Harnessing Blockchain for American Business and Prosperity ［R］. 2018. Available at：https：//www. csis. org/analysis/harnessing-blockchain-american-business-and-prosperity.

或者资产来完成出售行为。

文化创意产业中赝品问题始终是困扰艺术品市场的一大难题。以往艺术品的甄别多数依靠鉴赏专家的个人能力，然而专家会因为个人的主观性使鉴别结果扑朔迷离。在古玩、字画、珠宝、玉石市场，这种问题更为突出。此类商品价值不菲，而商品的真伪却始终是困扰买卖双方的难题。

区块链数字资产注册针对这一难题给出了一种技术解决方案。通过在区块链上对资产进行注册，使资产的转移在区块链上有相应的记录，如此一来，艺术品的流通就得到了良好的溯源。这样一件艺术品的源头是哪里，中间经过几次转卖，现在归属权是谁的，就有了完整的记录。

在艺术品交易实例中，画家完成艺术品创作并在区块链上进行注册，画廊收购了艺术品并在区块链中登记相关信息，收藏者购买了该作品的相关信息也被保存在区块链中，第 N 任的收藏者可以在区块链上看到完整的信息，通过这种方式可以验证作品的真伪。如果在其中某个环节，收藏者 A 以赝品顶替真品出售给收藏者 B，相关信息也会在区块链进行登记。那么收藏者 A 手中的真品就无法再通过区块链转卖，即使收藏者 A 将真品出售给另一位收藏者 W，收藏者 W 也无法将区块链中对应的产权传递给下一位收藏者，这样真品就失去了流转的功能，其价值也就会大打折扣。

（三）文化创意产业价值链的重新分配

一直以来，以创意为核心的文化创意作品门槛都很高。在网络时代，虽然作者能够以较低的门槛让大众接触到自己的作品，但产品的收益往往较难保证，一方面是前文提到的产品确权问题，另一方面是产品的收益分配问题。传统互联网是中心化平台，创作者发布的作品的价值基本上都贡献给了平台，创作者本人很难拿到收益，造成了创作者与消费者之间的信息不平等，导致创作者与平台之间的利益分配不匀衡。

区块链从技术层面给出了一种解决方案，基于区块链技术的文创平台可以将创作者与消费者直接对接起来，使创作者的收益实现最大化。区块链技术甚至可以是“去平台化”的，使创作者和读者直接实现版权交易。

二、区块链技术在文创产业中的应用前景展望

（一）版权确权市场大有可为

区块链在文创产业中最直接的用途仍然是版权的确权。我国关于版权的侵权问题严重，从业者版权意识淡薄，因此文创产品的版权确权仍然有非常广阔的市场空间。而且，许多文化创意产业从业者对基于区块链的确权平台并不熟悉，还需要确权平台的宣传与推广。

目前，国内头部企业在此方面已经做了较好的示范，除了产权确权之外，这些企业还将区块链技术与大数据、人工智能技术配合使用，对侵权行为进行全网扫描，以便即时发现侵权行为。此外，将获得的数据存入区块链中加以固化，并作为证据直接与司法平台对接，使原创作者的维权变得非常容易，仅需要在电脑前进行简单操作就可以完成维权全过程。这种一条龙、一体化的方案有力打击了盗版市场、版权侵权行为，非常有助于我国版权市场的净化。

（二）文创产业区块链数字资产前景广阔

在文创产品中对产品的真伪、溯源有需求的领域，应用区块链技术对产品进行数字资产注册，会是区块链技术的一个重要应用。区块链数据对产品或物品的鉴定、溯源应用将会对行业产生巨大影响，对文物、珠宝鉴定行业会产生较大冲击，商品的交易也会逐渐从线下走向线上。对个人对物品的判断能力要求也会随之降低，业内的仿制产业链会受到影响。

数字资产不仅可以与实物资产的产权形成“孪生”，还可以实现对实物资产的使用权和所有权，即通过 NFC、传感器等信息设备将物理资产的使用权嵌入区块链中来保证所有者的权益。其模式类似于扫码共享单车，通过扫码获得区块链中的使用权或所有权，并且在区块链中记录车辆使用权或所有权的转移。不同之处在于，传统共享单车的数据是集中于某一处服务器的，而通过区块链记录则是分布式的。通过区块链获得的使用权或所有权是通过记录在区块链中的数据交换实现的。

在这种理念的冲击下，未来面对消费者的商业模式将会发生很大变化，因为产权通过区块链交换更为方便、可信、频繁。未来，共享经济将可能成为一种广泛渗透的经济模式，文化创意产业也会相应地发生很多变化。

（三）网络传播内容质量会提高

在传统互联网纷纷“争取流量”的商业模式下，许多互联网内容粗制滥造、泛滥不堪，网络上充斥着侵权的内容、不完全转载的内容，以及机器写作的内容。这些内容有一个共同的特点就是低劣、含金量不高。以廉价的方式生产内容，目的就是将用户引流到平台上。在区块链环境下，内容的版权得以保障，用户付费机制将逐步形成，更多优质的内容会出现在网络空间中。

同时，产业的利益分配会被重新调整，原创作者的版权收入会得到保障，文化创意产品链利益分配会更清晰、公平，有利于优秀内容的输出。实际上，我国网民的付费意识已经大大提高，这为区块链版权付费创造了良好的基础。未来，更多优秀的内容会更倾向于在网络中进行传播。

三、区块链技术在文化创意产业中应用面临的一些问题

（一）产品上链前的情况无法确定

几乎所有的区块链项目都会面临这样的问题：在信息上链之后，信息透明、可溯源、不可篡改，但在信息上链之前，相应的实体信息无法被确认。

例如，一件文玩商品的相关信息作为数字资产上链后，交易的价格、对象、时间、新旧或损坏程度等详细交易信息都可以被保存在区块链中。但如果在上链之前文玩商品就确定为赝品，而且在上链时被恶意地以真品信息上链，并且相关的信息也被记录在区块链中，那么这个赝品就会一直在区块链中以真品的信息存在，直到在区块链中被指认为赝品。当然，由于区块链信息是可溯源的，始作俑者也可以很快被查出。

（二）区块链高频使用难题

文化创意产业的消费有着高频的特点，在面临高频流量时，区块链的处

理速度会降低，区块链系统确认时间是数字娱乐行业面临的一个重要问题。技术人员给出了一些可能性的探索，一种思路是将区块链的去中心化与传统网络的中心化结合起来。由于中心化的数据可以满足数据高频使用，因此在部分节点使用去中心化的网络结构，既可以拥有去中心化的真实可信，也可以享受中心化的高频高效。另一种思路是使用区块云，区块链的确定不必等到全网确认，只需要局部确认就能够基本满足真实可信的需求。

第四章

企业实践篇：区块链技术应用案例

第一节　迅雷共享计算与区块链技术结合的背景及思考

一、共享计算业务实践的社会背景

1. 摩尔定律已经失效的现状

自2016年3月起，国际半导体技术路线图不再以摩尔定律为目标。这意味着当价格不变时，集成电路上可容纳的元器件数目无法保持大约两年提升1倍的速度，即性能无法维持约两年提升1倍的速度。在制程工艺进入14/16纳米以后，性能提升1倍所消耗的时间大致需要3年。与此同时，随着制程工艺的改进，建造IC工厂的投资呈几何级数增长，这将进一步增加同样价格下性能翻倍所要消耗的时间。另外，为了克服量子隧穿效应，以当前的技术工艺，必然要在材料和光刻技术上投入更大规模的资金，这将进一步增加性能提升所需要的成本，届时同样价格下实现性能翻倍所需要的时间还需要延长。

2. 全社会对计算资源的需求不断增长

在同成本环境下，性能增长速度越来越慢的同时，社会对计算资源的需求却在快速增长。大数据、人工智能、4K、AI、VR等技术的高速发展，使得人们对于CPU、带宽、存储等计算资源的需求在以历史上从未有过的速度爆发式增长。

预计在未来几年，4K 视频将成为主流，无人驾驶等技术都将进入实用阶段，5G 时代的到来更意味着几乎所有日常应用将在资源需求量上实现跨越式增长。由于 IC 工厂在新生产线上的投入均是数百亿元起，因此回本周期越来越长，当前工艺水准的芯片产能却难以迅速扩大，导致近两年包括内存芯片在内的元器件屡屡出现供不应求、价格上涨等现象。目前全社会不断提升的计算资源需求难以被满足，供需矛盾还在进一步扩大。

3. 企业采购成本水涨船高与用户闲置资源日益增多

性能提升速度与性能需求增长速度之间的矛盾越来越突出，已经成为制约企业发展、抑制技术进步的重要原因之一。

近几年，手机、笔记本电脑、内存等 IT 相关产品，未能出现同价格下的性能翻倍，反而屡有同规格产品涨价甚至暴涨至高位难以下降的情况。在这种背景下，企业采购网络带宽、各类计算设备等资源的投入也在飞速上涨，而且这种成本最终会被转嫁到终端用户身上。

与此同时，用户手中的计算资源则越来越多，持有的总量已经超过企业。以网络带宽为例，目前铺设的光纤都是对等网络，而大部分用户几乎只是用下行带宽，上行带宽每天都有大量资源被闲置。另外，目前主流运营商已经在逐步贯彻提速降费政策，在不增加用户宽带费用的基础上，越来越大的上行带宽正在向用户开放，可以预见未来会有更大规模的闲置资源被掌握在用户手中，并且难以创造价值。

4. 需要建立衔接个体用户资源供应与企业资源需求的桥梁

个体用户掌握的计算资源总量虽然已经超越企业所掌握的数量，但规模巨大的计算资源是分散在全国数亿网民手中的。一方面，单个用户规模绝大部分情况下量级过小，无法满足企业使用的最低标准，只有将个体用户的资源进行合理汇总后，才能成为企业可以利用的有效资源；另一方面，绝大部分企业不具备寻找到这些闲置资源，并将这些零散资源转化为可使用资源的能力。

由于缺少衔接企业资源需求与个体用户资源供给的桥梁，在过去很长一段时间内，用户手中的闲置资源近乎100%地被浪费。迅雷网络技术有限公司（以下简称迅雷）看到了供需链条上的缺口，在2014年转向云计算业务伊始，便持续投入超过1亿美元的研发费用，以建立衔接个体用户和企业的桥梁为己任，大力发展共享计算业务，逐步发展成为中国覆盖范围最广、用户最多、发展最快的云计算服务商之一。

二、迅雷共享计算业务及与区块链技术结合的探索

1. 共享计算的实现方式和技术特点、优势

共享计算是迅雷在2014年提出的新型云计算概念，是一种通过已授权的智能硬件设备记录、汇总社会普通家庭中闲置的带宽、存储、计算等资源，并通过跨平台、低功耗的虚拟化技术以及节点就近访问的智能调度技术，实现更快、更易扩展、更环保的计算方式。基于此类智能硬件，可以把个体用户的闲置带宽、存储、算力等资源汇聚成能够为企业所用的优质资源，将企业和个人连接在一起。

2015年6月，迅雷赚钱宝的布局形成规模，并开始服务企业客户，共享计算首个TOB产品星域CDN落地。2017年8月，玩客云被推出，共享计算技术开始服务普通用户。由于共享计算是一种通过低成本、低功耗的智能硬件，为零散的个体用户所持有的闲置资源找到企业客户的方式，因此比传统云计算的边际成本低，能够更有效地解决社会计算资源紧张与计算成本居高的难题。

2. 共享计算可以提供的服务

随着移动互联网的日益成熟，AI、VR、直播等行业兴起，云计算领域出现了众多创业公司，这些创业公司更多地从技术创新方面着手，希望能够提供更加经济、环保和可靠的云计算服务。

通过共享计算提供的服务，可为云计算行业带来两个显著推动效果：①可利用共享计算突破不断增长的计算需求与云计算能力到达天花板的困境。随着互联网的高速发展，AI、VR等多种互联网新应用、新业务层出不穷，且

均呈爆发式增长，这些新应用向云计算释放出了巨大的计算资源需求。迅雷依托于赚钱宝、玩客云等智能硬件，运用共享计算打造出全球首个“无限节点式内容分发网络”，并借助多项创新技术，让企业用户可以低成本地获取超过百万用户手中的海量带宽资源，突破了云计算能力的天花板困境。②共享计算成功绕开了巨耗能的扩建数据中心途径，将原本浪费的边缘节点资源高价值利用，兼顾了科技与环境的可持续发展，为云计算找到了一条绿色发展之路。

3. 共享计算与区块链技术结合的价值

由于个体用户和企业之间的不对等，个体分享者需要有一个公平、可信、透明、不可篡改的“账本”来记录他为企业做出的贡献，并以此为凭据从企业那里获取奖励；企业用户同样需要这样一个“账本”来帮助它确认用户的权益，并以此为依据回馈用户。迅雷通过将区块链技术与玩客云产品相结合，以公开、透明、高效且低成本的方式，运用区块链技术对供给方和使用方的权利、义务进行记账，并且循环激励资源分享者，迅速形成庞大的资源供应规模，将个体用户手中零散但总量巨大的闲置资源与企业的庞大需求有效衔接，解决了用户手中的资源被浪费而企业却需要花费巨大成本采购资源的矛盾，让过去弱势且分散的个体用户成为可与企业平等对话的资源供应者，达到了服务于整个社会的算力需求、优化资源配置、提升资源利用效率的目的。

三、区块链技术在共享计算领域的实践成果——迅雷链

1. 迅雷链的技术特点

迅雷链（Thunder Chain）是由迅雷旗下网心科技打造的超级区块链平台，基于迅雷深耕十几年、拥有多项专利的分布式技术优势，创造性地将共享计算和区块链技术相结合。迅雷链采用独创的同构多链框架（Homogeneous Multichain Framework），在业内率先实现了链间的确认和交互，使得不同交易可以分散在不同链上执行，从而具有高并发处理能力。迅雷链基于代理的能力证明（Delegated Proof-of-Ability，DPoA）+实用的拜占庭容错（Practical

Byzantine Fault Tolerance，PBFT）底层共识算法，实现超低延迟的实时区块写入和查询；单链的出块速度可达秒级，而且保证强一致性，不会产生分叉，从而保证快速、可靠地完成上链请求。

迅雷链支持 Solidity 语言开发的智能合约，兼容以太坊虚拟机 EVM，一次开发支持多个区块链平台通用。迅雷链采用多链架构，具备极强的扩展性，当业务规模不断扩大时，可以扩容新链提升应用并发能力。迅雷链具备完善的区块链底层系统，可支持所有逻辑处理，大幅降低业务开发成本、迁移及维护工作量，节约运营成本。迅雷链目前可以满足多个行业应用的需求，全面支持公益、医疗、教育、社交、交通出行、商品鉴伪、版权等多种业务场景。

2. 区块链技术在共享计算领域的具体实践

迅雷链是迅雷利用共享计算和区块链技术重建商业模式的重要一环。用户在使用玩客云的云盘和下载功能的同时，可自愿分享闲置的上行带宽和存储等空间，并获得相应“链克”奖励。链克是迅雷以区块链技术发布的数字通证，是用户分享资源工作量的凭证。

迅雷链通过区块链技术，将用户提供给企业闲置资源的过程变得公开、透明、可追溯，从而大大提升了资源共享的效率和公正性，并通过循环激励的方式，让大量用户在短时间内加入共享计算的行列中，迅速形成规模服务于企业。迄今为止，共享计算模式已经有超过 150 万的参与者。

迅雷链通过星域云、星域 CDN 等技术构建的资源流通服务，可将用户共享的各类资源与企业客户的需求进行合理、高效、透明的匹配，让企业客户可以利用玩客云用户分享的闲置资源降低运营成本，同时给予其相应的奖励。目前，这项服务已经帮助爱奇艺、小米直播等上百家客户有效降低了运营成本。

迅雷链的上线，不但为区块链开发者提供了开发产品和服务的平台，更充实了链克的应用场景，企业和个人开发者可以轻松地将自己的产品和服务上链，收集普通用户的链克，并兑换星域云等服务，从而形成价值循环，减少直接成本支出。

3. 迅雷开展共享计算与区块链技术结合遇到的困难与解决方案

从区块链技术的大量应用场景和需求来看，其性能和效率必须提升，所以迅雷链致力于在性能、效率、扩展性、存储等关键的技术指标上进行突破。迅雷链建立了同构多链框架，让不同的用户请求落到不同的链并行处理，这成为迅雷链高并发能力的核心。迅雷链能够做到秒级确认，是由于它使用了独特的“DPoA+PBFT”算法，即“代理的能力证明+实用的拜占庭容错”。目前，迅雷链的共享计算节点已有150多万个。DPoA共识机制以存储容量、网络稳定性、带宽、时延、CPU使用率等指标作为衡量标准筛选记账节点，形成一个备选池，定期动态地从中挑选一些节点作为共识节点参与投票。被选出的代理记账节点之间采用的是PBFT，不仅可以很快出块并达到一致性，而且不会分叉。同时，这些共识节点会定期进行洗牌重选，由此又规避了PBFT算法本身的一些短板，以获得更强的安全性、公平性和网络效率。

区块链的存储问题也是众所周知的难题。区块链不适合存储大块的数据，但与我们生活息息相关的各种应用又有大数据存储的需要，如图片、存证等。迅雷链通过同构多链框架，使每个链上的记账节点只需要记录所在链的数据，一定程度上缓解了单个记账节点存储的压力。但是出于安全性考虑，一个链的多个记账节点仍然存有全量数据，对于大块的数据如合同、存证等，可能高达几兆的数据在链上存储依然不十分经济。为了解决这个问题，迅雷链在2018年7月推出了针对区块链应用存储的迅雷链文件系统TCFS，一定程度上解决了在区块链上存储大块数据的问题。

四、迅雷链与其他业务领域结合的应用探索——以医疗行业为例

近期，迅雷和泰国Naresuan University Hospital合作，结合区块链技术搭建医疗信息互助共享平台，在保护用户隐私信息安全的基础上，实现多家医院间“医疗信息共享”“远程医疗”等场景高效落地，在业内取得了较为不错的反响。迅雷与Naresuan University Hospital合作搭建了医疗资源、医疗信

息数据共享平台，主要利用“区块链+多媒体”进行远程问诊、医疗信息记录共享、医疗资源共享。该平台系统由泰国政府委托 Naresuan University 科研机构研发，迅雷提供底层区块链技术支持（如图 4-1 所示）。

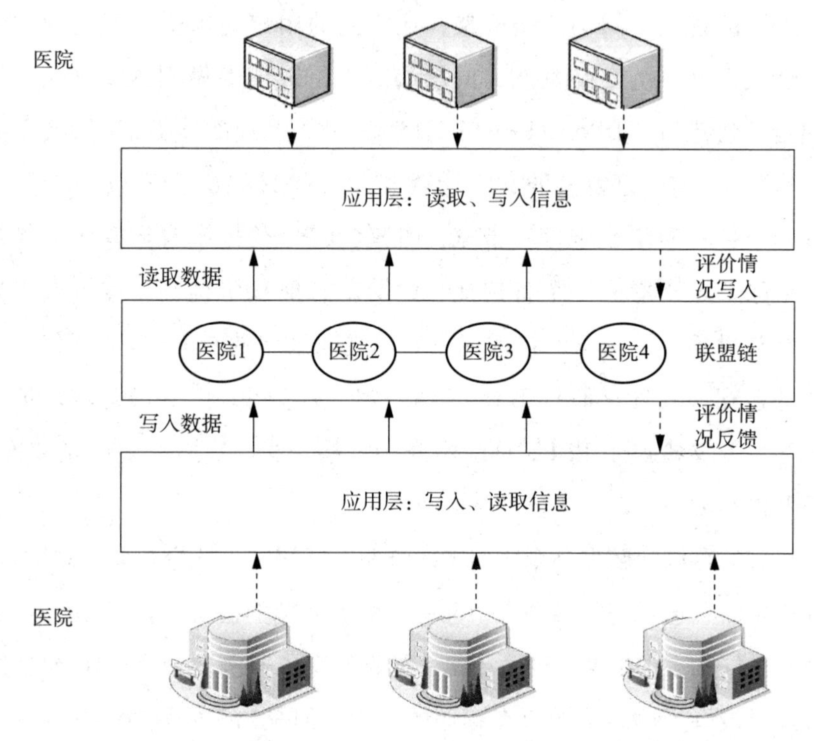

图 4-1　迅雷与泰国 Naresuan University Hospital 共建的信息平台

迅雷和 Naresuan University Hospital 的合作打破了国立医院的壁垒，助力泰国医疗数据安全共享。首先，解决了医疗信息共享与隐私保护的矛盾，即用户的病历数据是在脱敏加密后上链的，当体系内医院需要访问该病人的数据时，需要病人对区块链密钥进行授权；其次，保证了医疗信息不可篡改、远程问诊医疗可确权，即利用区块链的技术特性，保证病历数据无法被篡改、问诊内容可追溯、出现事故可以追责，形成关键医疗证据链，如图 4-2 所示。

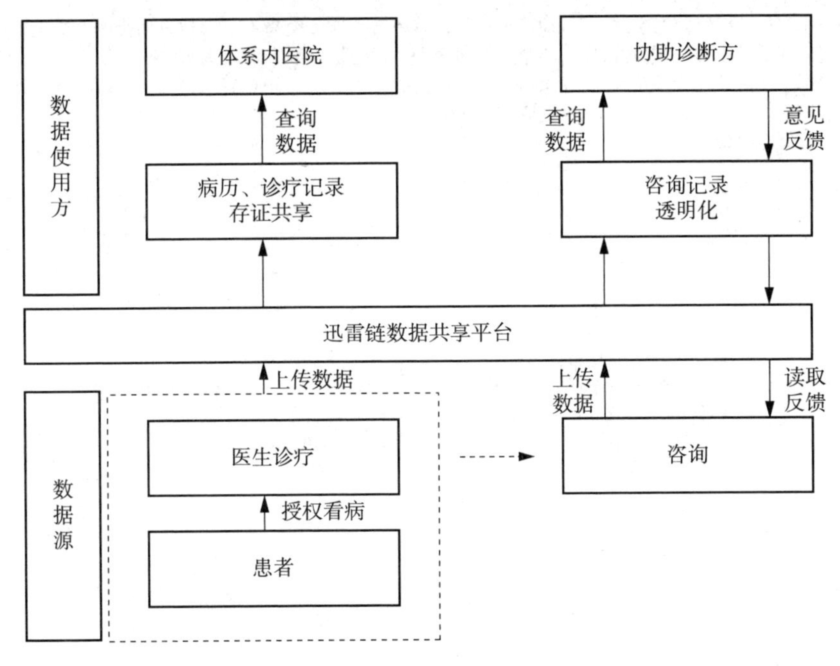

图 4-2　借助迅雷链平台破除医院信息壁垒流程

第二节　布比探索区块链技术在金融场景的应用

一、布比区块链的技术特性

布比（北京）网络技术有限公司（以下简称布比）成立于 2015 年 3 月，专注于区块链产品及商业模式创新，被认为是国内最早成立的一批区块链技术企业之一。经过多年的技术积累，布比现已拥有数十项核心专利技术，自主开发了高可扩展、高性能、高可控的区块链基础服务平台布比区块链（BubiChain）（如图 4-3 所示），具备快速构建上层应用业务的能力，可满足用户大规模使用场景。

经过大量场景验证，BubiChain 取得底层技术的关键突破：开发并应用友

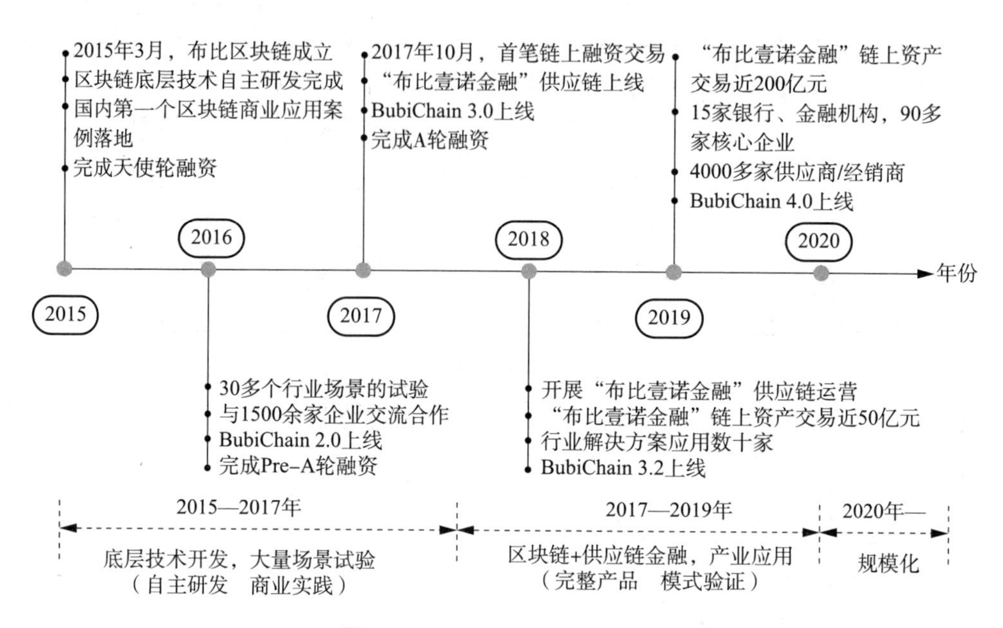

图 4-3　BubiChain 的发展历程

好的智能合约、安全高效的共识算法、可靠的隐私保护、并行快速的多链，以及可扩展的跨链技术等；同时，经过大量实际业务积累，BubiChain 实现了产品化重要突破，形成了较强的产品服务能力（如图 4-4 所示）。

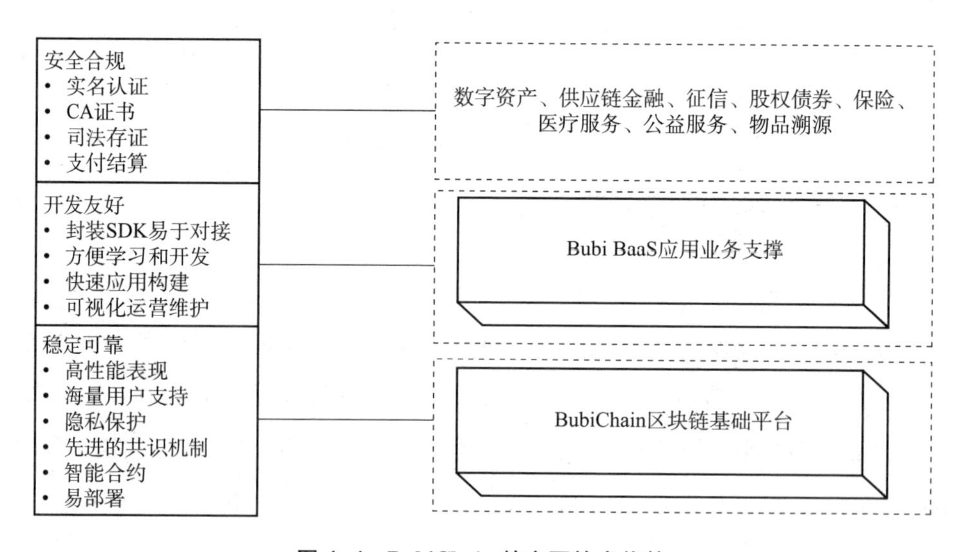

图 4-4　BubiChain 的主要技术优势

目前，BubiChain 已经广泛应用于数字资产、供应链金融、供应链溯源、股权债券、公示公证、多方数据安全共享等领域。

二、布比壹诺金融供应链服务平台

布比旗下的壹诺金融，是基于 BubiChain 底层技术自主开发并运营的“区块链+供应链金融”科技服务平台。它依托产业链条中真实的贸易背景，以应收账款、预付款、存货为对象，将区块链不可篡改、多方共享、智能合约等技术特性与供应链金融场景深度结合，缓解传统业务场景下信息不对称、信任成本高及资金跨级流转风险大等问题（如图 4-5 所示）。

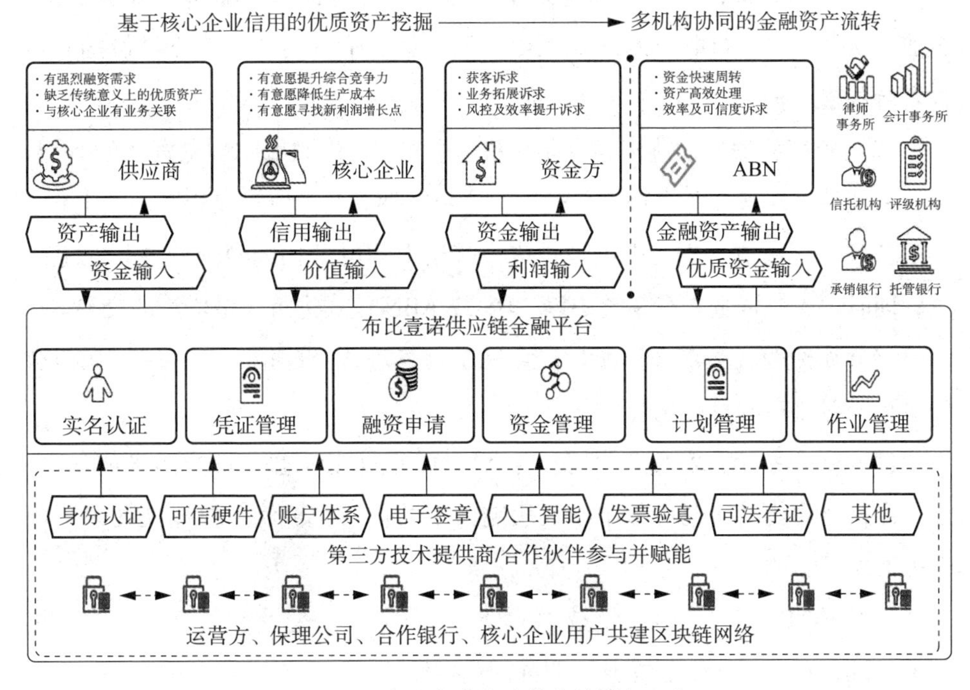

图 4-5　布比壹诺金融供应链服务平台

大型传统核心企业拥有完整庞大的供应链生态、良好的银行授信及稳定的现金流，是供应链金融业务场景中不可或缺的信用枢纽和风控主体。布比壹诺金融通过引入区块链技术，帮助进入平台的核心企业及其产业上下游参与方之间的信息以更可信、更低成本的方式顺畅传递，并通过智能合约为链条内的资金结算提供可选的固化通道，从而使核心企业的信用价值有机会延伸并传递至整个产业链，并有效解决资金方所关心的、可能发生的贷后风险扩大问题。

因此，站在功能定位的角度，布比壹诺金融平台为核心企业、资金方及各级供应商、经销商提供了一个基于可信环境、可信通道、可信履约工具的业务撮合平台：各级供应商将自身所拥有的核心企业债权提供给资金方，换取生产所需要的优质资金；核心企业则作为真实贸易背景的佐证方及无条件付款的承诺方，保证资产和资金转化过程的顺利进行。

平台主要功能包括：

（1）实名验证：基于 CFCA 证书及验签服务，提供企业资质证照认证、企业身份认证、银行账户匹配认证等功能，保证平台内各参与方身份的真实性及合法性。

（2）资产管理：支持核心企业在系统中实现对应收账款金融资产的登记、拆分、流转，未来亦将支持订单融资、仓单质押等业务所对应资产的线上化。

（3）在线融资：支持中小型供应商基于上述电子化金融资产展开线上融资；同时，支持资金方在系统中以 ABS 或 ABN 模式进行金融资产的交易。

（4）资金管控：对实体账户资金往来信息进行上链记录，并基于智能合约进行资金流转的自动化管控。

（5）账户系统：实现企业用户各类信息管理及银行虚实账户的管理。

在这些功能的实现过程中，区块链技术的作用和价值主要体现在以下四个方面。

（1）透明度提升：区块链技术的介入，能够对信息流和资金流等进行更好的跟踪，在一定程度上提升了业务的透明度。

（2）灵活度提升：债权被电子化后，可以进行更灵活的拆分与流转；同时，以智能合约为执行保障，进一步确保原始凭据债权碎片化和复杂化后资金清算的即时性和安全性。

（3）覆盖面提升：延伸核心企业信用链条，使核心企业的信用在不增加风险敞口的情况下辐射至多级供应商，对多级供应商的融资起到直接支持作用。

（4）竞争力提升：区块链技术在供应链金融场景中的应用价值，本质是在风险敞口不变的情况下，扩大了核心企业信用的应用范围，并因此扩大了资金方的获客范围，降低了资金方的获客和贷后管理成本。因此，相较于传统业务场景，资金方在资金成本不变的情况下，获得了业务竞争力的直接提升。而由于生产成本天然具有传导和富集效应，为各级供应商提供融资便利性的核心企业，也能最终享受到产品综合成本降低的价值反馈，综合竞争力也能因此获得一定提升。

布比壹诺分布式供应链金融的全套产品已经日渐成熟。目前，核心企业超过 100 家，其中大型核心企业包括富士康、中外运、攀钢、北疆电厂、中泰、开磷集团、云南铁投等；资金端超过 15 家，包括苏宁银行、华夏银行、招商银行、民生银行、上海银行、摩根大通、贵阳银行等；上下游链属企业超过 4000 家。

第三节　迅鳐科技的区块链应用模式

一、迅鳐科技的底层区块链平台

迅鳐成都科技有限公司（以下简称迅鳐科技）成立于 2015 年，是国内第一批大数据安全基础设施制造商和服务商之一，直接服务国家信息中心重点筹备的政务数据支撑平台。迅鳐科技的核心业务主要围绕数据安全方案和区块链技术应用方案展开，通过数据安全和区块链等技术保障数据流通和数据汇聚，实现数据增值，其中提供数据安全方案是迅鳐科技的传统优势所在。

RayBaaS 产品作为迅鳐科技自主研发的基于联盟链技术的底层平台，致力于挖掘区块链技术应用的潜在价值，拓展传统区块链思维的内涵，为各个企事业用户提供更加安全、可信、高效、定制化的区块链解决方案。利用 RayBaaS 平台可满足存证、追溯、审计、授权等业务上的效率要求，节约仓储、ERP、财务等业务成本，进而实现信任传递、打通行业壁垒、提升传统产品公信力的目标。目前，RayBaaS 平台已成功搭建了包含仓储物流、基金投融资管理、智慧政务和电子证照等在内的多个应用场景（如图 4-6 所示）。

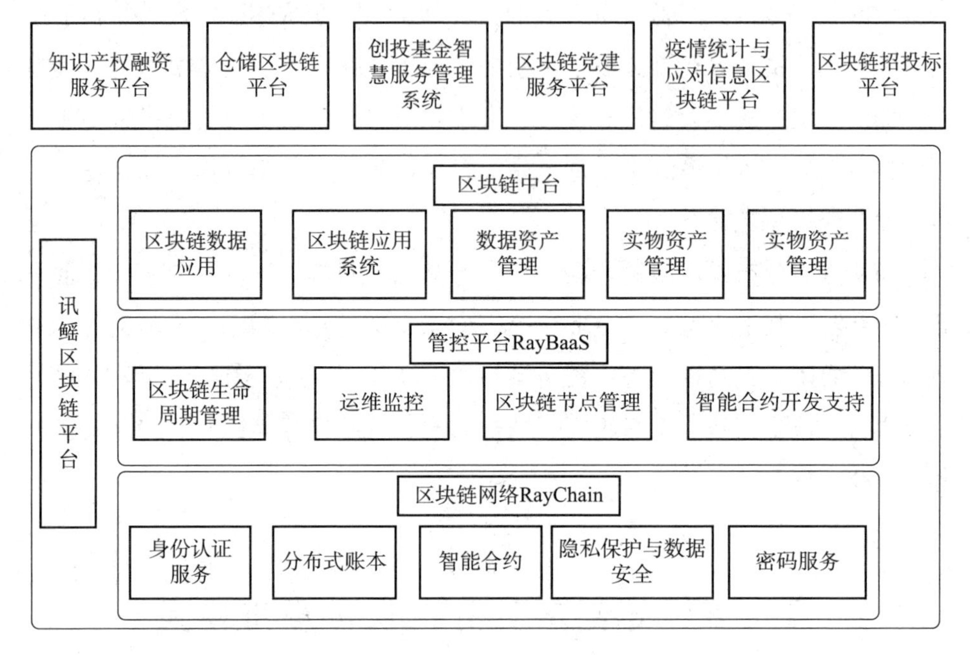

图 4-6 迅鳐科技的底层区块链平台

RayBaaS 平台在拥有传统区块链优势基础上，融入了智能锁、电子标签、防伪检测等硬链接技术栈，对各业务参与方的接口均采用了包含 Kerberos、Oauth 等方式在内的第三方认证体系，使之具有可查、可信和可扩展等特点，并结合迅鳐科技的传统产品优势和技术经验共同保障链上业务、数据和交易的安全。

此外，RayBaaS 平台底层采用了兼有 PBFT、Raft、DPoS 等特点的混合共识协议，可实现高效、快速、精准的业务查询、出块及合约运行等，同时最大程度贴合传统业务生态中的共识特点。RayBaaS 平台还通过提供 RayVM 智能合约引擎和安全可靠的高开放、高可扩展性跨链云服务，便于平台针对各行业特点提供定制化的区块链应用场景设计。

二、迅鳐科技的“区块链+”应用

目前，迅鳐科技“区块链+”行业应用主要集中在以下几个方面。

1. 区块链+仓储

常规钢铁行业的仓储平台存在诸多业务痛点，现存业务中金融信息共享不畅导致服务质量差，电商平台大宗交易安全支撑不足，远程发货实施中信任危机重重、货权归属难证明、货物交易过程烦琐、交易安全级别低、公信力低、记录难追溯等，都是钢铁产业链中存在的问题。

从 2017 年开始，迅鳐科技联合攀钢集团打造钢铁仓储区块链平台，将区块链技术应用在仓储系统中，贯通了金融链、生产链、物流链、供应链，打通进、存、销、录等钢铁货物资产全生命周期环节，实现了整个产业闭环管理。同时，平台可使货主实时、可见地拥有自己货物的监管权、处置权，并且未经授权的第三方仓储、物流公司、加工企业都不能篡改货物的货权和货主的货物信息，这样可提高整个平台的信任程度，有效防止管理过程中的内部腐败，确保仓储物流系统全生命周期的可信管理。最终，通过区块链技术将传统的“N 个系统交叉打通”的模式转换为“向区块链总线系统进行安全的信息打通”模式，实现了货权明确、信任传递、货物全程追溯，真正把钢卷变成表单，把交易变成信用，把数据变成黄金（如图 4-7 所示）。

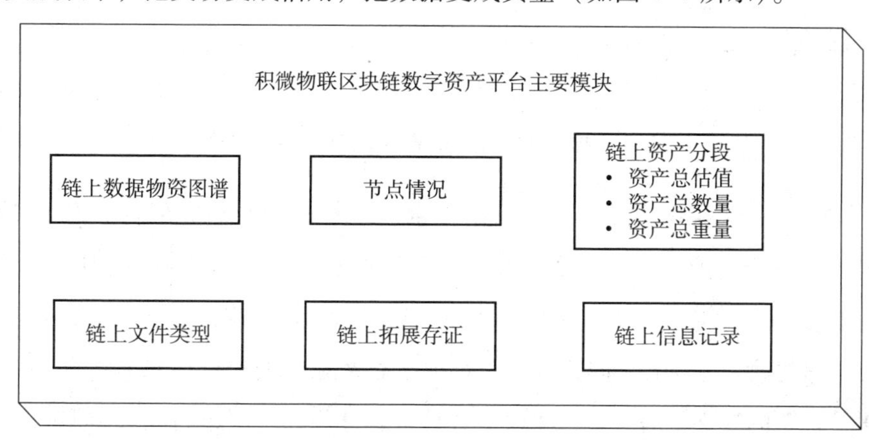

图 4-7　迅鳐科技钢铁仓储区块链平台示意图

2. 区块链+政务

迅鳐科技构建的区块链政务平台，主要是满足政府数据共享开放的要求，尤其是解决政府数据在共享开放中存在的两个突出问题：一是目前数据的共享开放缺乏相关监管平台，共享开放的数据往往不真实、不可靠，数据在非授信前提下有可能被转移给第三方，且难以取证和维权；二是数据关联风险大，通过数据关联可能导致政府敏感信息被大范围泄露，易被不法分子利用，从事扰乱社会的活动。

作为一种分布式数据库，区块链技术可以保障政务数据的完整性，打通各部门之间的数据壁垒，实现政务数据的合理共享、协同办公，提高政务数据利用效率。从 2017 年开始，迅鳐科技联合贵阳市政府打造“区块链+政务”平台，通过区块链技术促进多部门的政务数据上链、数据共享、数据流通，实现了跨地域、跨部门、跨系统的数据资产交换与使用（如图 4-8 所示）。

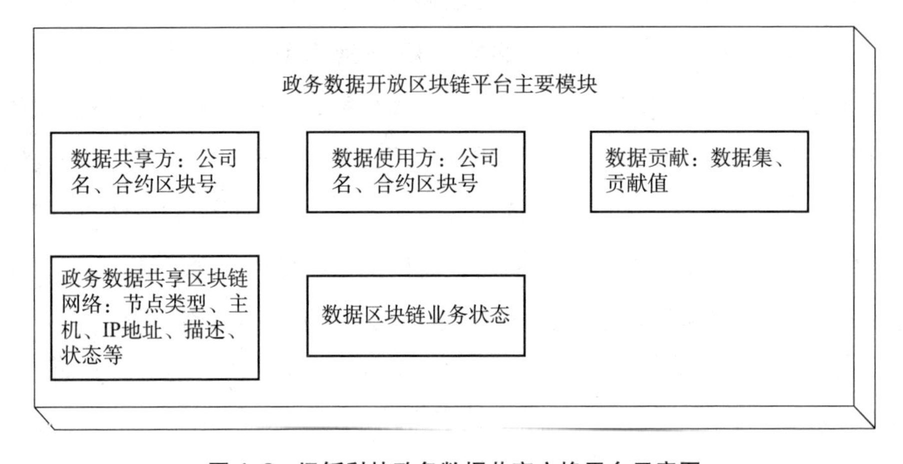

图 4-8 迅鳐科技政务数据共享交换平台示意图

此外，迅鳐科技还搭建了基于区块链技术的电子证照库平台。为了使电子证照在安全保护的前提下实现政务信息共享的需求，本系统创新性地引入区块链技术，设计了一种电子证照共享平台。该平台利用区块链技术的去中心化、不可篡改、分布式共同记账、非对称性加密和数据安全存储等特点，实现了电子证照的安全可信共享，实现了各地、各部门和各层级间政务数据的互联互通，实现了政务数据跨部门、跨区域的共同维护和利用，促进业务协同办理，深化“最多跑一次”改革，为人民群众带来了更好的政务服务体验。“互联网+政务服务”主要由互联网政务服务门户、政务服务平台、部门业务审批系统和政务数据中心等构成，通过结合省电子证照的当前建设情况，以及对电子证照区块链系统的需求分析形成电子证照库平台，为积极推动电子证照、电子公文、电子签章等在政务服务中的应用，开展网上验证核对，避免重复提交材料和循环证明提供重要支撑作用。

3. 区块链+党建

迅鳐科技联合金控集团、当地金融局，利用区块链技术的分布式存储、不可篡改、可追溯等特性，结合数据安全、数据分析、数据挖掘等大数据能力，构建了党员的身份链、事件链、指数链，将真实事件以数字化方式呈现，合理利用党员信息资源，安全可控地保障党员隐私，更好地开展党建工作；同时开发桌面版、移动版等多个版本，实施移动党建战略，让“掌上党建”大放异彩（如图 4–9 所示）。

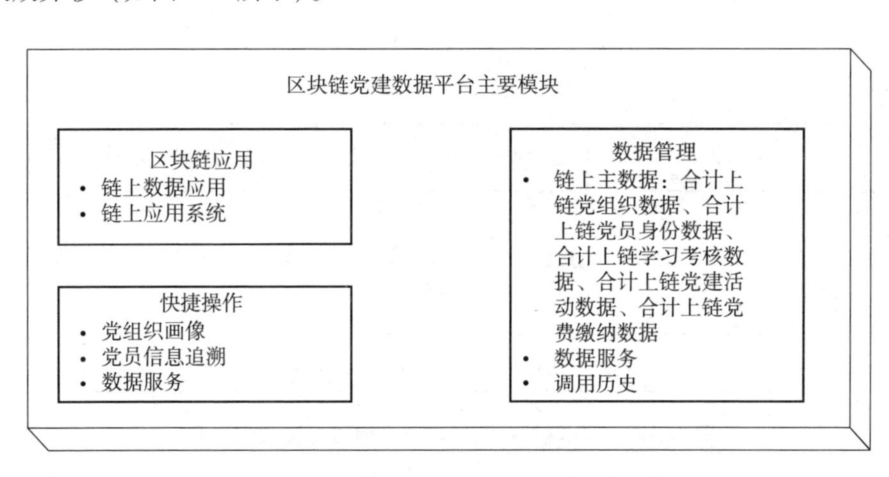

图 4–9　迅鳐科技区块链党建平台

4. 区块链+疫情

在抗击疫情的过程中，迅鳐科技携手优易数据、电子科技大学、武汉大学推出“疫情统计与应对信息区块链平台”。平台通过采集政府、卫健委和高校等公开的疫情信息、应对措施信息、各地舆情信息及患者画像数据等，构建各省份和高校的疫情数据公开流程，实现对数据追踪溯源和全生命周期管理，为制定防控决策和部署提供精准的数据支撑和技术支持。

平台依据科学性、客观性、公正性、一致性等原则，采集了各省政府部门公开发布的各类疫情统计数据、政府工作报告等；通过大数据平台收集了相关互联网数据（包括政府门户网站、国内各类新闻网站、论坛、社区，以及微博和微信公众号数据，手机客户端 App 数据等），以及其他社会机构提供的数据源；通过技术融合全媒体内容，提升高价值信息的传播速度和准确度；通过疫情数据上链，实现全网节点疫情披露共识机制，让信息公开透明，同时支持多方协作处理，机构、个人、智能医疗设备成为数据采集器，疫情信息被实时、有序地写入分布式存储疫情数据链，可第一时间查出疾病的源头；通过区块链关键核心技术实现疫情数据全程可溯源、公开透明，依托区块链数据可溯源的特性形成完整、防篡改的责任链条，可以极大地增强政府的公信力，为防疫和控制疫情提供坚实的技术支持（如图 4-10 所示）。

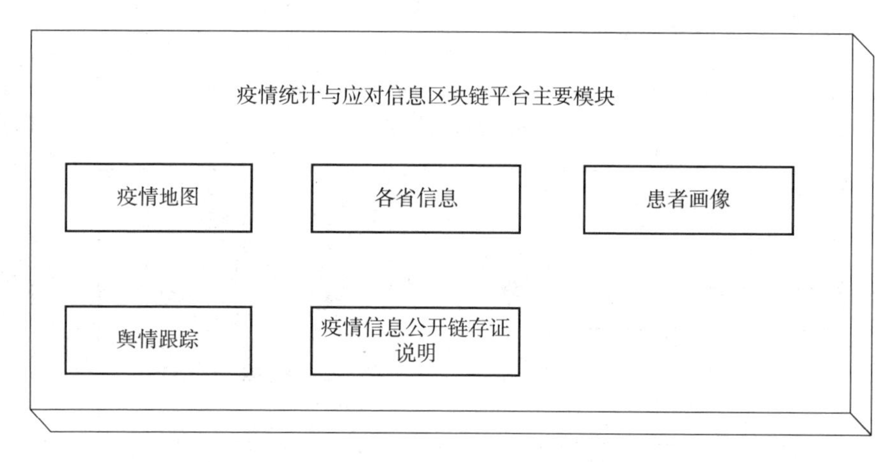

图 4-10　迅鳐科技疫情统计与应对信息区块链平台

5. 区块链+知识产权融资

迅鳐科技联合成都天投集团、成都交子金控集团，共同组建成都知易融金融科技公司，全力建设基于区块链技术的知识产权融资服务平台。该平台利用区块链技术记录企业方、评估方、银行方等多方所有操作行为，贯通交易中心、认证机构、银行、知识产权服务中心、工商局、税务局等多个环节，实现知识产权质押融资过程的全流程穿透式管理。该平台利用区块链技术特性，确保知识产权质押融资过程中“信用”机制的建立，重塑了融资服务产品信任机制，解决了中小企业、银行、征信机构、监管机构间的信息不对称难题，一定程度上打破了中小企业融资难的瓶颈（如图 4-11 所示）。未来，该平台的建设目标是成为国家级知识产权融资基础设施，服务国家知识产权发展战略。

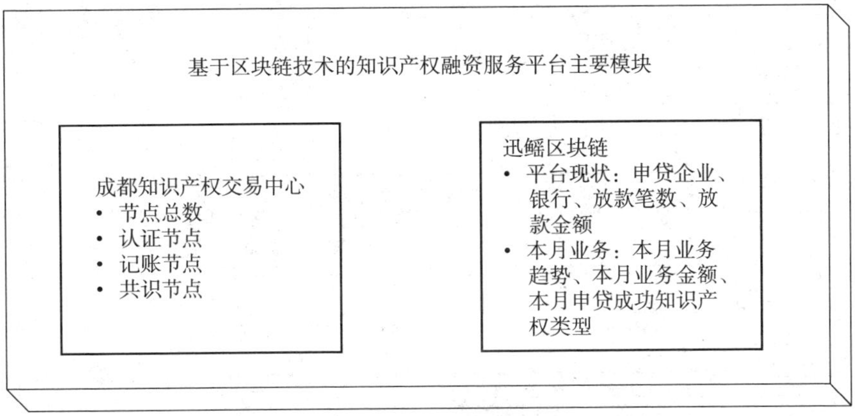

基于区块链技术的知识产权融资服务平台主要模块

成都知识产权交易中心
- 节点总数
- 认证节点
- 记账节点
- 共识节点

迅鳐区块链
- 平台现状：申贷企业、银行、放款笔数、放款金额
- 本月业务：本月业务趋势、本月业务金额、本月申贷成功知识产权类型

图 4-11　迅鳐科技知识产权区块链平台

第四节　微观科技的跨境贸易实践

一、区块链技术应用于海关监管领域的平台建设框架与思路

（一）整体平台建设原则

微观（天津）科技发展有限公司（以下简称微观科技）探索的海关区块链应用建设能够支撑如下框架：海关 BaaS 层、生态 SaaS 层、生态应用层（如图 4-12 所示）。

（1）海关 BaaS 层：这是海关业务的核心部分，重点解决海关内部基于区块链技术的模型建设及应用分析工作，与生态企业共建共享，确定共同的标准及服务规范。

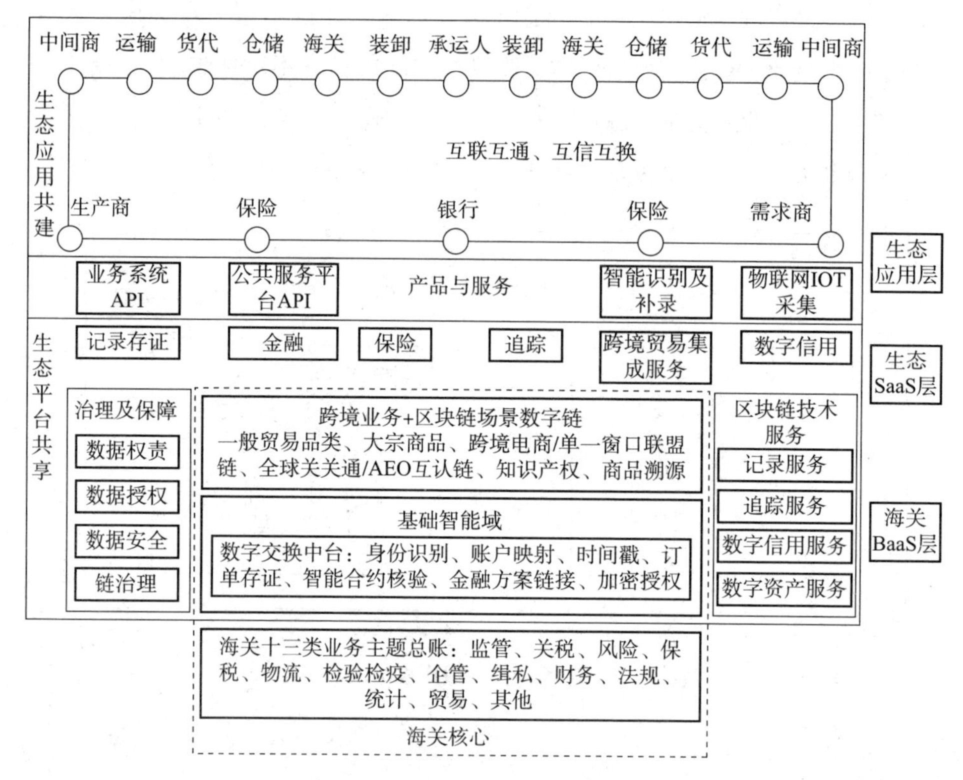

图 4-12 海关区块链应用建设框架

（2）生态 SaaS 层：监管、贸易、金融、物流等各方在确定自身核心业务诉求之后，需要达成共识，形成统一的解决方案。各方统一在区块链底层基础上提高各自擅长或权威的 SaaS 综合服务能力，实现区块链生态优势互补，提高协同共建共享的服务和应用发展能力。

（3）生态应用层：在底层 BaaS 支撑能力、生态 SaaS 服务能力之上，形成互联互通、互信互换的业务基础，各业务操作方根据自身业务特色，分别进行自身的业务系统建设，实现自身业务拓展。

为确保跨境贸易区块链生态环境的公平可信，需要满足贸易、物流、金融、监管四个领域中的“最小闭环”基本原则。

一是确保跨境贸易方案符合最小的去中心化要求。生态各方均按照目前法律法规制度，自愿接入。任何一个业务参与方都不具有全部业务能力。

二是确保角色利益互斥的同时又能覆盖跨境贸易的全部利益内容。角色“利益互斥”是为了避免在区块链业务流上形成不合规的“默契”，协同“共谋”。覆盖“全部利益”意为区块链生态上各方释放的业务红利，能够满足跨境贸易各方合规业务的发展诉求。

（二）平台建设路径

围绕“可信可控安全合规”“互证互利高效通关”两大目标，对建设目标进行逐层拆解分析。建设路径如图 4-13 所示。

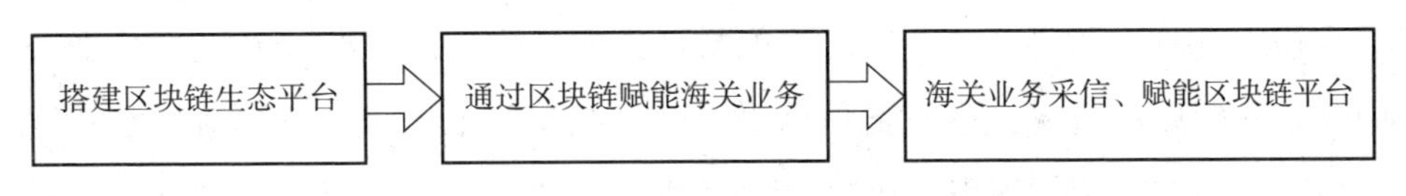

图 4-13 平台建设路径

1. 搭建区块链生态平台

多方共建区块链生态，需要对适用品类、入境口岸、属地口岸监管条件进行充分调研，对各海关技术平台或业务系统的 IT 状态进行分析，对业务配套政策现状和目标进行分析，规划各节点要素，对链上业务流、资金流、货物流、单证流进行四流融合设计。与此同时，需要对区块链底层基础设施的稳定性、安全性、扩展性进行规划，设计区块链接口层，准备跨链的基础架构要素。

2. 通过区块链赋能海关业务

在区块链生态平台支持下，规划重点领域、关键环节业务流程改革方案，制定海关配套引导政策。为海关各业务环节提供区块链记录存证能力、区块链追踪溯源能力；形成交易流、资金流、货物流、信息流交叉风控模型；提供采信区块链生态的第三方业务能力，包括金融风控、货物监控、查验检验、在途控货等。

3. 海关业务采信、赋能区块链平台

针对海关各业务、关区协同合作的主要特征，需要对面向海关业务系统的区块链数据、区块链服务能力进行设计，最终实现区块链数据或业务平台

API 的有序对接，落地执行海关配套引导政策，形成符合职能需求的区块链监管体系及制度。

二、区块链技术的海关监管应用现状与推广落地情况

在天津试点取得成功之后，微观科技积极推进区块链技术在全国各关区的应用落地，主要推广情况如下。

（一）威海海关——区块链国际寄递业务平台（已正式投入运营）

2019 年底，青岛海关、威海海关联合微观科技，针对进口 B 类快件业务中存在的拆分单逃税、一般贸易伪报快件、数据验证困难、三单对碰数据真实性差等痛点问题，利用区块链技术投资建设“去中心化”“公平公正”的“区块链国际寄递业务平台”及海关侧“区块链海关辅助监管系统”。

目前，平台成功引入阿里巴巴淘宝全球购订单数据与支付宝支付数据。同时，威海大数据局在链上提供人口信息数据的比对验证服务，解决了 B 类进口快件三单对碰数据真实性差问题，有效防范个人信息刷单、洗单的潜在风险（如图 4-14 所示）。该平台也正在拓展京东、拼多多、抖音等“交易平台”生态和更多的“支付平台”上链，以及发展外汇管理局上链，以提供“阳光付汇”通道服务。

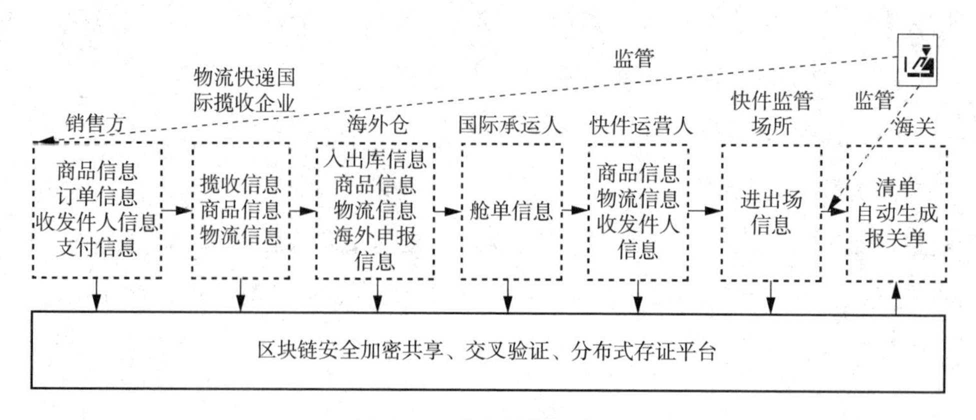

图 4-14　业务逻辑示意图

进口 B 类快件业务复杂度极高，三单对碰数据真实性差、风险大，“威海

模式”在天津试点之后，再次证明了区块链模式与技术不仅可以应用于一般贸易，也可应用于业务复杂度更高的跨境电商、国际快件领域（如图 4-15 所示）。

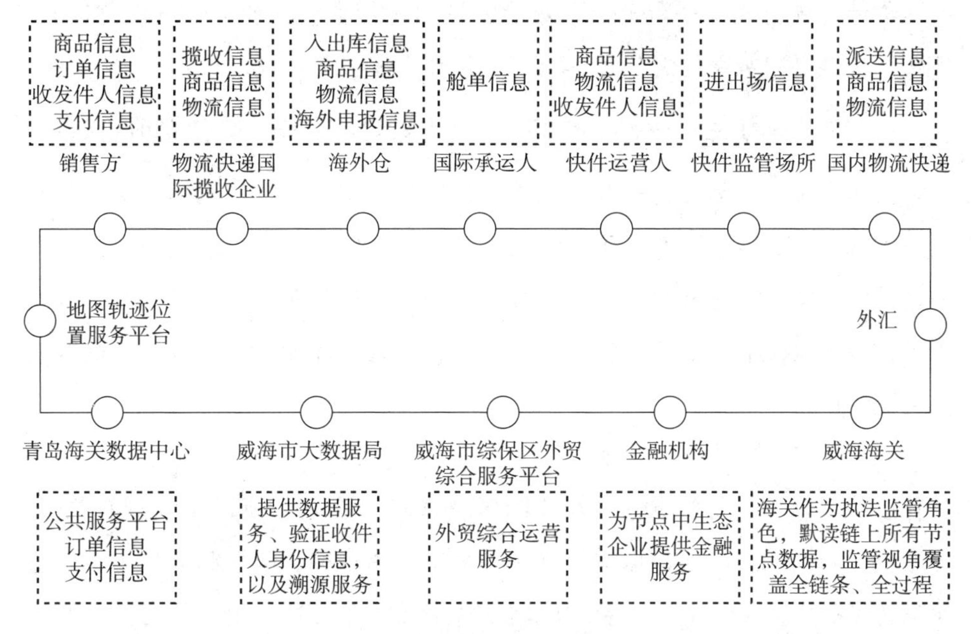

图 4-15 进口 B 类快件区块链节点构成

总体来看，“威海模式”的创新主要在于：实现了跨境电商、国际快件 CC 业务的“阳光化”，促使跨境 CC 业务海关监管获得了真实可信的“三单数据”，实现了对跨境 CC 业务“违禁品、拆包、审价”等方面的风险规避。未来，“威海模式”还需要继续加强生态节点、赋能节点的建设，成立合法的线下区块链联盟组织，进一步完善区块链平台上的数据治理、业务治理、智能合约规则等方面的综合治理事项。

（二）威海海关与二连浩特海关：区块链韩中欧多式联运“数字物流”通道（正在建设当中）

为打造威海优质营商环境，发挥威海区位优势，促进威海外贸经济高速发展，微观科技、中国丝路集团联合威海海关在“区块链国际寄递业务平台”的基础上，继续加大创新力度，计划利用区块链技术，围绕韩国、日本经过中国威海的过境贸易或经中国的转口贸易，在“威海海关”与“二连浩特海关”两关之间实现中国首个境内“区块链关关通”。两关之间可通过区块链平台实现对过境或转口的过程监管，大大降低过境或转口贸易途中的风险。同时，物流运输企业或平台上链，对物流过程进行全程无死角、可视化监管，实现区块链对“数字物流”过程监管的高效“数字清关”。

（三）青岛海关——木质包装出口（方案论证完毕，等待立项启动）

2020年6月，青岛海关联合微观科技探索采用区块链技术解决对出境货物用木质包装的监管检疫难题。管控出境用木质包装必须经过消杀除害处理是海关的职责，实现出境用木质包装灭虫消杀与货物包装、装载和物流全过程数据在区块链平台上的互证互认，是智慧监管大课题下监管检疫、高效查验的重要创新举措。

在青岛海关科技处、动植处的支持下，微观科技与中检山东公司等合作伙伴已就“出境货物木质包装物联网区块链监管验证”项目完成全面调研、方案设计和论证。该项目拟综合利用云计算、物联网、区块链等技术，打造全球首创的出境货物木质包装物联网区块链监管验证联盟链，为海关、木质包装行业、出口商及包括金融机构等在内的各相关方提供过程数据信息采集、比对、存证、溯源等创新服务。该项目的实施将在促进出境货物木质包装行业合规经营的基础上，共建监管物联网、共享区块链数据，从而实现辅助出口货物便利通关、优化产业金融服务的目标。

项目建成后，可在木质包装及原木检验检疫方面形成数字化监管验证数据闭环，未来可在进口货物木质包装及进口原木木材检验检疫的数字化监管验证场景中推广应用（如图4-16所示）。

（四）南京海关——区块链加工贸易账册联网管理（处于实施阶段）

海关特殊监管区的设立，旨在提高我国对外开放水平，促进我国经济快速发展，实现国内产业和国际产业与产品接轨的目标。近年来，国际贸易保护主义抬头、国内生产及消费能力提升，全球货物和商品的产、供、销结构发生转变，特殊监管区域管辖范围内的加工生产企业、仓储物流企业的业务需求及模式日益复杂。为适应现代企业经营管理方式和市场运作规律的发展，

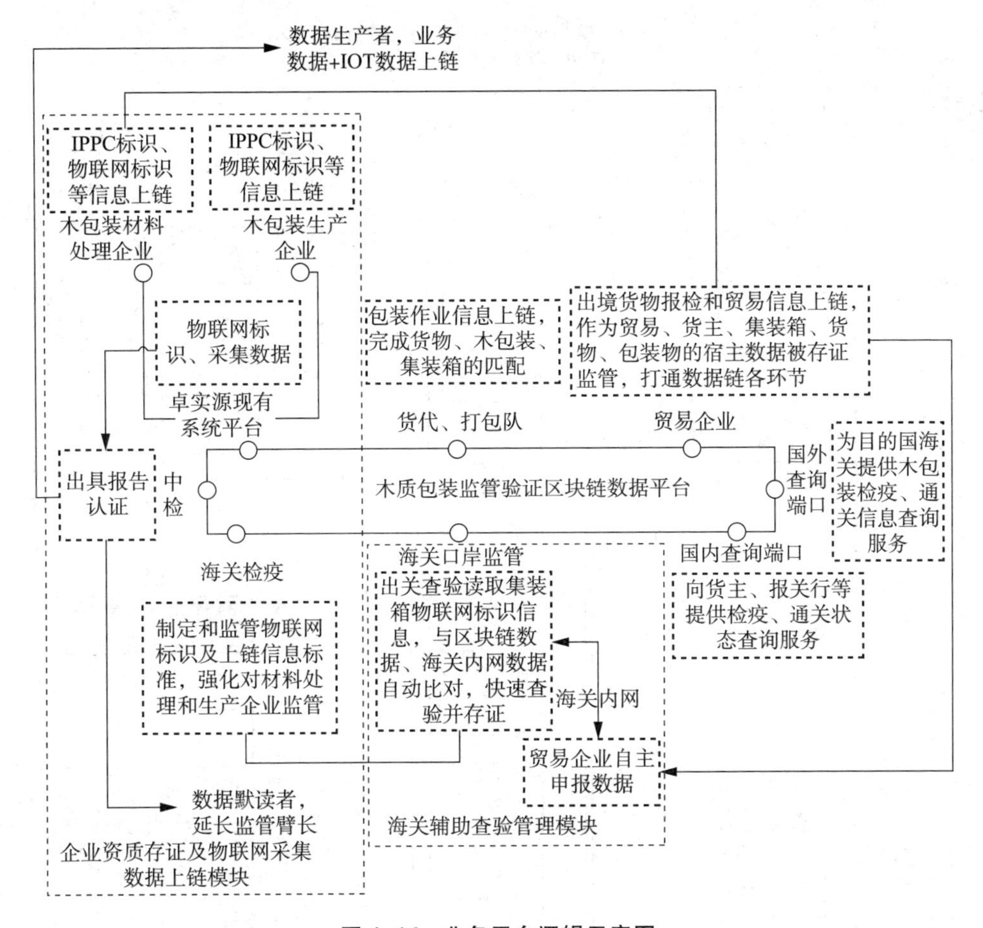

图 4-16　业务平台逻辑示意图

保持特殊监管区域的区位优势，优化特殊监管区域的监管手段，提高数字化协同监管能力成为重要突破目标。

南京海关以科技为引领，探索改革海关对特殊区域管理的程序和模式，通过数字化手段简化料件或货物进出区手续，加强数字化账册业务模式的应用，强化中后期管理，推进海关监管前推后移，引导企业自律管理，促进守法便利。南京海关以卡口为管理突破点，“以点带面”建立数字化通关新通道；以科技应用为手段，打造可信智慧监管体系；以区块链数据应用为基础，强化事中、事后精准监管；以寓管于服为导向，引导企业自觉自律，推进监管与服务相互结合、相互促进（如图 4-17 所示）。

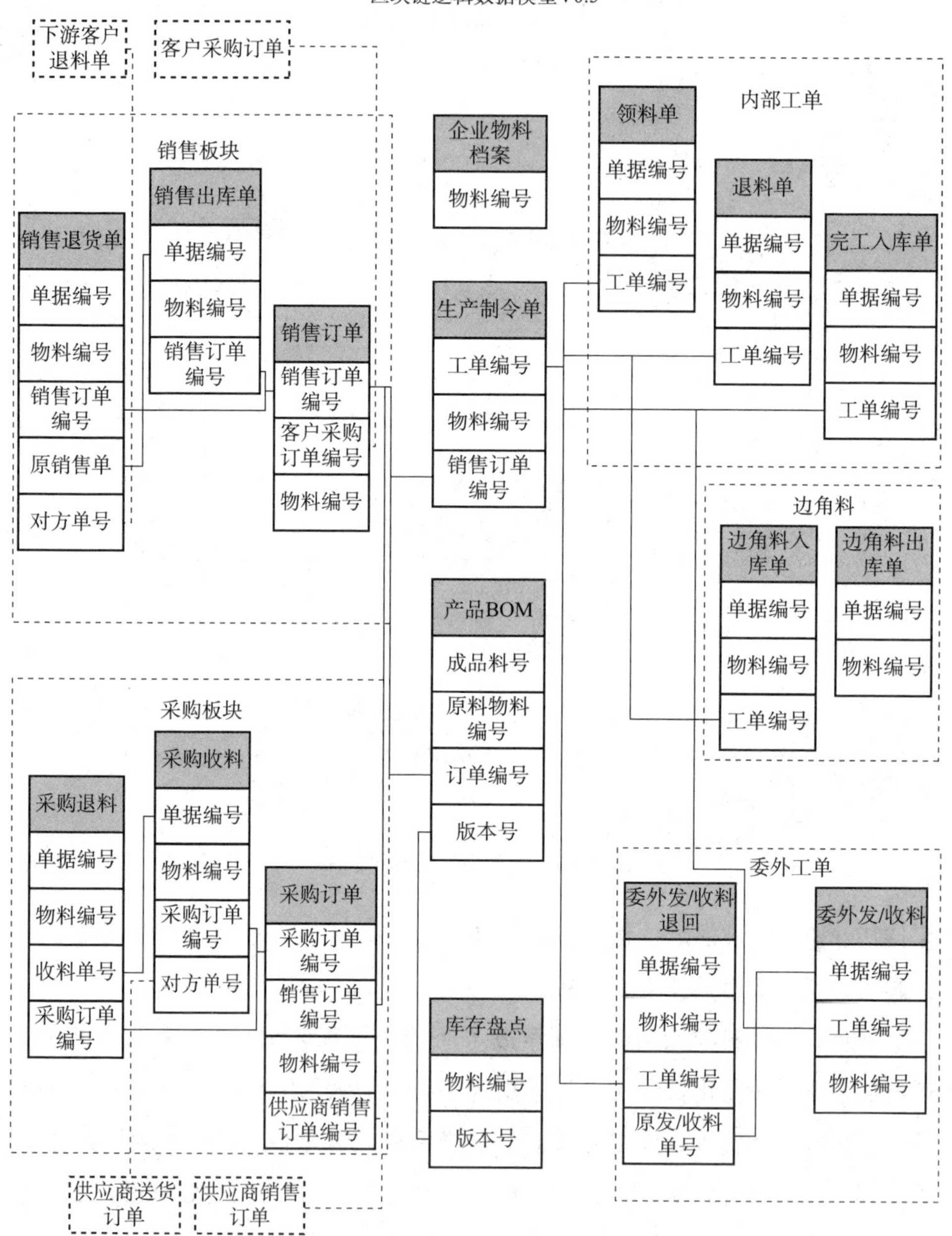

图 4-17　业务平台逻辑示意图

通过区块链平台的基本特征，围绕货物销售、物料采购、加工生产、仓储进出、库存盘点、料件损耗等核心标的，通过业务流、线下货物（料件）流与线上信息流实现融合，串联生产企业数据与场站、仓储物流和其他第三方等管理数据，构建多渠道、立体式可信数据平台，为海关风险管理、智能监管提供有力支撑。

（五）海口海关——平行进口车、监管区域进口车辆改造（处于实施阶段）

平行进口车“国五”“国六”政策明晰后，叠加海南自贸港关税制度的政策效应，海南岛内平行进口车市场将面临大幅增长。海口海关已开始着手将天津平行进口车成熟区块链监管方式引入海南，同时积极论证监管区域进口车辆改装项目场景，对接东南亚高端进口车改装市场、海南旅游运营车辆、旅游房车经济市场等。区块链监管模式将原有事后监管延展至上游的备件备品监管以及下游销售使用环节的“过程监管”，同时，通过物联网、卫星定位设备与区块链技术结合方式，在保护用户数据隐私安全的前提下，监管免税车辆实际物理运动边界，将物理围网升级为电子围网，可有效降低监管成本和各方合规成本。

海南自贸港在“封关运作”模式下，可充分利用好自贸港独特的制度安排，成为内地各“自贸区”和各国际贸易目的地之间重要的信息连接器、效益的转化器、业务的驱动器。可尝试通过区块链模式连接众多遍布全球的跨境电商海外仓节点、国内“自贸区”节点、海南金融机构及外汇监管节点、物流港口节点等。通过 AEO（经认证的经营者）数字信用监管等模式，打造以安全和信任为核心目标的自贸港监管模式，将监管臂长延展至全球海外仓。进一步依赖海南自贸港通关简化性、便利性，离岸金融、外汇收支便利性等政策措施，促进海南自贸港经济体发展，将其打造成为中国国内、国外经济双循环的重要转换器，以及海上丝绸之路重要的战略支点。

（六）上海海关数据中心——区块链“关税贷”（方案论证完毕）

上海海关数据中心计划与微观科技共同探索基于区块链技术的关税金融产品——区块链关税贷，主要解决中小企业“融资难、融资贵”问题。目前方案已经论证完毕，等待立项启动。

上海港作为全球第一大港口，货物及集装箱吞吐量居全球首位，与之相对应的物流业务需求及服务同样极其繁荣。在国际贸易业务过程中，物流角色充当着“承上启下”的核心枢纽，上承接“线上”或系统上的业务信息、单证信息，下保障物理货物在“线下”运输、仓储过程中的流转职能。以往物流公司的业务数据积累很难作为资产被量化评估，缺乏有效的利用。微观科技计划在上海搭建面向物流业务的区块链平台，将物流企业、仓储企业、贸易企业、报关及其他相关国际物流服务及通关服务企业的物流业务委托、通关业务委托、贸易交易业务等线上业务信息要素进行区块链存证，使用智能合约实现交叉验证，确保线上业务的真实性、不可篡改性；并通过对货物的实际运输、仓储、盘点、查验等必要的业务操作信息上链存证，实现对线上线下的可信数据可视化校验。

同时，吸引金融机构积极参与到区块链平台中，从各方面提供金融服务支持，如提供给物流企业“关税贷”产品（如图 4-18 所示）。在国际物流行业服务中，为贸易企业代垫关税的情况非常普遍。物流企业服务的客户越多，代垫关税占用的资金越多，从而影响了物流企业“本职工作”的拓展。通过区块链金融服务平台，物流企业、贸易企业可以将进口业务的关税额、缴纳状态等要素信息进行上链存证。上海海关及大数据云中心进行存证及真实性校验，可以提升进口业务关税要素信息的权威性、准确性。金融机构通过区块链平台提供的可信数据，可辅助自身完成贷前、贷后等相关评估及风控业务。

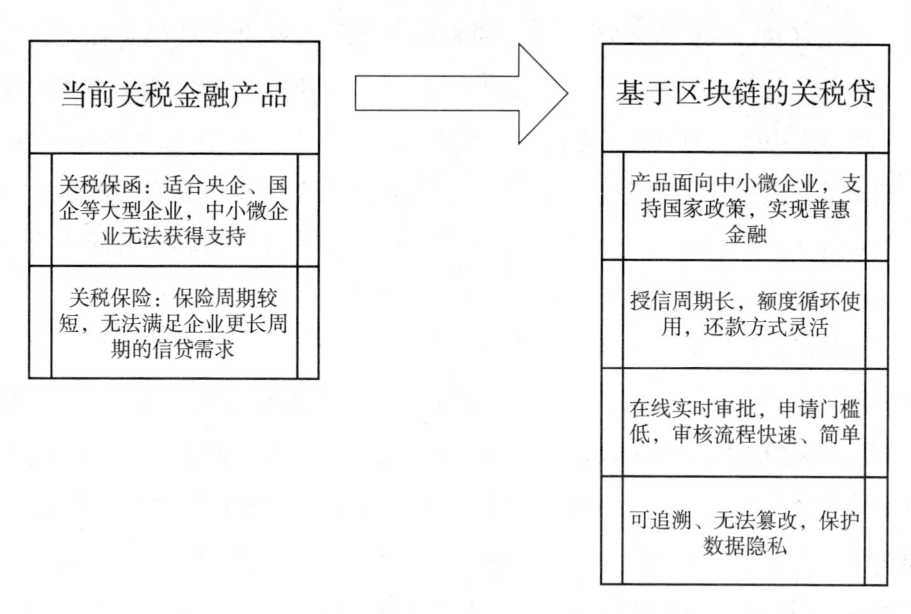

图 4-18　基于区块链的“关税贷”产品示意图

在基于区块链的“关税贷”产品中，企业通过合规的关务业务积累，实现信用穿透以释放更大信用红利，进一步赋能物流企业和进出口企业。

（七）“商品归类+区块链”（处于课题研究阶段）

商品归类作为传统涉税要素，在体系建设上与世界海关组织（WCO）运作模式接轨，在内部规范与外部执法上需要不断完善。随着关检融合，商品归类除了传统意义上的税收征管要素外，也被赋予了准入、安全等更多的功能标签，已不仅仅是单一的涉税要素。在实践中，涉检问题、准入问题集中的矛盾点也突发在商品归类这一业务链条中。

近年来，我国海关开始了综合治税的实践。经过多年的探索，综合治税取得了一定的成效。在商品归类领域，为更好地应对不断发展的国际经贸形势，适应国内外形势对海关税收工作的新要求，有必要创新改进关税管理的理念与方法。

在旧有的归类管理模式中，归类管理只有一个单一的权威主体——关税部门，它在归类管理中“包打天下”。由于管理资源相对有限、缺乏其余业务部门配合，关税部门显得“力不从心”，而且与治理理念的要求相去甚远。利用区块链模式与技术，将关税部门之外的其余业务部门及社会力量也纳入归类管理的主体范围中，初步形成“各个部门协同配合、多支力量整合作战”的局面。探索建立“区块链+商品归类”的海关“多位一体”的归类管理模式，较之旧有归类管理模式的最大进步在于可实现海关内部归类管理主体的多元化，有利于形成一个在系统内分工合作、协同配合的归类治理网络。

一是可应用于辅助海关归类认定。一般情形下，海关归类认定往往是基于对独立商品信息的判断，作出相对孤立的认定，也没有能力在深层次验核与商品相关的真实商业发票、成本明细单、提单、运单等信息是否准确真实，从而造成效率低、采信不完整。构建基于区块链技术的商品归类应用场景，将海关、进出口企业与代理商等主体上链，有助于辅助验核归类认定材料的真实性，即证明相关信息是实际产生的，并没有被篡改。

二是将进出口方纳入商品归类治理主体。区块链技术可以创造一个互信的环境，方便互不了解的团体进行交易或共享信息，因此将其运用于证书数据交换具有一定现实意义。引入区块链技术在一定程度上整合了系统内的现有资源，将关税部门之外的其余业务部门及社会力量也纳入归类管理的主体范围中，初步形成“各个部门协同配合、多支力量整合作战”的局面。

三是可应用于保证跨境贸易进口商品归类认定的公开、透明和可追溯性。建立基于区块链技术的商品归类溯源体系，将生产加工商、进出口企业、海关、国际贸易单一窗口平台等贸易关联方产生的交易、产品和监管等信息上链。具体而言，进出口企业订立智能合约后，利用企业已有的ERP系统将进出口商品 H. S. 信息与其交易时间和地点等信息以时间戳方式输入公有链，将其他仅可开放给海关查询的信息输入私有链，将公有链和私有链授权给海关后，海关既可在核对交易和证书信息后进行下一步作业处置，进出口企业也可对此进行查询追溯。如此既可提升海关清关效率，降低企业贸易成本，也可提升商品归类认定过程的公开性，避免产生关企矛盾。

（八）其他领域的探索

1. D-Trade & Health 全球数字贸易医疗链（已正式投入运营）

医疗物资行业相对其他行业较为特殊，涉及大量的交易保密信息和用户的隐私信息，在任何时候，对这些信息都应予以保密。中心化的数据库已经不再是一个切实可行的选择，而数据的隐私问题在区块链架构上能够得到更好的解决。

在应对 COVID-19 中，微观科技建设了“D-Trade & Health 全球数字贸易医疗链”，为全球医疗物资提供多方认证、多方存证的公平透明服务。其发挥了区块链技术特性，保障了相关出口单证信息数据的透明化、可视化、可追溯，为出口后质量异议争端、贸易争端等提供多方存证证据链条与可信数据支持，也为双边贸易通关便利化提供科技增效路径，为定制化金融服务提供风控工具（如图 4-19 所示）。

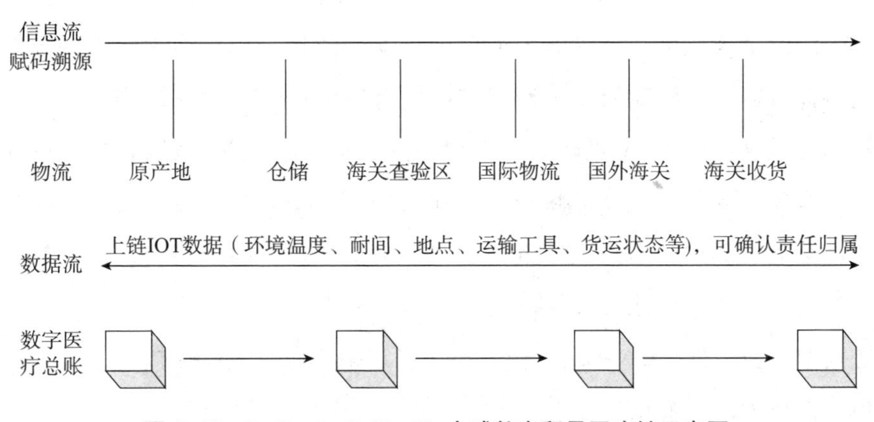

图 4-19　D-Trade & Health 全球数字贸易医疗链示意图

医疗链的全程追溯使医疗物资的品质得以保障，动态追踪监控则避免了运输流转过程中可能出现的保管不善和冒充替换的情况，对物资流通细节的把握也使紧急处理定向召回更加容易实现，同时，为政府职能部门强化执法手段、加大市场监管力度提供依据。

2. 司法链（处于方案论证阶段）

随着数字化发展，电子证据在世界各国司法证明活动中的作用日益突出，已成为证据体系中不可忽视的重要部分。相对物证时代的“科学证据”而言，电子证据的科技含量无论在广度上还是深度上，都超出了一般物证的水平。

电子证据具有数据量大、实时性强、依赖电子介质、易篡改、易丢失等特性。虽然在法律条文、司法解释和相关规定中，对电子证据的范畴、原件形式、取证手段等做了一些规定，但电子证据在司法实践中依然存在痛点。在互联网行为中，电子证据在生成时存在各种问题，如证据分散、不完整；存储在设备里的证据易被伪造或篡改；证据原件与设备不可分，电子证据的时间被机器重新设置，从而导致失去法律效力；等等。这些都会导致起诉人难以维护自己的合法权益。当区块链技术应用于国际贸易时，必定涉及多个国家的法律和相关国际规则，涉及法律衔接问题。在电子证据的生成、收集、传输和存储的全生命周期中利用区块链技术，让电子证据的生成、存储、传播和使用的全流程可信，对电子证据进行安全防护、防止篡改并进行数据操作的审计留痕，从而为相关机构审查提供有效的技术手段。司法区块链由三层结构组成（如图 4-20 所示）：一是区块链程序层，用户可以直接通过程序将操作行为全流程记录于区块链，如在线提交电子合同、维权过程、服务流程明细等电子证据；二是区块链全链路能力层，主要提供实名认证、电子签名、时间戳、数据存证及区块链全流程可信服务；三是司法联盟层，使用区块链技术将公证处、CA/RA 机构、司法鉴定中心以及法院连接在一起，使每个单位都成为链上节点。

未来，基于区块链技术构建公安、检察院、法院、司法局等跨部门办案协同平台，各部门分别设立区块链节点并互相背书，实现跨部门批捕、公诉、减刑、假释等案件业务数据、电子材料数据的全流程上链固证、全流程流转留痕，保障数据全生命周期安全可信和防篡改，并提供验真及可视化数据分析服务。通过数据互认的高透明度，可有效消除各方信任疑虑，加强联系协作，极大地提升协同办案效率。

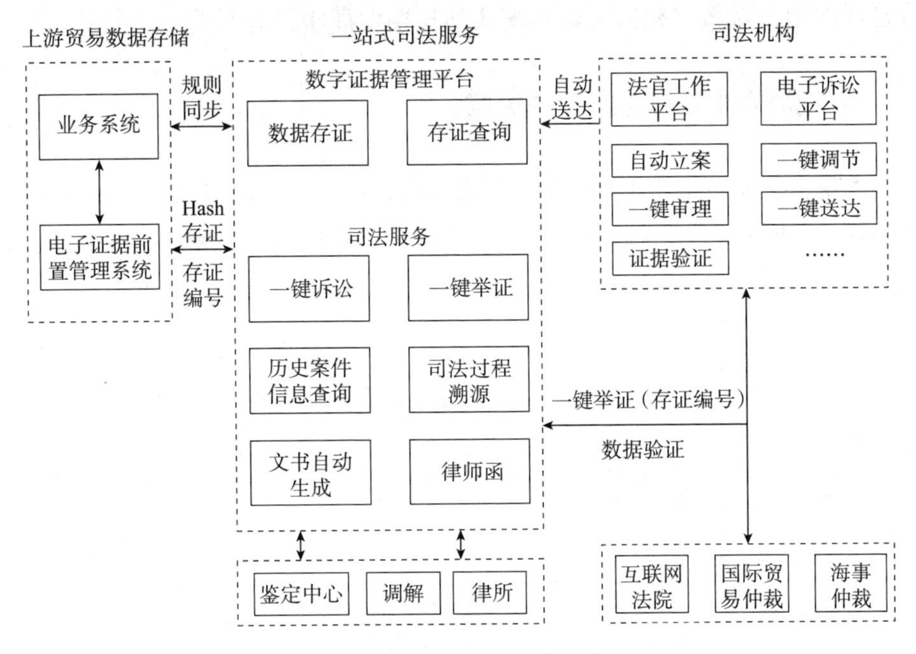

图 4-20　司法区块链结构示意图

三、区块链在海关监管领域应用中遇到的问题

微观科技在利用区块链技术促进海关监管数字化转型推广的过程中，遇到了以下问题：一是在海关系统内部，数字化转型涉及众多部门，既包括实施监管的业务部门，又包括提供技术支撑的科技部门，因此在区块链应用落地的过程中，需要统一协调组织，形成由重要领导牵头指挥，业务部门与技术部门共同组成的具体项目组。二是海关监管利用区块链实现“过程监管”，需要跨境贸易全业务链条上的业务生态节点都能上链，而引导和鼓励贸易、金融、物流等相关企业上链是一项非常艰巨且工作量很大的任务。海关需要帮助第三方去中心化区块链平台进行能力建设，引导和鼓励贸易商、金融机构、物流企业等各方共同参与，实现“互信互享、互联互通、互帮互助、互惠互利”目标。三是在由传统监管向数字化监管转型升级的过程中，需要正向激励、负面惩戒的政策法规配合，对相关政策规则作出针对性调整，这将对引导跨境贸易各参与方积极配合海关监管的数字化转型起到积

极推动作用，对数字化监管创新模式的长期发展将是有利的。

四、微观科技的业务落地经验

微观科技在多年的业务工作中，总结出的八步经验值得借鉴（如图 4-21 所示）。总体而言，在区块链技术应用过程中，应深刻理解区块链技术与业务结合的应用价值，创新符合跨境贸易场景特征的数字基础设施，以技术创新、模式创新实现高水平的全球对外开放，打造一流的自由、公平、诚信的营商环境，进一步服务国家"一带一路"倡议与发展数字经济的重大战略。

场景调研
1.品类特征调研
2.关区特征调研
3.海外国家调研
4.中外政策调研
5.品类生态调研
6.区域业态调研
7.IT能力与系统情况调研

咨询规划
1. 区块链培训、咨询
2. 区块链跨境贸易直通车（TBC）/跨境贸易总账链（TLC）/培训
3. 上链要点分析规划
4. 赋能节点规划
5. 上链角色与节点规划
6. 区块链+方案规划初计

业务梳理
1.交易流梳理
2.资金流梳理
3.物流梳理
4.信息流梳理
5.痛点分析总结
6.与十大业务环节关系梳理

技术论证
1. 技术实现难度论证
2. 业务角色参与可行性论证
3. 与TBC/TLC链接论证
4. 是否开发侧链、子链论证
5. 是否跨链、并链论证

联盟策划
1.联盟策划
2.联盟建设指导、孵化与移交
3.联盟治理方案
4.联盟章程
5.联盟目标成员
6.赋能节点发展与引入

系统开发
1. API接口
2. 侧链开发
3. 子链开发
4. 并链开发
5. 跨链开发
6. 系统对接

业务运营
1.联盟建设指导、孵化与移交
2.规划运营步骤与阶段目标
3.快速切入点选择
4.引导赋能节点快速介入
5.微观运营
6.联合体运营
7.委托运营
8.合资模式运营

生态建设
1. 品类行业媒体宣传（国内+国际）
2. 社会权威媒体宣传（国内+国际）
3. 海关媒体宣传
4. 论坛活动策划或参加
5. 周、月、季度与联盟共办行业影响力活动
6. 阶段性成果新闻发布会
7. 自媒体宣传
8. 行业动态跟踪分析等

图 4-21　微观科技业务落地的八步经验

第五节　未来金融科技在实名区块链应用领域的探索

一、实名制区块链的技术逻辑

区块链技术具有极强的经济属性，可实现高速价值流转，所有参与人员

之间相互信任、无法造假，非常适合成为在大规模人群中搭建经济体系的工具。然而迄今为止，区块链技术应用落地遇到了很大的瓶颈。前面章节已经提到，从全球范围来看，除了交易所、比特币以外，区块链技术尚未实现大规模的商业应用，这在一定程度上反映了区块链技术应用的关键点不在技术本身，而在底层逻辑。底层逻辑的缺陷使得所有上层建筑成为"沙中之塔"。本节试图将区块链技术的逻辑缺陷和补救方法通过有限的篇幅阐述清楚。

（一）区块链哲学的根基问题——匿名制之殇

本小节遵循如下三个基本假设：

（1）实名、匿名区块链的底层逻辑都在现实生活中存在。

（2）匿名区块链与实名区块链并不能通用，从技术构架上需要区分开。

（3）实名体系的应用范围比匿名体系的要广阔得多。

区块链技术来自比特币。比特币最初的设计目标是创造一个互联网上的通用价值媒介，简单而言，是想开发互联网上的数字黄金。黄金是一种财产，财产的一个重要属性是通用性，也就是匿名性，它不随使用者身份的变化而变化。任何人手里的黄金都只能换取同样的物品或者服务，不可能因为持有人身份的不同而产生变化。有类似财产属性的事物还包括白银、钞票等。

资产的一个重要属性是标志所有人在社会中所处的地位。例如，股票的数量标志着投资人在本公司投资所占的比例以及权益所占的份额；房产标志着持有人对某地理位置的所有权；银行存款标志着所有人在银行体系所占有现金的比例。这些资产代表了人在社会某个经济维度中的责任与权利关系，一旦涉及责任与权利，就需要绝对实名。

匿名制无论披着什么样的外衣或者打着什么样的口号，本质都是：不为自己做的事情承担责任。在这里没有褒贬之分，只是陈述中立的事实。因此，匿名的区块链体系可以承载数字黄金类的财产型互联网经济活动，如比特币等。只有实名区块链体系才可以承载数字资产类型的应用，如数字权益、数字证据、法律存证等。同时，匿名体系和实名体系不能相容。在一个实名的经济体系下，匿名用户的出现就如同隐身人出现在人间，这个人无可避免地会为所欲为。同样，在一个匿名体系下，实名用户的出现将成为"猎人的靶子"。因此，一个经济体系或者严格实名，或者严格匿名，二者不可以兼容。

在人类社会生活中，资产的体量要远远大于财产的体量。未来金融科技集团有限公司（以下简称未来金融科技）探索了实名区块链技术的应用，其业务逻辑是：区块链上的每一个用户都必须经过尽职调查，才可以在体系中进行操作，用户的私钥依然由用户保存，任何人无法代替。但是，系统只有在确认用户身份以后，才会允许用户在体系中进行各种操作。

（二）区块链技术本身的弱约束性决定了其无法在基于责权对等的信用体系中运行

基于最初的匿名财产模式的设计，区块链技术不能直接被应用到实名资产体系之下，需要对区块链技术本身进行改良。区块链技术在记录财产转移或者记录资产信用的过程中，是具有微妙的技术架构差别的。作为私有财产，用户拥有绝对支配权，向任何一方支付财产，都是财产所有人的自由。因此，作为数字黄金设计的区块链不可避免地带有匿名系统的印记——单向签名有效。简单而言，即一个用户可以给任意一个用户支付一笔交易款项，而无须征得对方的同意。但这个特性在具有信用属性的资产领域不再适用，即任何责权一定是经过双方认可的。例如，不经当事人同意不能给某人转让一笔债务。而现有的区块链技术体系，不具备这种对当事双方的责权约束性。如果任何一个用户都可以随意进行操作，则无法形成责权约束，也就无法承载信用体系。例如，任何人可以向第三方发起一笔交易，且不需要当事人的认可，因此这样的记录并不能形成法律约束。

在匿名体系中，当事双方都不承担责任，因此通过交易只能完成积分的转移，而没有任何责权的转移。在实名体系区块链系统中，由于每一个地址都有明确的法律责任人，而且每一笔交易基于邀约协议，都必须承载来源地址责任人的意见和目标地址责任人的意见。因此在这样的构架下，可以在交易中将双方的责任、义务公示在链上，以形成法律闭环（如图 4-22 所示）。

图 4-22 中，邀约发起人的信息不用上链，利用传统通信方式即可，包括邮件、二维码、文件等。乙方解析后可以进行决策，决策时携带甲方的邀约信息，向甲方进行回复交易，回复交易时直接携带双方地址和乙方签字，邀

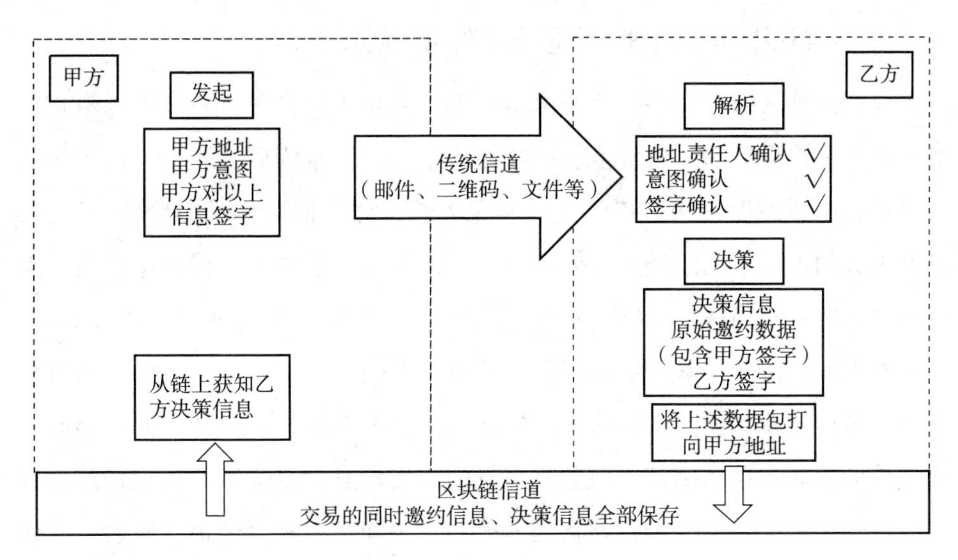

图 4-22　邀约协议的流程

约信息中有甲方签字，系统通过节点进行校验。

（例如一笔交易中，承载了如下信息。

小明地址：

小红，请借我 200 元钱，下个月还你。

小明地址基于以上意见的签字。

小红地址：

好的。

小红地址基于以上意见的签字）

然后将以上信息整体形成一个邀约交易，不可篡改、不可删除，公示在区块链上，便形成明确的法律证据。

值得一提的是，所有在链上的信息并不是原始信息，而是原始信息的哈希值。原始信息由各个当事人自行收藏，这样在保障隐私的前提下一旦产生争议，各方都可以基于手中的文件对照链上的哈希值完成第三方仲裁。原始信息可以是图片、文件、文字、数据等任何形式。一旦形成双签名闭环交易，双方就无法回避法律责任。这种只涉及当事人双方的业务在现实世界中比较少见。

（三）利用区块链技术+博弈论打造诚信社会

我们必须认识到，区块链技术本身无法阻止人们作弊，一个不能阻止作弊的信用体系将消解一切价值。这就产生了一个两难问题，既要引入大规模人群的自由意志以汇聚价值，又要避免人们造假以消解体系的价值。因此，单靠强大的加密系统已经无法解决问题，需要在体系中引入博弈论，通过人群趋利避害的本能避免系统性风险。针对这一问题，下面将进行简单的探讨。

在现实生活中，邀约协议所形成的双签名交易，仅仅是一次单一的责权记录，类似借款、公证、防伪等，只涉及在当事人双方的交易过程中形成一个完整的责任和权利闭环。但是，大量的现实场景则是连续的责权转移。例如，一包大米从农田流转到粮食储备仓库，中间需要经过经销、质检、运输等许多环节；一处房产从购买土地、建设到最终交付，同样也经过了多个责权人的交接；一辆汽车从海外经销商到达消费者手中，需要经历经销商、代理商、保险公司、货运公司、银行等一系列责任单位配合才有可能实现。由上可以看出，一项现实中的业务往往是由一系列的责任和权利环串联形成的。如果将邀约协议理解为一个单一闭环的话，一项现实业务则是一个由一环环邀约协议组成的责权链条。为避免这个环节上的任何一方作弊，需要对这个责权链条进行细致的案例分析。

以大米收购为案例（如图 4-23 所示），我们进行如下讨论：首先分析技术和现实背景。第一，每一个责权链条上的参与者都有其职责，或者是货运，或者是质检，或者是入库。第二，每一个人需要为自己所上传的数据承担法律责任，并且向全社会公开。通过实名区块链技术，确保所有人既无法抵赖，也无法更改。一旦遇到争议，可以随时进行法律仲裁。第三，任何角色如果上传虚假数据，就不可避免地损害利益链条后方角色的利益。

所有数据输入都需要明确责任人，以便对数据负责任；数据邀请方假定为粮食局，可以确保数据输入方的相关性。因此，前一个环节如果进行了虚假汇报，就会立刻影响后一环节并被利益链上的后一环节证据确凿地感知。例如，发货商提供虚假的发货重量，一定会和货运公司发生利益冲突，也会

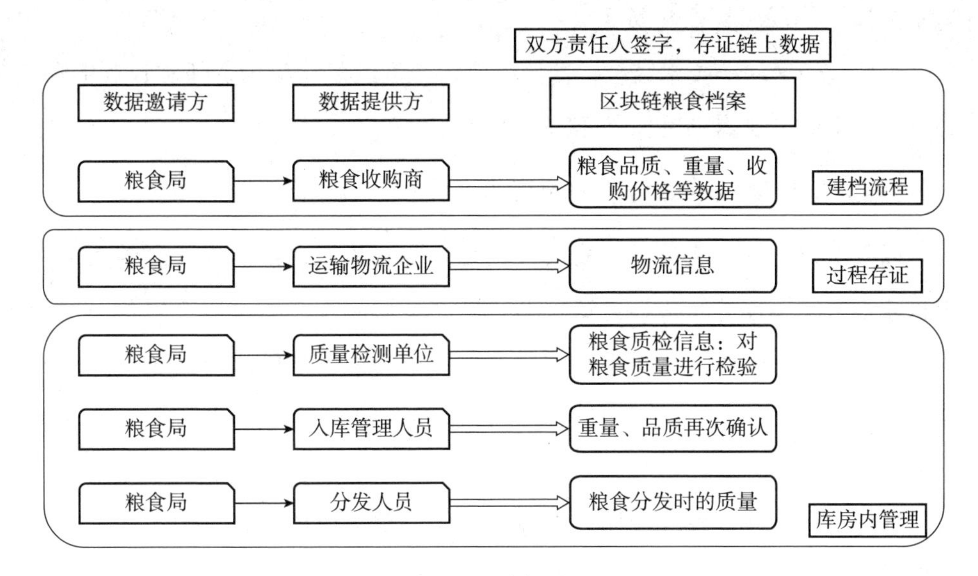

图 4-23　案例流程

与入库管理员发生利益冲突。因此，如果发货商希望可以虚报发货重量，就需要同时和他自身环节之后的所有环节进行协商，而后续环节需要承担极大风险来协助他说谎，这样产生的成本将远远超过他作弊所获得的利益。另外，后面的环节一旦撒谎，所有的责任就都将由其承担，说谎的成本随之加大。例如，货运环节同意合谋，而库管环节不愿意串谋，货物数量变少的责任就只能由货运公司承担，因为货运公司已经明确证明其收到的货物重量合格。因此，货运公司的说谎承担了巨大的风险，后续任何一个环节拒绝串谋都将使其承担全部责任。在实名区块链语境下，连续多人见证责任链条，任何环节说谎的成本都将远远大于说谎的收益。同理，任何谎言一定会造成某一个角色的经济损失，一旦这个角色有异议，那么所有参与串供的角色都将面临标准的“囚徒困境”。谁先举报，相对其他角色将会占据巨大优势。没有人会把自己的命运寄托在其他说谎人的身上，因此谎言的联盟不可能持续。从以上叙述可以看出，通过清晰的责权环节上链，利用区块链技术的公开、不可篡改等特性，结合体系严格的实名认证区块链机制，以及未来金融科技申请专利的两个博弈论场景，可以发现：第一，实名区块链语境下，公开见证的责任链条谎言成本耗散超过谎言所得利益；第二，实名区块链语境下，谎言的联盟无法持续。

因此，当区块链技术结合了博弈论以后，可以建立起长责任和权利链条，为社会的生产生活提供更加严谨的信用平台。

（四）区块链技术应用落地的双翅

以上所讨论的区块链机制目前依然无法实现落地，是因为人群的大规模重构才是区块链技术的核心力量。上述讨论是从监管层的可信逻辑角度进行的，本小节将从区块链技术带来的用户人群重构逻辑角度进行讨论。区块链技术作为一个可以向人群大规模传递价值的系统，有能力创造庞大的价值社区。

区块链技术通过各种应用，将大量的价值积分释放到人群中。巨大的人群会随着积分的价值波动，产生共同的情绪波动。人群共同的情绪波动将会产生情绪的共振。情绪共振会让人群自发组织起来，释放巨大的力量，产生让集体利益最大化的动力，而这个集体利益最大化的最大受益者则是企业本身。情绪共振理论可以解释一切人群的自组织现象，古斯塔夫·勒庞当年对乌合之众的描述着重关注人群自组织现象，因此并没有探讨人群组织起来并且自发形成分工的原因。而对区块链技术应用领域的探索发现，人群情绪共振所产生的巨大力量可以对人群组织结构产生影响。影响人群情绪共振的因素虽然很多，包括偶像、信仰、理念等，但是大部分因素很难系统性地进行观察、衡量，而区块链技术释放到人群中的价值是可以直接、有效、精确地对群体情绪产生影响的，且可以观察和衡量。

当一定规模的人群拥有共同的价值利益时，所形成的社区可以称为价值社区。企业搭建起自己的价值社区，通过有效的价值流转，将为企业带来利益。当区块链技术在真实生产过程中落地时，为这个体系提供巨大力量的并不是技术本身，而是在大规模拥有共同价值的人群基于集体利益形成有序互动时，将会产生前所未有的力量。当我们解决了区块链技术的逻辑缺陷以后，真实落地就成为可能。一旦区块链技术落地，势必汇聚起巨大的价值社区，而区块链技术真正的价值源泉就来自可信的共识，以及建立在其上的巨大群体。

二、实名区块链落地案例

实名“区块链+邀约协议”最简单的落地模式就是防伪溯源。从逻辑上讲，产品防伪和实名区块链技术天然吻合。防伪溯源的目的就是找到产品的真实责任人，既不能假冒也无法抵赖，而有明确责任人的区块链体系恰恰可以完美地实现完整的可信追溯与防伪。基于邀约协议，未来金融科技设计出一个和现有防伪技术完全不一样的区块链主动防伪技术。

企业签发的邀约信息，虽然任何人都无法伪造，但是可以轻松复制。因此，整个校验流程都需要双向校验，消费者首先确认企业地址和产品的对应关系，以及签字和地址的对应关系，将结果以交易形式打到企业地址。企业收到消费者的交易后，确认该产品编号是否是第一次验证，如果是，则向消费者返回一笔交易，以告知校验结果。简单而言，就是一个企业和消费者双向校验产品的真伪，并由企业向消费者释放企业防伪积分，建立起消费者和企业之间利益纽带的过程（如图 4-24 所示）。

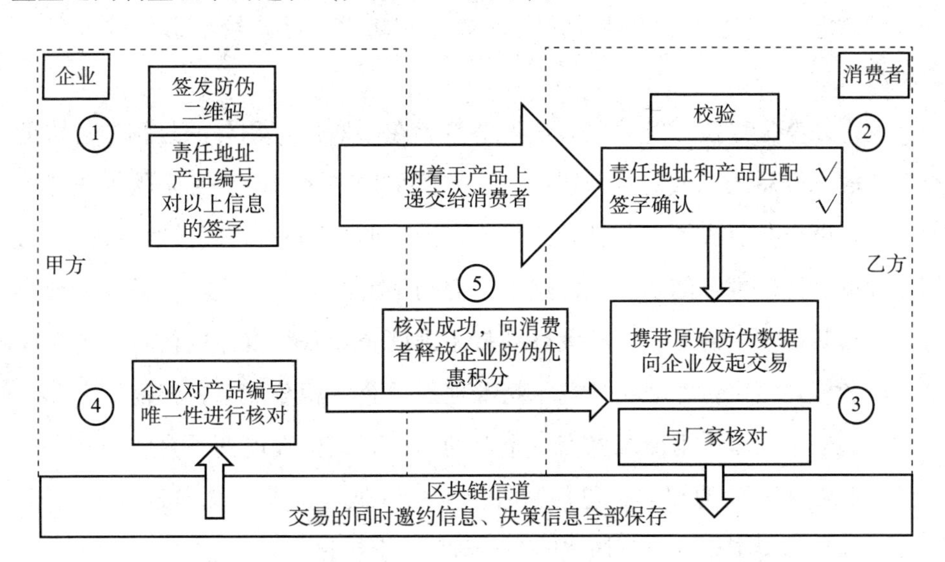

图 4-24　邀约协议过程

第一步：签发防伪二维码。

企业签发自己的邀约码，随着产品递交到消费者手中。以区块链技术签发的邀约信息，任何人无法假冒。

第二步：消费者验证防伪码。

消费者对防伪码进行校验，确认责任地址和产品的对应关系，确认签字的有效性。（第一次验证）

第三步：消费者申请与厂家核对（上链，双签名）。验证无误后，将邀约信息内容打成交易包，发送给企业责任地址。（这一步在上链过程中，一个交易有两个签名，即企业责任地址签字和消费者交易签字）

第四步：厂家核对。厂家确认该产品编号为第一次核对。

第五步：厂家回函（上链交易，向消费者发送防伪积分）。厂家向消费者地址原路打回交易，携带若干企业防伪积分，完成向消费者定向投送过程。

整个防伪过程最大的亮点是，让企业有机会向消费者精确投放自己的防伪优惠积分。和传统中心化防伪过程不同，利用区块链技术主动防伪会向消费者释放企业优惠积分，让更多的消费者参与。在这一过程中，消费者并非简单地确认产品真假，而是在领取优惠券。传统的防伪只有受害者会参与，企业、政府以及大部分消费者并没有参与的动力，这就给予造假的人可乘之机。

而未来金融科技开发的模式使得消费者在领取优惠积分的过程中，协助企业完成了产品的二次验证。因此，从人群结构来讲，改变了防伪工作的主力军——由企业变成了广大消费者。造假者面对的不再是市场监督管理人员，而是没有拿到优惠券的消费者，这个人群构架的改变让造假、售假者无处遁逃。主动防伪技术的另一个巨大好处就是帮助企业获得自己的流量。与以往任何电商模式相比，主动防伪技术精准地通过企业积分优惠，将消费者和企业结合起来，而非采用传统电商将企业的消费者截留在电商平台的模式。这将给企业带来巨大的利益，包括销售成本的降低、企业信息的直接传递等，可以认为是颠覆了传统电商模式的一种新型线上销售形态。

同时，由于消费者和企业之间通过区块链积分形成利益生态，消费者直接在厂商平台消费，所以消费者可以获得企业提供的更大优惠。简言之，可以实现市场无假货、用户拿实惠、企业得流量，可谓一举三得。

目前，未来金融科技开发的区块链主动防伪技术得到了消费者保护基金会的认可。消费者保护基金会和实名体系共同成立了质量安全办公室，向全国的企业推广区块链主动防伪技术。质量安全办公室将利用区块链主动防伪技术打造诚信市场，有力打击中国市场的制假售假，为共同构建诚信社会做出应有的贡献。

第六节 联合国贸易和发展会议、中国丝路集团对基于区块链技术的在线纠纷解决方案的探索

一、BODR 项目的目标与框架

联合国贸易和发展会议（以下简称联合国贸发会议）组织了基于区块链技术的在线纠纷解决方案（Blockchain based Online Dispute Resolution，BODR）项目研究。BODR 项目有望增强 ODR 的可信性，提升 ODR 在跨境电子商务纠纷解决中的权威性。BODR 项目的实施，会进一步扩展 ODR 的使用范围，促进全球电子商务发展。

（一）目标

基于联合国贸发会议的可持续发展目标，BODR 项目总体上设计了一个面向消费者的公益型争议解决平台，向世界各国消费者提供公平、有效、公正、透明、安全的在线纠纷解决方式。

BODR 项目的首要目标是保护全球范围内跨境电商消费者权益；在不违反首要目标的前提下，第二目标是大幅降低电子商务成熟国家和地区的消费者维权成本，增强电子商务刚起步国家和地区的消费者参与电子商务的信心，减少非关税壁垒，帮助发展中国家和地区打开通向全球消费者的大门，创造更多商业机会和更多就业机会；在不违反首要目标和第二目标的前提下，BODR 项目致力于推动各成员国进一步升级数字基础设施，开发国际市场，

推动全球电子商务发展。

（二）项目框架

BODR 项目向全球跨境贸易电商及相关机构和个人提供区块链底层基础设施，以许可链支持底层系统，允许电商交易系统、支付清算系统、国际法律师系统、国际仲裁机构系统、国际物联网系统、保险系统等接入许可链。仲裁用户也可将未接入许可链系统的私有数据直接上传到许可链，作为仲裁的有力证据（如图 4–25 所示）。

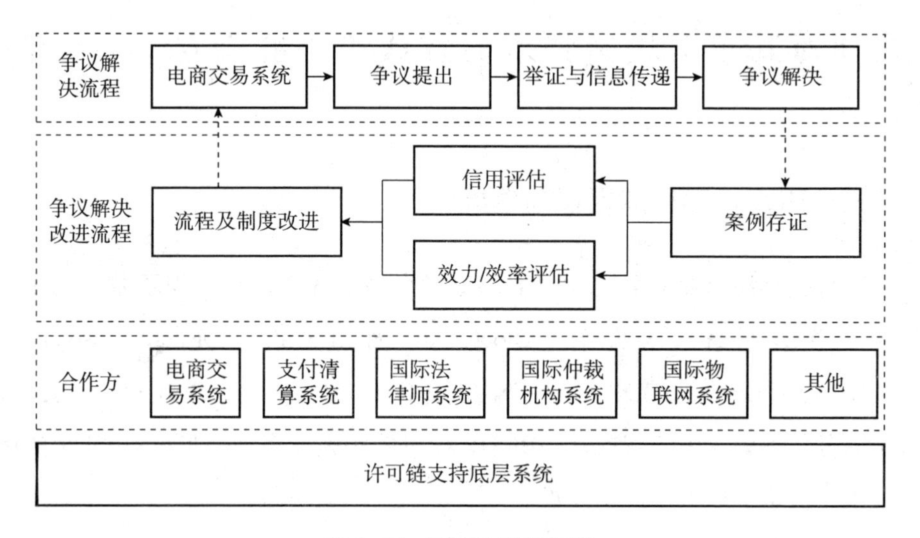

图 4–25　BODR 项目框架

BODR 项目提供的许可链支持多样化的商业生态，为全世界范围的商业机构及其供应链提供数据接口，向第三方仲裁机构或仲裁及法律专业人士开放，并综合大数据、人工智能等技术，向全球消费者提供便利、低廉、及时的 ODR 服务。

二、BODR 项目致力于解决的问题

联合国贸发会议曾经向全世界的消费者保护机构发布了关于电子商务中消费者保护问题的问卷调查。调查结果显示，消费者在电子商务中遇到的困境主要涵盖以下 9 个方面。

（1）网络硬件基础设施问题，如网络速度、网络普及程度等。

（2）商业欺骗，如欺骗性广告、误导性营销手段。

（3）信息不完善产生的障碍，如收货地址、价格、服务等没有明确充足的信息。

（4）退货、退款不通畅，如退款政策得不到执行，退款手续冗长。

（5）支付问题，如支付安全、网关拦截等。

（6）交付和售后服务问题，如产品延期交付、交付残次商品或错误商品、拒绝提供售后服务等。

（7）隐私安全问题，如个人数据和隐私泄露、电子身份识别盗用等。

（8）跨境电商争议的合法管辖权和适用法律问题。

（9）语言沟通问题，如双方沟通存在跨语言障碍。

BODR 项目利用区块链技术特性，结合其他新一代信息技术，致力打造一个在全世界范围内可以应用的在线纠纷解决平台，部分解决或者缓解上述问题。

（1）通过 BODR 项目提供的区块链底层架构，为全球相关类型的机构提供接口，为全球电子商务机构和消费者提供一定程度的区块链基础设施服务。

（2）利用 BODR 项目提供的区块链技术，记录电子商务中的欺诈行为，为电子商务企业建立信用档案卡。

（3）BODR 项目建立公平的仲裁机制，应用自动执行程序和大数据、人工智能等技术，判定因信息不完整而造成损失的责任方。

（4）BODR 项目记录仲裁双方交易的退货退款进度，利用大数据技术对退货退款时间是否异常进行判定。

（5）BODR 项目含有支付系统，在 BODR 项目建立的区块链平台上通过智能合约进行交付，将会避免传统电子支付产生的一些问题。

（6）BODR 项目含有部分商家的供应链和物流信息数据，可以对产品进行溯源，并对商家提供的服务进行数据跟踪，从技术上防范了交付和服务风险。

（7）BODR 项目提供的区块链底层平台具有安全加密特性，从技术角度防止个人数据和隐私泄露。

（8）目前 BODR 项目提供的争议解决方式仍然属于在线争议解决的法律框架体系，效力低于双方当事人所属当地法律。

（9）BODR 项目应用人工智能技术，力图做到精准的机器翻译，供当事人使用。

三、BODR 项目要素

（一）方案逻辑

BODR 项目遵循 ODR 的仲裁逻辑，引入可信的信息技术向全球跨境电商相关企业提供许可链，并提供相应接口、开发说明、数据上链服务，以专业仲裁及法律人士为辅，通过自然语言、人工智能、机器翻译向全球跨境电子商务消费者及企业提供仲裁服务。

在判例法系中，陪审员通常从普通公民中随机选取，除警察、军人等特殊职业外，其他公民均可成为陪审员。法官在对仲裁案进行审理后，对陪审员进行详细引导，然后陪审团根据在法庭上了解到的证据以及法官的指引，在封闭房间内进行评议并作出裁决。陪审团的组成具有多元化特征，陪审员来自不同的背景和领域，对仲裁案有不同角度的解读，以使仲裁判决结果相对公平。陪审团所给出的判决结果，可映射出社会大多人的共识，代表社会普遍认知。BODR 项目符合去民主化的思想，通过来自许可链上的参与者，共同接受一个相同的共识机制，通过大多数人的共同决策进行判决。BODR 项目通过效仿判例法系中的陪审团制度，配合区块链技术、加密算法、智能随机算法、信用评级、案件追踪等技术，创造一个智能合约的纠纷化解机制。来自不同背景、不同专业的陪审员，通过对合约进行担保，裁决发生的合约纠纷。

区块链技术能够确保智能合约的内容真实可靠，双方提供的证据不可被篡改。通过加密手段对 BODR 项目陪审员的身份严格保密，使得他们做出的裁决不会受到任何外部影响。BODR 项目对陪审员设置了细致的分类，包括性别、年龄、国籍、语言、职业、学历等，配合智能随机算法，以保证纠纷仲裁时所选取的陪审员来自不同领域，拥有不同背景，以减少偏见。同时，利用信用评级技术来评估和限制陪审员的行为，陪审员会通过作出合理公平的裁决获得更高的信用等级和回报；相反，如果多次连续作出错误判断，则陪审员将损失信用评级，降到一定程度后将无法继续参与仲裁。BODR 项目对陪审员与其参与的仲裁案建立关系属性，以减少同类型陪审员共同参与案件的数量，保证陪审员的多元化和提高仲裁的公平性。

参与仲裁的双方在仲裁中可以拥有更多的自主权，如设定陪审员的数量、获胜所需要的投票数量、双方所需要的陪审员类别等。裁决结果公开透明，陪审员类型、投票结果、投票理由都会在结果出现后对所有人公开。在案件结束后，案件的详细内容和投票结果会被加密保存，BODR 项目对案件进行归类索引，在确保隐私的前提下可供后续查阅。如仲裁中有一方对仲裁结果不满意，可在规定时间内再次发起仲裁。

（二）工作流程

1. 接受争议解决申请

BODR 项目的第一步是接受争议解决申请。用户在网上发送争议解决申请，BODR 项目接受申请，并将消费者的主张保存，进入下一步程序。

2. 估算可能性

通过大数据方法估算 ADR 解决争议的可能性，如果判定 ADR 可以解决，则进入 ADR 推荐程序；如果判定 ADR 不能解决，则推荐进入司法程序。

3. ADR 程序推荐

BODR 项目聚集了多个 ADR 组织，可以通过智能数据匹配为消费者匹配最适合的 ADR 组织。

4. ADR 组织推荐

推荐消费者选择最适合的 ADR 组织后，通过与 ADR 组织的系统对接实现业务数据对接。

5. 信息传递

将消费者的主张和证据传递给所选择的 ADR 组织。

6. 程序跟踪

跟踪ADR程序，人工智能监督ADR程序的公正和公平。

7. 记录反馈

对ADR程序和内容进行记录并向用户和系统反馈。

（三）用户使用方法

1. 消费者

消费者在具有BODR项目标识的电子商务企业网站进行消费，发生纠纷后首先与商家进行沟通。如果双方通过沟通无法达成一致，消费者可向BODR项目官方网站发起非诉讼纠纷解决申请。首先，消费者在BODR项目官方网站进行注册，对消费行为进行举证，其次，由BODR项目平台管理员通知商家，并进入仲裁程序。

2. 平台消费者

平台消费者在有BODR项目标识的电子商务网站进行消费，发生纠纷后首先与电子商务平台的商家协商解决。如果消费者与商家协商无果，消费者可通过平台管理提出纠纷解决申请，并进入平台的纠纷解决程序。如果在平台内仍无法达成一致，消费者可在BODR项目官方网站进行注册并提交仲裁申请，使纠纷进入仲裁程序。

3. 商家

商家向BODR项目申请获取标识资格，遵守BODR项目的协议规定，将BODR项目标识标注于线上平台明显位置。

4. 电商平台企业

电商平台企业向BODR项目申请获取标识资格，遵守BODR项目的协议规定，并将BODR项目协议规定作为追加条款，要求平台入驻商家遵守。平台管理者在平台内解决纠纷，可以遵守BODR项目的原则，也可以在BODR项目原则内针对平台特点制定更细致的规则。

5. 律师

律师在BODR项目网站提交注册申请，需提交律师执业资格或相关证书证明，注册成功后成为BODR项目认证律师，并在BODR项目中以第三者身份处理纠纷。BODR项目会依据律师的特点，如律师性别、仲裁偏好、评价等对律师进行智能分配，并由案件涉事方对律师进行评分。

6. 供应链企业

供应链企业向BODR项目网站提交注册申请，需承诺遵守BODR项目的各项规定，成为BODR项目会员。选择在BODR项目注册的供应链企业与消费者发生纠纷后，其所提供的产品（零件、物流服务、保险服务等）更易于进行产品溯源、厘清责任。

7. 投资机构

投资机构向BODR项目网站提交注册申请，BODR项目经过注册商家同意后，向投资机构展示商家的资料。由于BODR项目会注册大量电子商务企业，所以投资机构可以在其数据库内选择具有潜力的优质企业，向其进行股权收购，或者向其发行债权。

（四）分级处理

经验表明，80%的跨境电商纠纷案件可以通过全自动化处理解决，通过设置自动规则实现自动信息传递；18%的跨境电商纠纷案件可以通过简易人工进行处理，即按标准规则，由具备基本法律知识的人参与处理，这种情况对办理人的要求并不高；2%的跨境电商纠纷案件需要由专业人士处理，须由专业仲裁员或相关法律专家处理，并形成新的规则。

四、BODR项目技术方案

（一）技术架构和功能架构

BODR项目将运用多种技术构建尽可能多的消费争议，可提高争议解决效率。例如，链接各类ADR机构及其现有ODR平台，为用户提供ADR机构免费查询和对接服务；利用各种人工智能和自动化工具实现流程加速；利用VR、自然语言识别、OCR、机器翻译等先进工具降低信息沟通门槛和成本；利用大数据对消费者的具体需求进行深入分析，为消费者提供量身定制的跨境电商在线纠纷解决服务；同时，也为贸易商、电商平台、服务机构等提供评级、资质、咨询、金融、市场穿透、设施建设等配套程序服务（如图 4-26 所示）。

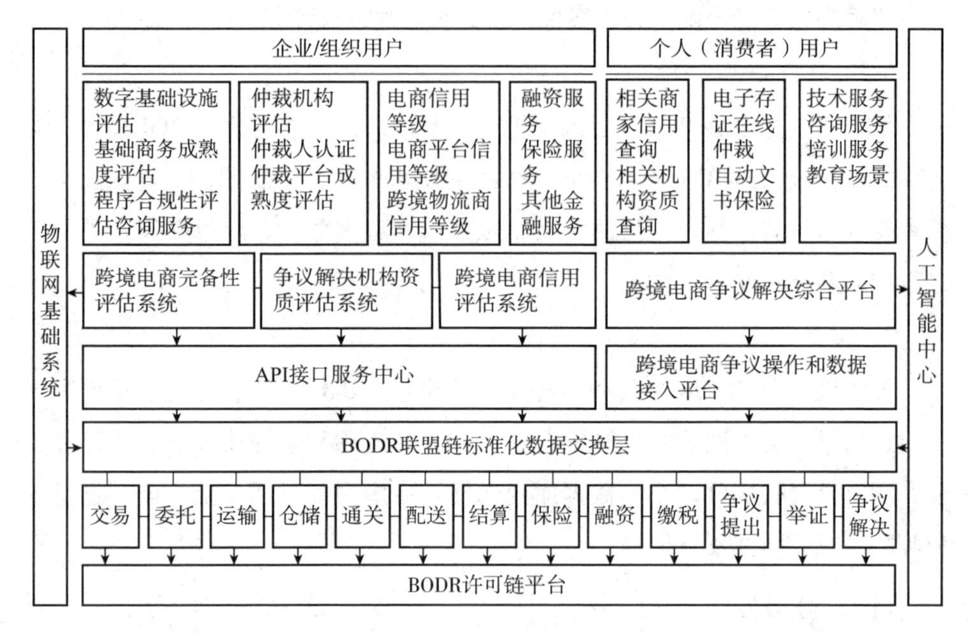

图 4-26　BODR 项目技术架构

BODR 项目采用如下功能结构：首先，向 ADR 组织提供云计算的功能，争取尽可能多的 ADR 组织数据通过云计算实现共享；其次，将通过云存储获得的数据与 BODR System 对接，利用大数据和人工智能技术对争议项目的类型、金额大小、专业程度进行分类。BODR 项目既接受电子商务消费者的争议解决申请，也接受个人律师或专业人士入驻平台。云存储所获得的数据（如用户信息、用户主张、证据等）被记入区块链超级账本中，作为存证永久保存，可供随时调取。BODR 项目所产生的数据，如仲裁的过程数据、仲裁结果、仲裁员信息等也被记入区块链超级账本中（如图 4-27 所示）。

BODR 项目采用的主要语言为 Go，一部分工具采用 Rust 和 Java。

（二）底层区块链 TDS 架构①

BODR 项目的许可链平台采用全新的底层区块链代码，称为“可信区块

① 此小节内容参考 TDS《文档知识库》和《开发者参考》，https：//doc. trustedsuite. com。

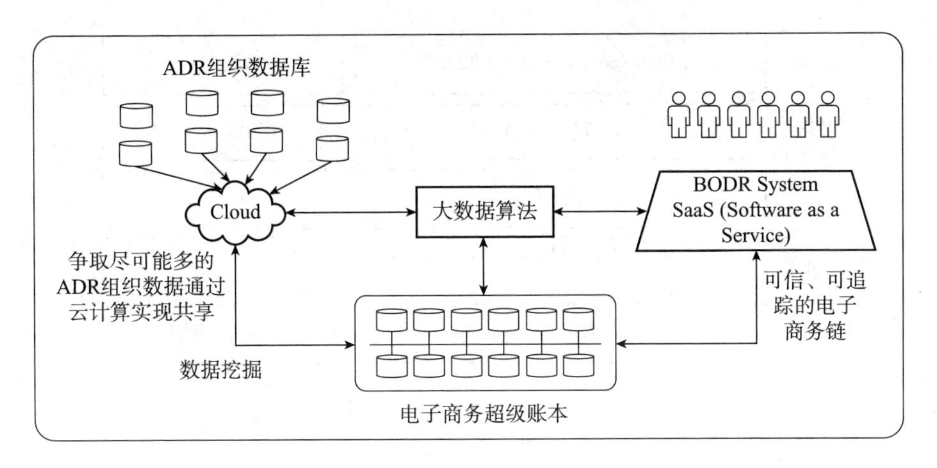

图 4-27　BODR 功能结构

链代码”（Trusted Data Suite，TDS）。TDS 由常州勇阳信息技术有限公司开发，是一系列数据套件，借鉴以以太坊为代表的区块链 2.0 架构的底层数据支撑单元，包含若干重要组件，如多引擎共识机制、密码组件、核心节点、虚拟机引擎等 9 个单元（如图 4-28 所示）。

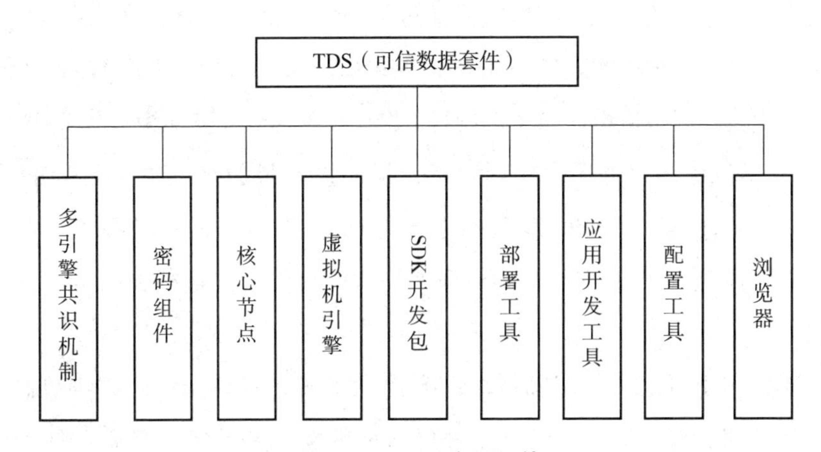

图 4-28　TDS 主要组件

TDS 产品层级架构分为五层，由下至上分别是存储层、数据层、合约层、共识层、网络层，如图 4-29 所示。

存储层主要用于存储账户数据及区块链元数据，存储技术主要使用文件系统、LevelDB 和关系型数据库。

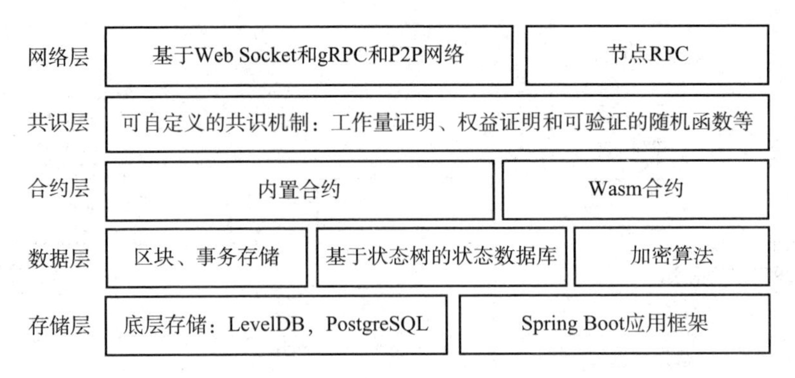

图 4-29　TDS 层级架构

数据层主要用于处理交易中的各类数据，如将数据打包成区块，将区块维护成链式结构，区块中内容的加密与哈希计算，区块内容的数字签名及增加时间戳印记，将交易数据构建成 Merkle 树并计算 Merkle 树根节点的哈希值等。

合约层分为两部分，一部分是系统内置合约，用户可以通过引入自定的 Jar 包覆盖系统内置合约，无须部署编译即可加载，甚至可以通过改写系统内置合约实现自定义的共识机制。另一部分是 WebAssembly 合约（简称 Wasm 合约），它是一种为栈式虚拟机设计的二进制指令集。① Wasm 被设计为可提供类似 C/C++/Rust 等高级语言的平台编译目标，最初设计目的是解决 JavaScript 的性能问题。② Wasm 是由 W3C 牵头推进的 Web 标准，并得到了谷歌、微软和 Mozilla 等浏览器厂商的支持。用户部署的智能合约代码运行在 LotusVM（即虚拟机）中。③

共识层用于自定义共识机制，TDS 提供了多种可供选择的共识机制，包括工作量证明、权益证明，以及多种可验证的随机函数等。TDS 的区块链网络是基于 P2P 网络的，网络中的每个节点既是客户端，又是服务器。

---

① 杨旸，王明华，潘俊臣，等．基于浏览器 WebAssembly 技术的即时通信加密通信系统的设计与研究［J］．信息安全与技术，2019，10（8）：36-41.

② ZHENG G，GAO L，HUANG L，et al. WebAssembly（Wasm）［EB/OL］．［2019-10-12］．https：//doi. org/10. 1007/978-981-15-6218-L_ 11.

③ 李振汕．基于完整性的区块链电子存证方法研究［J］．计算机时代，2019（12）：1-4.

TDS 的核心节点程序包含了共识机制、密码组件、区块数据存储、网络层、脚本系统等一系列技术栈。TDS 核心节点的架构如图 4-30 所示，底层为网络层和设备管理层，将应用设备的数据通信与区块链技术的点对点通信层对接起来，每个设备都在区块链网络的客户端，也可以是路由转发中继。在存储和网络的基础上，TDS 提供一套核心节点技术栈运行组件，包括共识机制、设备协议组件以及验证引擎等。这样的架构既是可以扩展的，也是为搭建部署基于区块链的应用平台服务的。在安全层面上，提供脚本合约的行为审计以及监管沙盒，确保执行引擎按照规范的行为进行数据驱动处理。

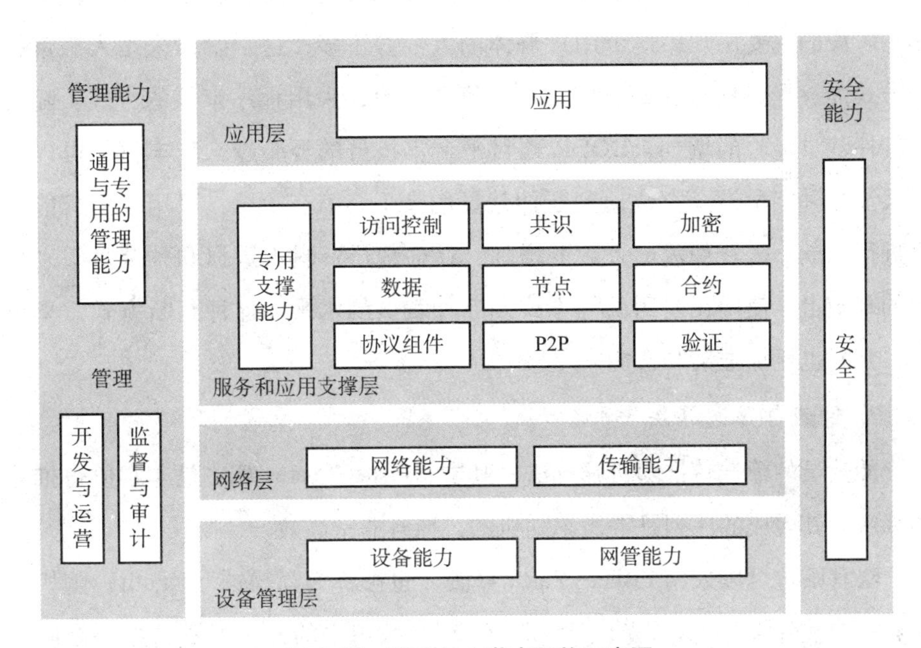

图 4-30　TDS 核心节点架构示意图

（三）DApp 仲裁员设置

仲裁员在基于区块链技术的在线纠纷解决应用中占据着非常重要的位置，仲裁员的设置模式直接关系到人工仲裁时仲裁质量的高低，以及是否对用户有吸引力。本节提出 BODR DApp 的仲裁员设置逻辑，主要包括三方面的内容，即仲裁员身份认证、仲裁员筛选算法、仲裁员奖励和惩罚。

1. 仲裁员身份认证

BODR 项目会对仲裁员的资质进行严谨的认证。用户通过 BODR DApp 客户端进行注册，申请成为仲裁员。仲裁员的相关资料如年龄、性别、国籍、语言、专业背景等会被记录，BODR 项目仲裁员管理部门应用大数据、人工智能及人工方式对仲裁员的注册申请进行审核，同时根据仲裁员的专业背景、从业年限和资历等对仲裁员进行初始评级。

对仲裁员的身份认证应在以下三个阶段采用不同的认证方式。第一阶段，采用人工审核的方式。各地通过进行 BODR 项目的宣传教育招募的仲裁员是第一阶段的主要用户，这个用户群体的人数并不多，这一阶段采用人工审核的方式能够严格把控仲裁员的质量。第二阶段，采用程序审核的方式。随着审核仲裁员经验的增加，BODR 项目平台审核员的经验越来越丰富，可以通过添加多种字段，全方位地判断仲裁员的水平。第三阶段，采用人工智能程序进行判断。随着仲裁员人数的增加，在仲裁员资料大数据和仲裁员级别画像的基础上，使用在线测试等方式判断仲裁员的水平。这种判断方式效率更高，判断也更加准确和智能。

2. 仲裁员筛选算法

仲裁员的筛选首推随机筛选法。其中，Fisher-Yates 算法是非常值得推荐的算法，其生成的序列是等概率随机的，而且非常高效。

法官筛选可以采用 Fisher-Yates 算法（也被称为高德纳（Knuth）随机置乱算法或洗牌算法）。首先，Fisher-Yates 在数组中的任一位置选择一个随机元素，与数组中的最后一个（或第一个）元素进行交换。然后，它从数组中除最后一个（或第一个）元素之外的任意位置选择一个随机元素，并将其与倒数第二个（或第二个）元素交换，直到每个元素都交换一遍。Fisher-Yates 生成的每个排列都是等可能的，因此是一种无偏的随机排列方法。①②

① HAZRA T K，GHOSH R，KUMAR S，et al. File Encryption Using Fisher-Yates Shuffle [C]. International Conference & Workshop on Computing & Communication，2015.

② 曹树国．基于洗牌算法的快速个性化组卷方法的研究 [J]. 计算机与信息技术，2007 (10)：71-72.

3. 仲裁员奖励和惩罚

为了鼓励仲裁员参与仲裁，BODR 项目对仲裁员实行代币奖励措施。仲裁员依靠在 BODR 项目平台参与仲裁而获得信用评级，信用评级越高，参与仲裁后获得的仲裁费用越高。

仲裁员进行仲裁前需要质押一定量的货币，如果仲裁员给出的结果是大多数人投票的结果，仲裁员的代币不仅解除质押，而且将获得对应数量的奖励。仲裁员获得奖励次数越多，越有可能获得高的信用评级。仲裁员的信用评级可以采用如下计算方式：

$$L = 1 + \sum_{n=1}^{n} \left\{ \varepsilon\left(P - \left[1 + \sum_{i=1}^{i} \mathrm{Fibo}(j)\right]\right) \right\}$$

其中，L 代表仲裁员的等级；P 代表法官的信用积分；$\varepsilon(\,)$ 为阶跃函数；Fibo 为斐波那契数列。

当然，如果仲裁员的投票结果与大多数仲裁员不一致，则仲裁员所抵押的代币将被扣除，并重新分配给其他仲裁员。

五、BODR 项目部署与推广

（一）部署

BODR 项目部署分为五个步骤：第一步是平台免费开放，利用平台的便利性和联合国贸发会议的影响力聚合各 ADR 机构、商家、个人消费者；第二步是通过对不同国家电商和 ADR 机构进行培训，进一步形成流量；第三步是根据用户产生的大数据，对数据进行挖掘，并对用户需求链进行分析；第四步是通过人工智能形成用户需求的最优解决方案，并向用户推荐解决方案，智能监测仲裁结果；第五步则是开启 BODR 项目平台的其他模块，如身份认证模块、在线 ADR 模块、代理模块、金融模块、大数据接口等（如图 4-31 所示）。

（二）推广

在全球范围内推广一个项目必须经过严密的论证和体系化的建设。BODR

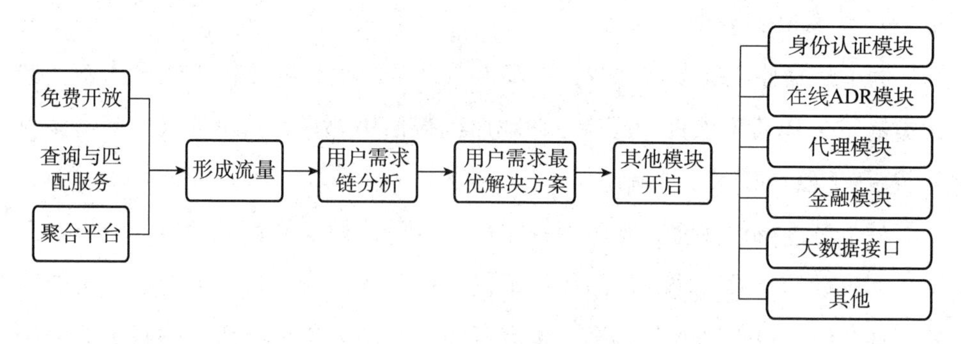

图 4-31　BODR 项目部署步骤

项目作为联合国贸发会议支持的促进全球电商发展的全球项目，分为六个阶段。

1. 制定方案阶段

第一阶段要对 BODR 项目制定一个严密的规划方案，验证区块链解决方案的可行性。

工作内容主要包括：在全球范围内对各国跨境电商在线争议解决的现状进行调研并形成报告，在调研的基础上对区块链解决方案进行可行性研究，建立一个基于区块链的跨境电商交易信息溯源存证平台（Traceable Evidence Deposit Platform，TEDP），通过专家访谈确定该平台与现有的 ODR 应该开放哪些需求和信息接口，对项目的设计难点和技术难点进行研究，在研究和论证过程中产出相应数量的学术论文和专利申请。

投入的资源主要包括：学术资源、模拟实验室、丝链技术及模拟框架、TEDP 开发。

2. 标准形成阶段

第二阶段是形成区块链解决方案的标准阶段。这一阶段本质上是将丝链技术作为底层区块链、贸易联盟链，为应用实施中间层的方案标准形成阶段。

工作内容主要包括：标准草案撰写，信息交换标准制定，业务环节的特定标准确立（如仲裁、贸易等不同的特定业务环节），其他技术标准确定。目标成果为形成《联合国贸易和发展会议基于区块链的 ODR 解决方案实施标准》。

投入的资源主要包括：技术标准制定单位和法务部门的协作、标准制定。这一阶段可以与第一阶段同步进行。

3. 培训教育阶段

第三阶段旨在全球范围内对各个国家关于 BODR 项目进行培训和教育，这是在全球展开商务项目合作的阶段。

工作内容主要包括：设定模拟场景，制作培训用的课件和讲义，对培训师进行培训。目标成果是在全球范围内，有 50%以上参与培训的跨境电商所在国家，愿意开始按照联合国贸发会议方案在本国推动跨境电商业务在 TEDP 平台上链。

投入的资源主要包括：对方案进行多国语言翻译、开发工具包、推广实施标准工具包、编写培训资料等。这一阶段的进度由参与国家的数量决定。

4. 咨询实施阶段

第四阶段为对有兴趣实施该方案的国家提供咨询服务的阶段。

工作内容主要包括：实施深度调研，对国家级贸易链实施咨询。目标成果是 20%以上参与培训的跨境电商所在国家愿意联合国派工作组进驻实施咨询。

投入的资源主要包括：专业咨询顾问，包括技术、商务、法务、税务、文化等专业领域的咨询人士。

5. 指导维护阶段

第五阶段旨在对实施该方案的国家提供特别培训、代建服务、维护指导服务等。

工作内容主要包括：实施培训、提供实施服务。目标成果是 10%以上的跨境电商所在国家能够真正实施该方案。

投入的资源主要包括：定制化开发工具包、定制化培训资料。

6. 全球实施阶段

第六阶段为全球链通实施阶段。

工作内容主要包括：链通所有不同国家、不同法律体系、不同贸易习惯的应用层，实现数据共识。目标成果是初步形成全球贸易数据链。

投入的资源主要包括：通过联合国贸发会议和中国丝路集团授权，整合全球网络贸易链数据获取所需资源。预估实现时间为 2025 年。

BODR 项目是一个开放性极强的项目，允许电商交易系统、支付清结算系统、律师系统、国际仲裁系统、保险系统、物联网系统等接入，BODR 项目希望通过链接各类支持区块链的应用，打造一个共生的商业生态。同时，BODR 项目所使用的底层区块链技术也被全球其他领域的商业用户使用，商业用户可以使用其底层技术便捷地创建应用。为使这个商业系统更高效可信，中国丝路集团将大范围使用新一代的信息技术，除区块链技术外，还有云计算、大数据、人工智能、物联网等，将跨境电子商务向智能商务推进。

六、BODR 项目仿真预测

根据上述内容，为了更好地推动 BODR 项目，预测其实施情况和效果，以及反向推导其影响因素及作用，本节以系统动力学理论为基础，以系统动力学仿真软件 Vensim 为工具，建立了 BODR 项目的仿真预测模型。

（一）BODR 项目仿真原理说明

BODR 项目本质是建构 ODR 的升级版争议处理方式，部分取代法律诉讼和 ODR 争议方式。BODR 项目的仿真关键，在于预测 BODR 平台未来 10 年处理争议的数量，以及影响处理争议数量的关键因素。因此，BODR 项目模型的主要目标变量是其平台的业务量，ODR 平台、法律诉讼途径和全球跨境电商争议总量是次要目标变量。

BODR 项目是仍在策划中的项目，诸多实施细节仍在谋划之中，并且全球跨境电商交易的业务量（非交易额）、跨境电商争议的业务量，以及 ODR 各类平台处理争议的业务量总和等一些关键的宏观数据缺乏准确的数据统计来源，只能用相关数据进行推算，因此模型的精细度仍然有很大的提升空间。

（二）BODR 项目仿真模型

通过上述对关键变量的分析，BODR 项目仿真模型如图 4-32 所示。

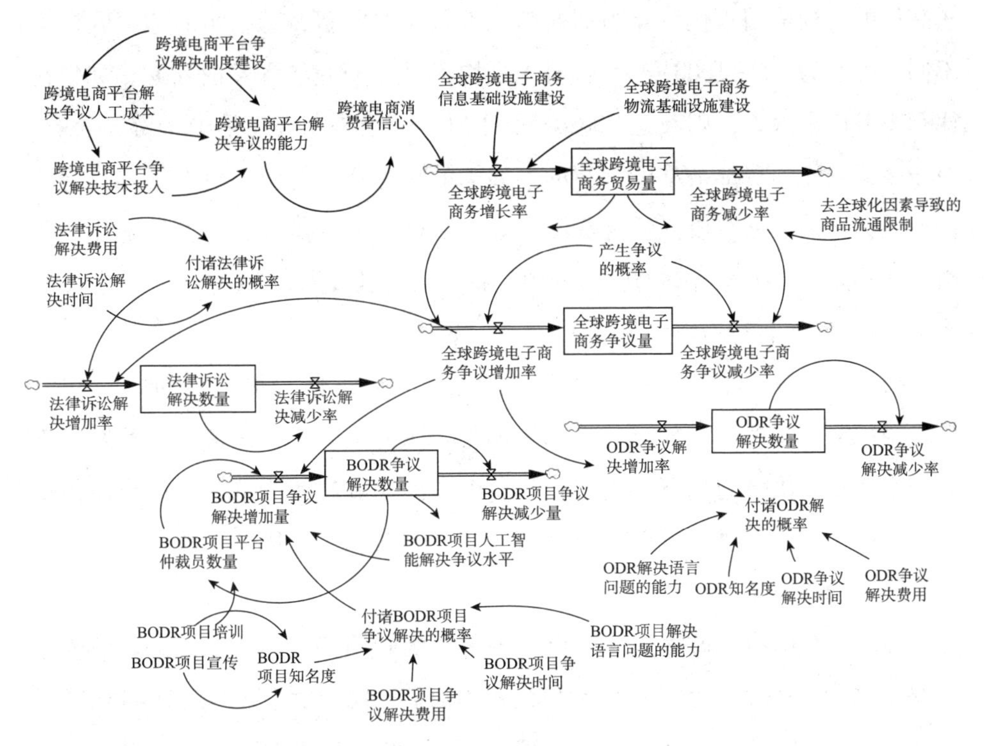

图 4-32　BODR 项目系统动力学仿真模型

(三) BODR 项目影响因素分析

1. 关键变量说明

(1) 法律诉讼解决费用

世界各国的法律诉讼解决费用差距比较大。以我国为例，财产案件根据诉讼请求的金额或者价额，按照比例分段累计缴纳。不超过 1 万元的，每件缴纳 50 元；1 万~10 万元的部分，按照 2.5%缴纳；10 万~20 万元的部分，按照 2.0%缴纳，依次类推。美国的诉讼成本主要包括诉讼费和律师费，诉讼费包括案件受理费用、出庭人的费用以及复印文件、庭外调查证据等实际支出的费用。《美国法典》第 1914 节规定，地方法院案件受理费为 150 美元。[①] 律师费是比

① 郭翔．费用和诉讼费——《美国法典》第 28 卷第 123 章［J］．司法改革论评，2002（2）：156-172.

较高昂的。以美国为例，美国的律师一般按小时收费，每个州的律师收费都不同，一般为200~1000美元/小时，平均费用为350美元/小时左右，如果是律师事务所合伙人，则高达500美元/小时。无论是个人还是中小贸易公司，对于高昂的律师费都是难以承担的。韩国的律师费一般由预付费用和一定比例回款佣金两部分组成，预付费用一般为3000~4000美元，回款佣金比例则由双方约定。本节系统动力学模型中，将诉讼费设置为3000元。

（2）法律诉讼解决时间

根据催全球[①]案件处理经验，欧美发达国家及日本、韩国、新加坡、巴基斯坦等国家的司法效率较高，但部分南美、东南亚和非洲国家，法院腐败现象较为严重、执行力低下、耗时较长。以非洲尼日利亚为例，当地法律体系复杂，诉讼最快也要2~3年，即使胜诉了也很难执行，因此法律诉讼未必是解决问题的有效途径。

在全球范围内，通过法律诉讼解决争议的时间都比较长。根据亚太经合组织2016年的数据，解决一个简单的国内商业合同纠纷，平均用时446.2天，花费为索赔金额的33.9%，[②] 若涉及跨境案件的审理，周期则更为长久。本节系统动力学模型中，将法律诉讼解决时间设为400天。

（3）ODR争议解决费用

ODR争议解决的费用比法律诉讼和ADR都要少，这也是ODR比ADR更容易被消费者接受的原因之一。但ODR平台与平台之间的费用差距也是非常大的，一些平台内的ODR程序甚至是免费的（或需要少量平台积分），一些平台外的ODR程序付费需要几百至几千美元。[③] 本节系统动力学模型中，将ODR争议解决费用设为1000元。

（4）ODR争议解决时间

ODR争议解决时间相对法律诉讼要少得多。ODR争议解决时间取决于争

---

① 催全球是一个协助中小企业在全球范围内催款的网站，https：//www.cuiqq.com/team。

② MIKE DENNIS. 亚太经合组织在线纠纷解决全面合作框架：提升正义，促进贸易［EB/OL］. 江和平，译．［2020-11-20］. http：//www.iolaw.org.cn/showNews.aspx？id=58203.

③ 阿拉木斯，周群．网上争议网上解决——浅议在线争议解决机制［J］. 网上俱乐部：电脑安全专家，2005（1）：42-43.

议双方提交材料准备时间、仲裁员对材料的阅读时间等。本节系统动力学模型中，将 ODR 争议解决时间设为 20 天。

（5）ODR 知名度

争议双方选择 ODR 平台，除了受语言和国别限制外，最重要的影响因素就是 ODR 平台的知名度。很多跨境电商消费者并不了解 ODR，因此 ODR 平台的知名度是影响消费者选择 ODR 的重要因素之一。如前文所述，ODR 必须具备较高的公信力和口碑，才能够被争议双方认可。因此 ODR 平台的知名度，包括公信力、专业程度、可信度等是决定争议双方选择 ODR 的重要因素。此变量采用去量纲化赋值，取值范围为［0，1］。

（6）ODR 解决语言问题的能力

跨境电商争议解决的难点之一是双方的语言障碍。能够解决双方语言障碍的 ODR 平台无疑更受消费者青睐。传统的 ODR 采用人工翻译争议材料的方法，成本高、时效慢。自然语言的智能在线翻译是近十几年人工智能领域一个重要的研究方向，[①②] 一些知名的 IT 公司推出了自己的智能翻译工具。某些 ODR 平台已经具备自然语言翻译类功能，既可以使不同语言的争议双方进行流畅沟通，也可以让不同语言的仲裁者方便对案件进行裁决。此变量采用去量纲化赋值，取值范围为［0，1］。

（7）BODR 项目争议解决费用

BODR 项目对约 95%的案件采用人工智能方法判断；同时，BODR 项目具备公益性质，其争议解决的费用相对更低。本节系统动力学模型中，将 BODR 项目争议解决费用设为 50 元。

（8）BODR 项目争议解决时间

BODR 项目会聚了全球大量的仲裁员，仲裁员对争议案件实行“抢单制”，同时争议案件对特定领域的仲裁员实行“推送制”，因此 BODR 项目平台仲裁员进行仲裁投票的时间会很短。本节系统动力学模型中，将 BODR 项目争议解决时间设为 4 天。

---

① 李茂西，宗成庆．机器翻译系统融合技术综述［J］．中文信息学报，2010，24（4）：74-85.

② 刘洋．神经机器翻译前沿进展［J］．计算机研究与发展，2017，54（6）：1144-1149.

（9）BODR 项目解决语言问题的能力

BODR 项目一开始就注重跨境电子商务争议中的语言障碍问题，自然语言人工智能翻译系统已经提早进入部署进程。BODR 项目在自然语言人工智能翻译方面邀请世界一流的专家进行研发，其能力在同类应用中较为领先。本节系统动力学模型中，将 BODR 项目解决语言问题的能力设为 0.95。

（10）BODR 项目宣传

尽管 BODR 项目是联合国贸发会议倡导的项目，但让普通消费者了解、接触并使用 BODR 项目，还需要很多的宣传工作。尤其是 BODR 项目是以区块链技术为基础的，很多普通消费者对区块链还知之甚少。在一些偏远欠发达的国家和地区，网络基础设施和物流交通还不完善，电子商务还未广泛普及，很多人甚至连基本的概念都未建立起来。BODR 项目的宣传工作是分国家展开的，首先是亚洲国家和地区，其次是北美、欧洲等国家和地区。本节系统动力学模型中，将 BODR 项目宣传设为斜坡函数 RAMP（0.08，2021，2031）。随着时间的推进，这个赋值将会逐渐增大。

（11）BODR 项目培训

BODR 项目培训主要包括对仲裁员和跨境电商平台的培训。由于各国电商环境、体制和法律体系不同，作为全球化的争议解决方案，对各国相关人员的培训是必需的。本节系统动力学模型中，将 BODR 项目培训的值设为 2000。

（12）纠纷数量

对跨境电商纠纷数量的估算是一个比较棘手的问题。首先，目前并没有全球电商纠纷案件处理数量的数据，各个纠纷处理平台处理的案件数量不计其数（包括电商购物平台内部处理案件、第三方 ODR 案件、互联网法院处理案件等），因此对跨境电商纠纷案件的数量进行估计是非常困难的。

根据前瞻产业研究院的报告，2018 年全球 B2C 跨境电商交易规模同比增长 27.5%，全球跨境网购普及率高达 51.2%。2015—2019 年全球 B2C 跨境电商交易规模如图 4-33 所示。

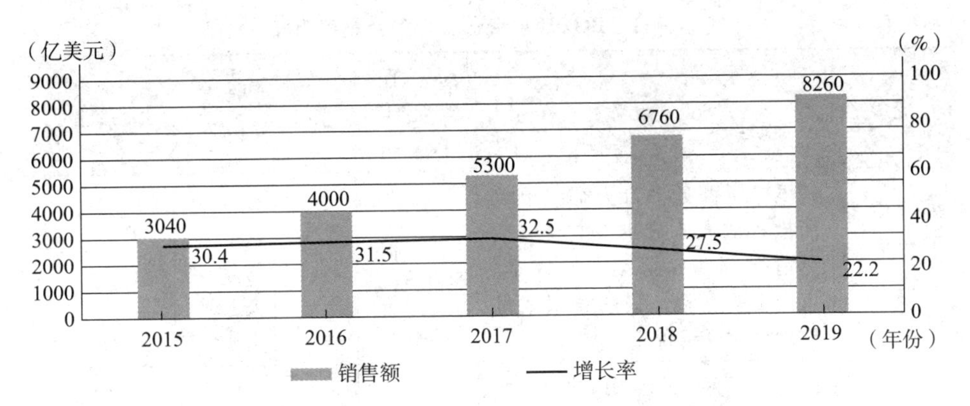

图 4-33　2015—2019 年全球 B2C 跨境电商交易规模和增长情况

联合国贸发会议数据显示，2015 年全球电商市场规模为 22.1 万亿美元，其中 B2B 电商规模为 19.9 万亿美元，B2C 电商规模为 2.2 万亿美元。据杭州互联网法院发布的《电子商务案件审判白皮书（2018 年度）》，争议案件标的额在 1000 万元以上的案件有 3 件，100 万元以上的有 14 件，10 万元以上的有 99 件，1 万元以上的有 782 件。因此，综合以上数据，笔者推测，B2B 的规模与 B2C 的规模约为 9∶1，由此可以推断 2019 年跨境电子商务市场规模约为 7 万亿美元，到 BODR 项目开始实施的 2022 年，估计可以达到 8 万亿美元。根据杭州互联网法院发布的数据，考虑到 B2B 电商和 B2C 电商的比例，假设每笔交易的平均额为 1000 美元，那么每年全球跨境电商的交易量约为 80 亿笔，假设产生争议的概率为 1%，那么将产生 8000 万件争议案件。

此数据为估算数据，因为缺乏相应的市场统计数据，所以估计的数据可能与实际情况相差较大。但系统动力学模型需要在有明确赋值的情况下才可以正常运行，因此模型暂时以此估算值进行赋值。待联合国贸发会议有了更详细的统计数据时再更新。

2. 变量声明表

变量声明表是显示系统动力学中变量含义的重要工具，通过变量声明表，将变量的含义、类型、赋值等情况一目了然地进行展示，可以让模型的阅读性更佳，见表 4-1。

表 4-1 BODR 项目仿真模型变量声明表

变量	变量含义	变量类型Ⅰ	变量类型Ⅱ	赋值	赋值说明	备注
跨境电商平台解决争议人工成本	跨境电子商务平台为解决争议所投入的人工成本，主要包括聘请律师、专业人士的成本。人工成本越高，说明争议案件处理满意度越高	内部变量	辅助变量		每个争议案件的平均人工成本	
跨境电商平台争议解决制度建设	跨境电子商务平台为解决争议所投入的制度建设成本。平台交易规则和争议解决规则设置得越详细，投入的成本就越高。交易规则是在平台内部解决争议的主要依据，如交易双方不满意解决争议规则，则通过交易平台外的争议解决方式处理。平台内争议解决制度建设投入越多，争议解决人工成本就越低	外部变量	辅助变量	20	每个争议案件的制度建设平均成本	
跨境电商平台争议解决技术投入	跨境电子商务平台为高效处理争议，对平台内产生的争议以计算机程序解决。争议解决技术投入越高，解决的效率和满意度就越高。除了在争议解决制度和规则下的争议处理自动执行方案外，也包括人工智能处理的程序解决方案。人工智能处理更倾向于个性化案件，人工智能程序越成熟，争议双方满意度就越高。平台内争议解决技术投入越高，解决争议所需要的律师和仲裁专业人士越少，平台内解决争议的人工成本就越低	外部变量	辅助变量	60	每个争议案件的技术投入平均成本	
跨境电商平台解决争议的能力	跨境电子商务平台解决争议的能力和水平，由三个变量共同决定	内部变量	辅助变量			

续表

变量	变量含义	变量类型Ⅰ	变量类型Ⅱ	赋值	赋值说明	备注
跨境电商消费者信心	消费者对跨境电商的信心。此变量主要由跨境电商平台解决争议的能力决定，是影响消费者通过跨境电商平台进行消费的因素之一	内部变量	辅助变量		去量纲化赋值，取值范围为[0，1]	
全球跨境电子商务信息基础设施建设	主要包括互联网络普及程度，智能终端如手机、平板、个人电脑的普及程度	外部变量	辅助变量		去量纲化赋值，取值范围为[0，1]	
全球跨境电子商务物流基础设施建设	主要指全球物流基础设施建设的水平。物流基础设施发达，商品到达目的地的时间就短，到达时间相对预估准确；反之则商品到达时间长，到达时间预估难度大	外部变量	辅助变量		取值范围为[0，1]	
全球跨境电子商务增长率	每年全球跨境电商的增长速度，由四个变量共同决定	内部变量	速率变量			
全球跨境电子商务贸易量	全球跨境电商交易数量	内部变量	水平变量			仅能获取交易金额，无交易量相关资料和数据。此数据利用交易总金额和平均交易额进行推算
全球跨境电子商务减少率	一般认为，在去全球化政策影响下，跨境电子商务增长速度相对会放缓	内部变量	速率变量		去量纲化赋值，取值范围为[0，1]	

续表

变量	变量含义	变量类型Ⅰ	变量类型Ⅱ	赋值	赋值说明	备注
全球跨境电子商务争议量	全球跨境电子商务争议总量	内部变量	水平变量			现实中这个数据非常难以统计，全球有数以万计的跨境电子商务平台，在平台内产生的争议数量数据由平台掌握且部分不对外公布。因此本仿真模型以争议产生概率和全球电商交易量进行估算
全球跨境电子商务争议增加率	每年全球跨境电商争议产生的增加（减少）量，由跨境电商消费者信心、信息基础设施建设、物流基础设施建设，以及全球跨境电子商务贸易量四个变量共同决定	外部变量	速率变量			
全球跨境电子商务争议减少率	跨境电商贸易量的减少主要由去全球化因素导致的商品流通限制造成，由全球跨境电子商务贸易量和去全球化因素导致的商品流通限制两个变量决定	内部变量	速率变量			
法律诉讼解决费用	跨境电商争议通过法律诉讼解决所产生的费用。这是消费者通过法律诉讼解决争议的资金成本	外部变量	辅助变量	3000元		
法律诉讼解决时间	跨境电商争议通过法律诉讼解决所需要的时间。这是消费者通过法律诉讼解决争议的时间成本	外部变量	辅助变量	400天		

续表

变量	变量含义	变量类型Ⅰ	变量类型Ⅱ	赋值	赋值说明	备注
付诸法律诉讼解决的概率	跨境电商争议通过法律诉讼解决的概率，由法律诉讼解决费用和解决时间两个变量决定	内部变量	辅助变量			
法律诉讼解决数量	全球跨境电子商务争议通过法律解决的数量，由全球跨境电子商务争议量和付诸法律诉讼解决的概率两个变量决定	内部变量	水平变量			
法律诉讼解决增加率	每年通过法律诉讼解决争议的增加量，由全球跨境电子商务争议增加率和付诸法律诉讼解决的概率两个变量共同决定	内部变量	速率变量			
法律诉讼解决减少率	每年通过法律诉讼解决争议的减少量，模型中假设由于 ODR 和 BODR 的存在，每年通过法律诉讼解决的案件减少率为 10%	外部变量	速率变量			
ODR 争议解决费用	ODR 解决争议所需要的费用成本，按照 ODR 平均收费水平估算	外部变量	辅助变量	1000 元		
ODR 争议解决时间	ODR 解决争议所需要的时间成本	外部变量	辅助变量	20 天		
ODR 知名度	很多跨境电商消费者并不了解 ODR，因此 ODR 平台的知名度是影响消费者选择 ODR 的重要因素之一	外部变量	辅助变量	[0，1]		
ODR 解决语言问题的能力	跨境电商争议解决的难点之一是双方的语言障碍	外部变量	辅助变量	[0，1]		
付诸 ODR 解决的概率	跨境电子商务争议产生后，争议双方通过 ODR 平台解决争议的概率	内部变量	辅助变量			

续表

变量	变量含义	变量类型Ⅰ	变量类型Ⅱ	赋值	赋值说明	备注
ODR 争议解决数量	通过 ODR 平台解决争议的数量	内部变量	水平变量			由于线下形式的 ADR 在跨境贸易争议中的应用非常有限，且 ADR 有逐渐转向线上 ODR 形式的趋势，因此 ADR 不再被单独列入模型中
ODR 争议解决增加率	每年通过 ODR 平台解决争议的增加量，由全球跨境电子商务争议增加率和付诸 ODR 解决的概率两个变量共同决定	内部变量	速率变量			
ODR 争议解决减少率	每年通过 ODR 平台解决争议的减少量，由于 BODR 项目的存在，此变量设置为 15%	内部变量	速率变量			
BODR 项目争议解决费用	BODR 项目争议解决的平均资金成本	外部变量	辅助变量	50 元		
BODR 项目争议解决时间	BODR 项目争议解决的平均时间成本	外部变量	辅助变量	4 天		
BODR 项目解决语言问题的能力	与 ODR 一样，BODR 项目同样面临着双方语言沟通的障碍。BODR 项目平台已经在开发多国自然语言翻译等功能模块，此模块是决定 BODR 项目平台发展情况的重要功能之一	外部变量	辅助变量	0. 95		

续表

变量	变量含义	变量类型Ⅰ	变量类型Ⅱ	赋值	赋值说明	备注
BODR项目知名度	尽管BODR项目是联合国贸发会议推广的项目，但若要普通消费者熟知并使用BODR项目，还需要进行宣传。对于一项使用者黏性并不高的项目，让消费者熟知，并在需要的时候能够轻易找到入口，是非常重要的工作	内部变量	辅助变量			
BODR项目宣传	通过对BODR项目的宣传，增强BODR项目的知名度	外部变量	辅助变量	RAMP（0.08，2021，2031）		斜率为0.08的函数，随着仿真时间的延长，BODR项目的宣传投入越来越高，效果就会越来越好
BODR项目培训	通过对BODR项目使用者的培训，增强BODR项目的知名度，增加BODR项目平台仲裁员的数量	外部变量	辅助变量	0.5		
BODR项目平台仲裁员数量	只有BODR项目平台拥有一定数量且保证具备一定水平的仲裁员，仲裁结果相对其他平台才能更为公正和精准，争议双方才能够更青睐于BODR项目平台。因此，BODR项目平台需要通过培训招募更多数量的仲裁员	内部变量	辅助变量			
BODR项目人工智能解决争议水平	BODR项目平台中，大多数普通且简单的案件是通过人工智能进行审理和判断的，这样就可以节省大量的人工成本和时间。正是因为大多数案件采用人工智能的方法解决，所以人工智能的质量和人工智能训练与学习的效率成为影响BODR项目的关键因素之一	内部变量	辅助变量			随着BODR项目解决数量的增加，人工智能解决争议的水平不断提高，最高达到0.95

续表

变量	变量含义	变量类型Ⅰ	变量类型Ⅱ	赋值	赋值说明	备注
BODR项目争议解决增加量	每年通过BODR项目平台解决争议的增加量，由全球跨境电子商务争议增加率、BODR项目平台仲裁员数量、BODR项目人工智能解决争议水平和付诸BODR项目争议解决的概率四个变量共同决定	内部变量	速率变量			
BODR项目争议解决减少量	每年通过BODR项目平台解决争议的减少量，由BODR项目某些可能的不成熟因素，如使用体验不好等决定	内部变量	速率变量	5%		

（四） BODR项目仿真模型分析

1. 影响全球跨境电子商务增长的因素

在模型中，全球跨境电子商务增长率主要由四个因素决定，包括全球跨境电子商务贸易量、全球跨境电子商务信息基础设施建设、全球跨境电子商务物流基础设施建设，以及跨境电商消费者信心。其中，跨境电商消费者信心又受跨境电商平台解决争议的能力影响。

全球跨境电子商务增长率原因树如图4-34所示。

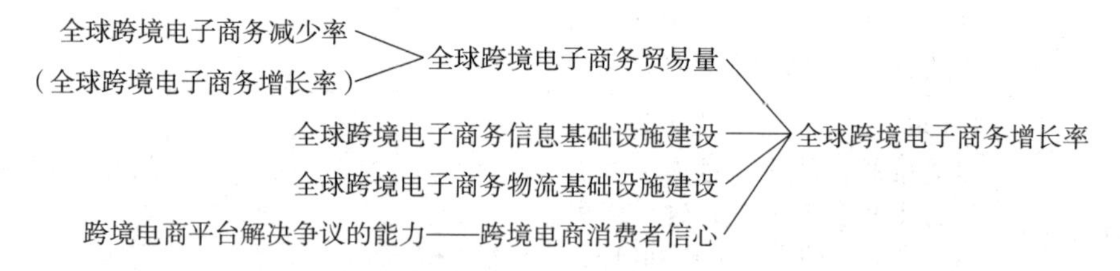

图4-34 全球跨境电子商务增长率原因树（二级）

2. 影响BODR项目争议解决增加的因素

每年BODR项目平台增加争议的数量（BODR项目争议解决增加率）主

要由以下四方面内容决定：BODR 项目平台争议解决数量、BODR 项目人工智能解决争议水平、付诸 BODR 项目争议解决的概率和全球跨境电子商务争议增加率（如图 4-35 所示）。

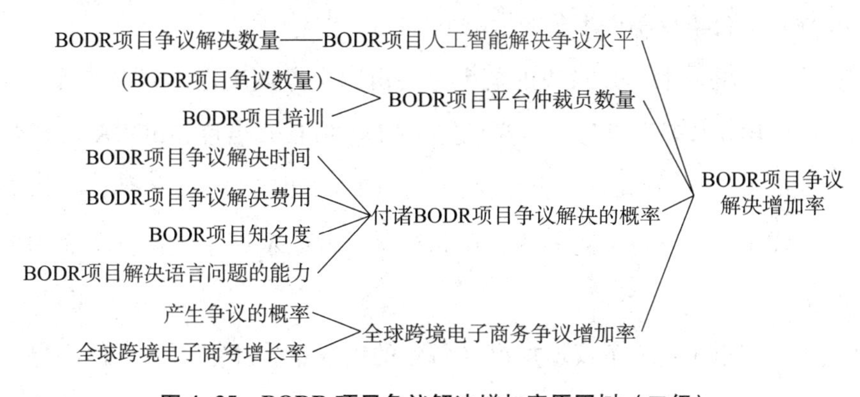

图 4-35　BODR 项目争议解决增加率原因树（二级）

BODR 项目平台解决争议的数量主要由两类因素决定，一类是 BODR 项目平台所接受的案件数量，另一类是 BODR 项目平台能够处理的案件数量。这两类因素又可分为四个方面，分别是全球跨境电子商务争议增加率、付诸 BODR 项目争议解决的概率、BODR 项目平台仲裁员数量，以及 BODR 项目人工智能解决争议水平。

具体而言，BODR 项目平台所接受的案件数量为每年全球跨境电子商务争议增加量（变量名为“全球跨境电子商务争议增加率”）和付诸 BODR 项目争议解决的概率的乘积。根据设置，BODR 项目平台可以处理案件数量的 95%由人工智能解决，5%复杂且专业的案件交给平台的仲裁员。因此，BODR 项目人工智能解决争议水平和平台仲裁员数量就成为关键因素。

BODR 项目人工智能解决争议水平主要由 BODR 项目争议解决数量决定，因为 BODR 项目平台数据库越丰富，训练量越大，人工智能的水平就越高。因此在平台启动前，通过一些“虚拟案例”或“以往案例”对人工智能进行训练是很有必要的。

BODR 项目平台仲裁员数量由两个因素决定：BODR 项目争议数量和

BODR 项目培训。BODR 项目平台争议数量越多，平台的仲裁员也会越多，二者是正循环反馈的关系；同时，BODR 项目的培训工作越丰富，平台的仲裁员也会越多。但不可忽视的是，二者是需要同时推动的，仲裁员数量在 BODR 项目平台争议案件不多的情况下可能减少。

付诸 BODR 项目争议解决的概率主要由四个方面决定：BODR 项目争议解决时间、BODR 项目争议解决费用、BODR 项目知名度、BODR 项目解决语言问题的能力。与 ODR 平台相比，当这四方面因素比 ODR 平台更能满足使用者的需求时，跨境电商消费者在遇到争议时，才更有可能选择 BODR 项目平台。

全球跨境电子商务争议增加率（每年的增加量）主要由两方面决定：一是全球跨境电子商务增长率，二是产生争议的概率，二者的乘积即是全球跨境电子商务争议增加率。

3. 影响 ODR 争议解决增加率的因素

ODR 争议解决增加率（每年增加量）主要由两个因素决定：全球跨境电子商务争议增加率和付诸 ODR 解决的概率，其量化结果是二者的乘积。其中，付诸 ODR 解决的概率由四个因素共同决定，分别是 ODR 争议解决时间、ODR 争议解决费用、ODR 知名度和 ODR 解决语言问题的能力（如图 4-36所示）。

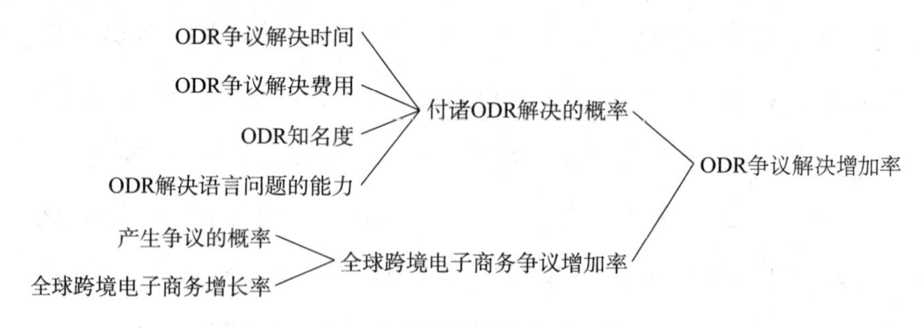

图 4-36　ODR 争议解决增加率原因树（二级）

4. 影响跨境电商平台解决争议能力的因素

在影响 BODR 项目的因素中，有一个不可忽视的因素是跨境电商平台解决争议的能力。只有在跨境电商平台解决争议能力有限的情况下，争议双方才求助平台外的资源进行解决，这也是 ODR 和 BODR 项目存在的空间。如果跨境电商平台解决争议的能力非常强，那么 ODR 和 BODR 项目生存的空间就比较狭小。跨境电商平台解决争议的能力取决于三个方面的投入：一是争议解决制度建设，二是争议解决技术投入，三是解决争议人工成本。需要注意的是，在制度建设和技术投入上的资源越多，所需要耗费的人工成本就越低。众多中小型跨境电商在此方面的投入往往捉襟见肘（如图 4-37 所示）。

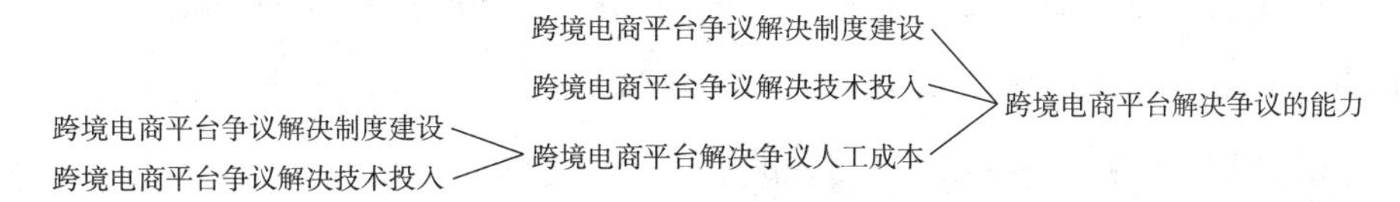

图 4-37　跨境电商平台解决争议的能力原因树（二级）

5. 影响 BODR 项目争议解决增加率的敏感性因素分析

敏感性分析是指在众多不确定的因素中，找出对目标变量有重要影响的敏感性因素。“BODR 项目争议解决增加率”是模型中非常重要的变量，决定了 BODR 项目争议解决案件数量的增加速度。因此，理解其他变量对这个变量的敏感性非常重要。

本节选取了影响“BODR 项目争议解决增加率”的五个变量进行分析，这五个变量同时满足“外部变量”和“可控因素”的条件，分别为：BODR 项目培训、BODR 项目争议解决时间、BODR 项目争议解决费用、BODR 项目宣传、BODR 项目解决语言问题的能力。其中，需要特别说明的是，在模型仿真运行中“BODR 项目宣传”被设为斜坡函数，但斜坡函数是无法进行敏感性因素分析的，因此将其设为常数 0. 3，用以测试其对“BODR 项目争议解决增加率”的敏感性（如图 4-38 所示）。

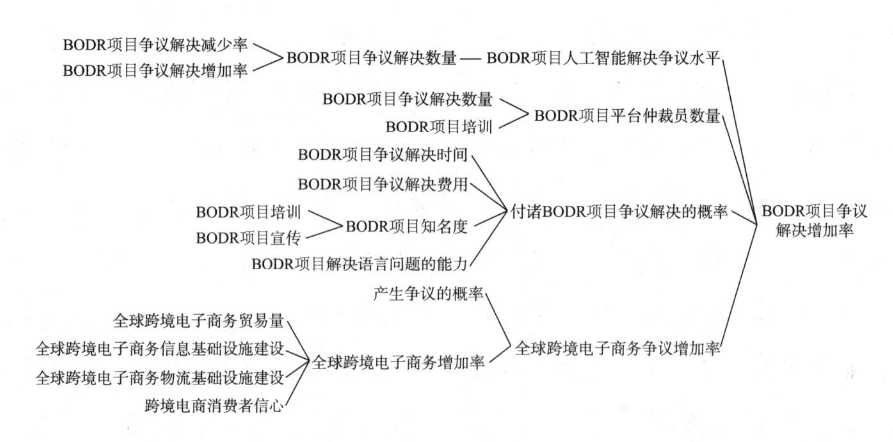

图 4-38　BODR 项目争议解决增加率原因树（二级）

在敏感性分析中，仿真次数均被设为 200（numbers of simulation = 200），敏感性测试的方式为多变元测试（multivariate）。

（1）BODR 项目解决语言问题的能力

“BODR 项目解决语言问题的能力”初始值设为 0.85，敏感性测试中将最小值和最大值分别设为 0.75 和 0.95，以此分析对目标变量的影响。

通过敏感性实验可以看出，“BODR 项目解决语言问题的能力”在五个影响因素中是最敏感的。尤其是在后期，随着时间的推移，其敏感性越来越高（如图 4-39 所示）。

（2）BODR 项目争议解决时间

“BODR 项目争议解决时间”初始值设为 4 天，敏感性测试中将最小值和最大值分别设为 3 天和 5 天，以此分析其对目标变量的影响。

通过敏感性实验可以看出，“BODR 项目争议解决时间”也是敏感的。但到了后期，敏感性相较“BODR 项目解决语言问题的能力”有所不足（如图 4-40 所示）。

（3）BODR 项目争议解决费用

“BODR 项目争议解决费用”初始值设为 50 美元，敏感性测试中将最小值和最大值分别设为 40 美元和 60 美元，以此分析其对目标变量的影响。

通过敏感性实验可以看出，“BODR 项目争议解决费用”也是敏感的。但

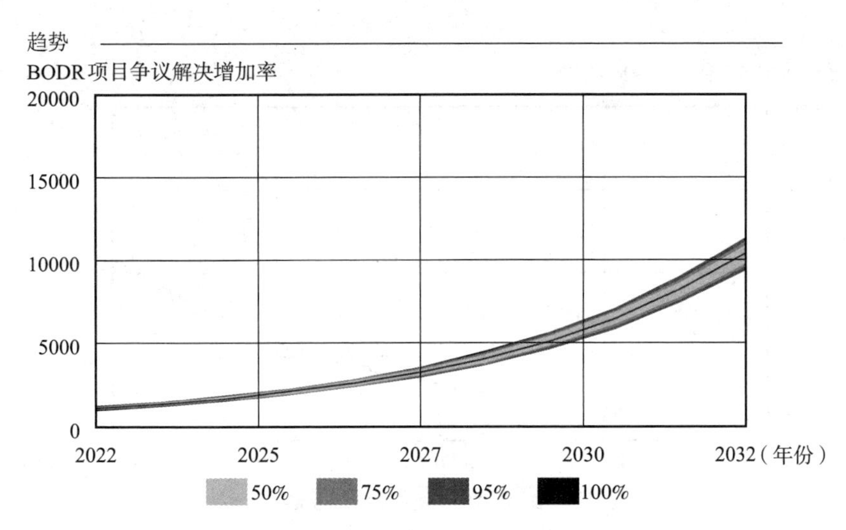

图 4-39　“BODR 项目解决语言问题的能力”对“影响 BODR 项目争议解决增加率”敏感性

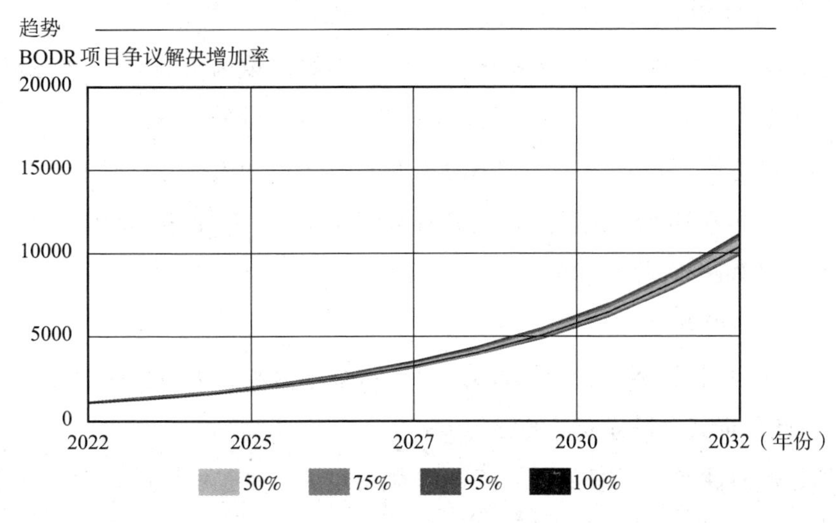

图 4-40　“BODR 项目争议解决时间”对“影响 BODR 项目争议解决增加率”敏感性

同样到了后期，敏感性相较“BODR 项目争议解决时间”有所不足（如图 4-41所示）。

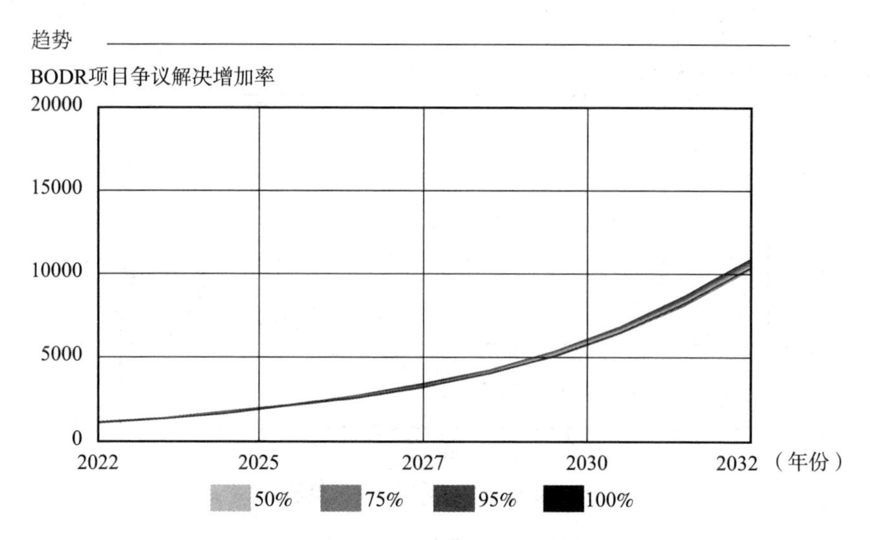

图 4-41 “BODR 项目争议解决费用”对“影响 BODR 项目争议解决增加率”敏感性

（4）BODR 项目宣传

在敏感性分析中将“BODR 项目宣传”初始值设为常数 0.3，将最小值和最大值分别设为 0.2 和 0.4，以此分析其对目标变量的影响。

通过敏感性实验可以看出，“BODR 项目宣传”的敏感性相对前三个变量又下降了。尽管 BODR 项目宣传仍具有敏感性，却是五个影响因素中最弱的一个变量（如图 4-42 所示）。

（5）BODR 项目培训

“BODR 项目培训”初始值设为 0.5，将最小值和最大值分别设为 0.4 和 0.6，以此分析其对目标变量的影响。

通过敏感性实验可以看出，“BODR 项目培训”也是敏感的，而且敏感性随时间显著增强（如图 4-43 所示）。

通过上述敏感性分析，可以得出结论：“BODR 项目解决语言问题的能力”和“BODR 项目培训”是第一梯队的影响因素，敏感性比较强；“BODR 项目争议解决时间”是第二梯队的影响因素，在五个筛选出的影响变量中处于中等影响强度；“BODR 项目争议解决费用”和“BODR 项目宣传”是第三梯队影响因素，影响能力最弱。对“影响 BODR 项目争议解决增加率”的

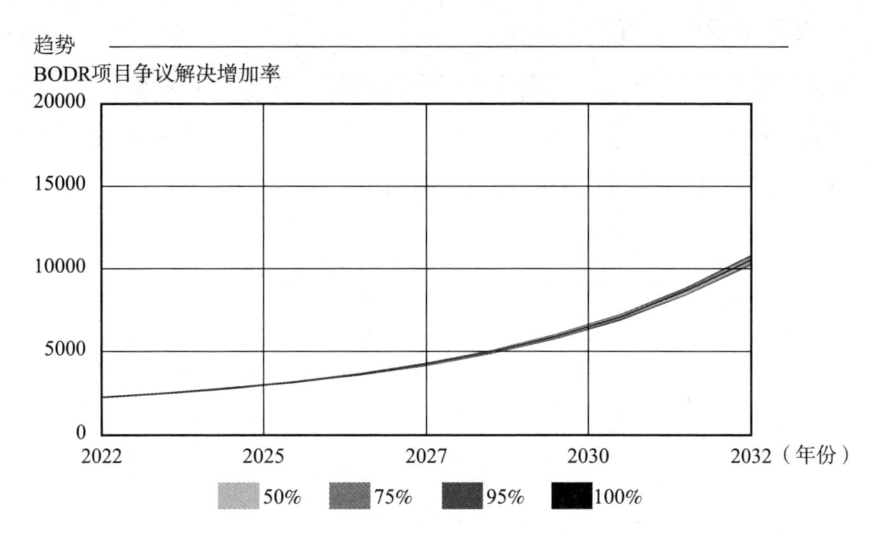

图 4-42　“BODR 项目宣传”对“影响 BODR 项目争议解决增加率”敏感性

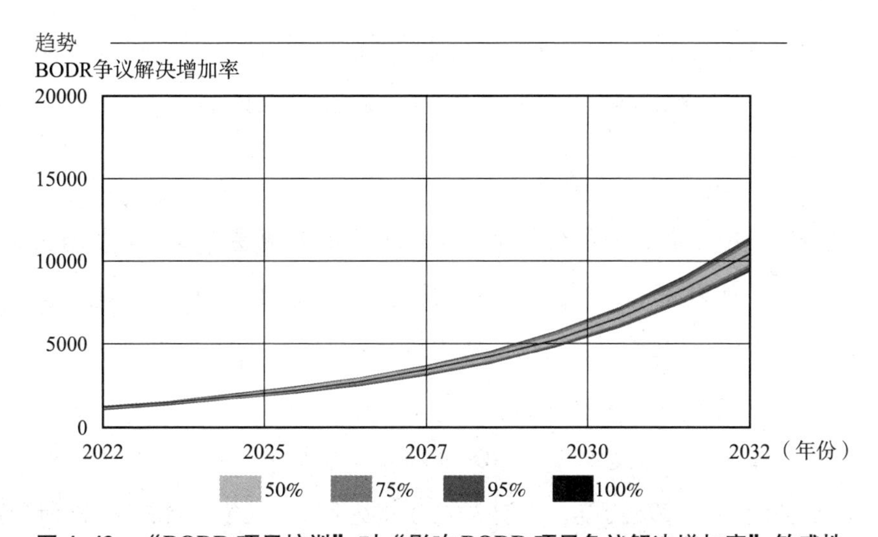

图 4-43　“BODR 项目培训”对“影响 BODR 项目争议解决增加率”敏感性

敏感性排序分别为：BODR 项目解决语言问题的能力 = BODR 项目培训 > BODR 项目争议解决时间 > BODR 项目争议解决费用 = BODR 项目宣传。

（五）BODR 项目仿真预测结果

通过运行 BODR 项目系统动力学仿真模型，对于某些关键变量得到以下仿真结果。

1. 全球跨境电子商务贸易量

根据预测，全球跨境电子商务未来仍然维持高速增长的趋势，假设 2022 年全球跨境电子商务量是 0.8 万亿美元，以每年 26% 的增速增长，预期到 2032 年，将会增长到 5.4 万亿美元（如图 4-44 所示）。

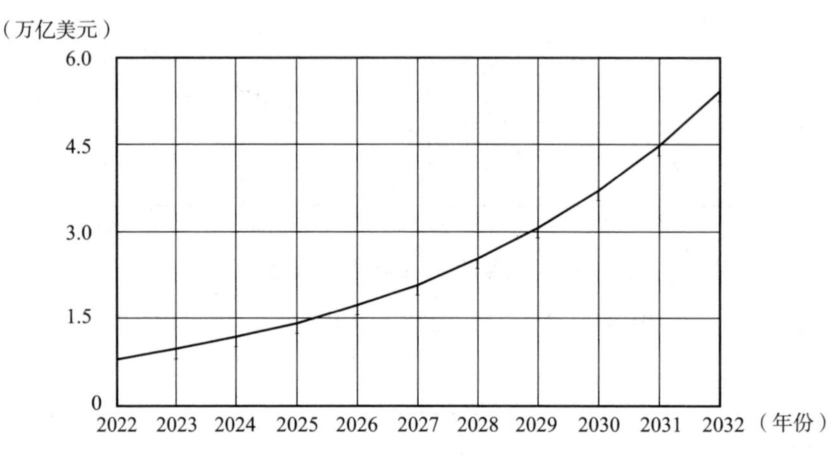

图 4-44　全球跨境电子商务贸易量仿真预测结果

2. 全球跨境电子商务争议量

全球跨境电子商务争议量与全球跨境电子商务贸易量保持同步增长。根据仿真结果，如果 2022 年全球跨境电子商务争议量达到 8000 万笔，预期到 2032 年，全球跨境电子商务争议量将达到 5.4 亿笔（如图 4-45 所示）。

3. BODR 项目争议解决数量

根据仿真结果，假设 2022 年 BODR 项目开始启动，到 2025 年 BODR 项目争议解决数量将达 3178 万笔，预期 2032 年将达到 2.6 亿笔（如图 4-46 所示）。

4. 全球跨境电商争议及各类争议处理方式对比

根据仿真预测结果，全球跨境电子商务争议量逐年增长，其各类争议处理方式也逐步增长，其中 ODR 平台和 BODR 项目平台处理的业务量都有所增长，而通过法律诉讼解决争议数量则一直处于比较低的水平。其中，到 2029 年左右，BODR 项目平台处理争议的案件数量开始超过 ODR 平台，之后在总量上始终领先 ODR 平台（如图 4-47 所示）。

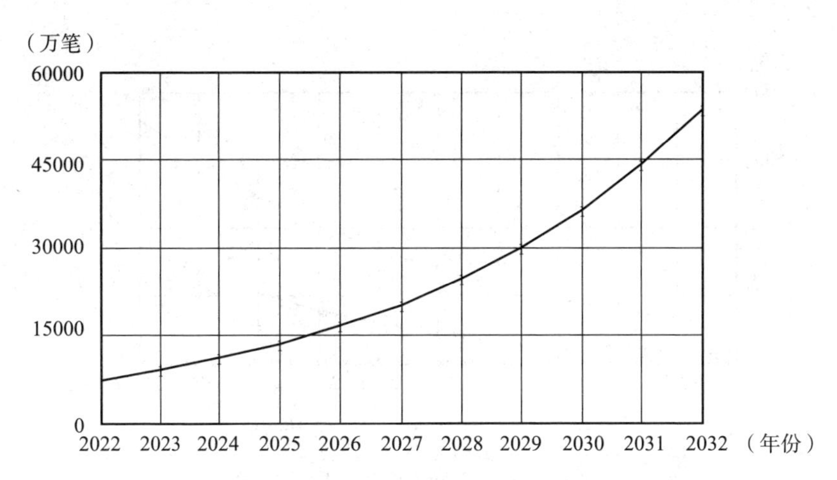

图 4-45　全球跨境电子商务争议量仿真预测结果

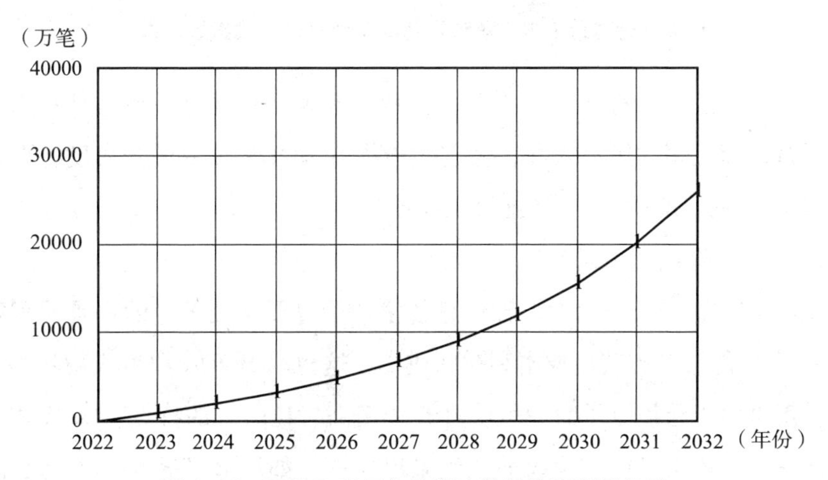

图 4-46　BODR 项目争议解决数量仿真预测结果

笔者通过对 BODR 项目的研究以及对全球跨境电子商务争议和 ODR 的研究，对 BODR 项目提出以下建议。

（1）通过解决语言问题提高用户体验

跨境电子商务贸易争议中，语言是关键障碍，很多 ODR 平台都无法建立起适应不同语言的有效沟通工具，以致语言成为制约 ODR 平台发展的关键因素。因此，建议 BODR 项目能够集中资源打造一流的多种语言沟通环境。

（2）提升 BODR 项目的知名度

无论是通过教育还是通过宣传，BODR 项目的知名度打造都是项目成功

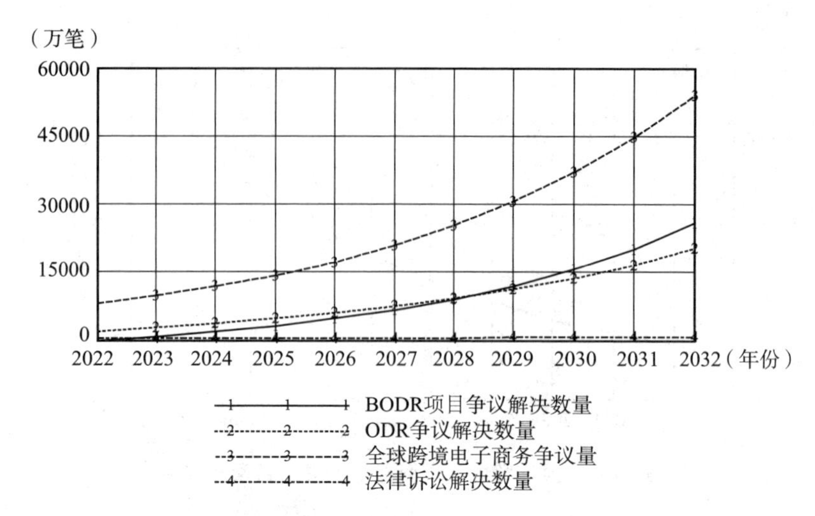

图 4-47　全球跨境电商争议及各类争议处理方式数量仿真对比

的主要驱动因素。只有知名度提升，消费者和仲裁员才会更愿意使用 BODR 项目平台；而更多的用户入驻，会进一步提升 BODR 项目的知名度。形成如此的正向循环，BODR 项目才能够快速成长。

（3）着力降低费用成本和时间成本

无论 BODR 项目采用哪一种信息技术，最终要达到的目的都是比现行的 ODR 平台更能够节省费用成本和时间成本，这也是 BODR 项目成功的关键突破口。正是由于跨境电子商务争议具有费用高、耗时长的特点，ODR 才能成为目前解决跨境电子商务争议的主流渠道之一。如果 BODR 项目不能在降低费用成本和时间成本方面有质的突破，那么 BODR 项目将会很难被消费者接受。

（4）增强与现有跨境电商平台的合作

跨境电商平台一般都有自己的争议处理机制，但往往这方面的工作做得并不是很出色，这是由跨境电商业务模式本身以及跨境电子商务的特点所决定的。BODR 项目平台需要增强与现有跨境电商平台的合作，使得跨境电商不用再花费更多的资源和精力去处理争议问题，这样 BODR 项目也可以达到引流和对接数据的目的。

加快区块链技术应用　促进中小企业发展

区块链技术在促进数据共享、优化业务流程、提升协同效率、建设可信体系等方面具有独特优势，应将其赋能中小企业，为中小企业实现高质量发展提供时代契机。

一、世界主要经济体正在加快区块链技术与实体经济融合的步伐

（一）主要经济体将区块链技术视为数字经济时代的重要战略手段

美国、欧盟等国家和地区高度重视区块链技术发展，将其视为数字经济时代的重要战略手段。2016 年，欧盟委员会和欧洲议会成立金融科技特别小组，研究促进区块链技术发展的相关政策，推动区块链技术应用落地。2018 年，欧盟委员会提出关于“中小企业采用区块链和分布式账本技术”的倡议，同时推进区块链试点项目“共同创建欧洲区块链/分布式账本技术生态系统”。欧盟对区块链技术的探索性应用领域包括身份管理、公证服务和货物追踪等。[①] 德国将区块链技术发展提升到“国家战略”层面，将区块链技术与工业发展结合起来。美国、英国、澳大利亚、荷兰、新加坡、以色列等国家围绕区块链技术部署多维度应用，将区块链技术与实体经济发展、社会福利增加等公众需求紧密融合。

（二）区块链日益成为促进中国社会经济发展的关键力量

现阶段，区块链已成为中国政府和社会数字化转型中被提及最多的技术之一，区块链技术的研发应用也在不断深入。根据 incoPat 数据，中国在区块链领域的专利申请居全球第一位。在中央推动之下，北京、上海、广东等地陆续发布政策指导文件，开展区块链产业布局，探索“区块链+”模

① European Commission. Blockchain Now and Tomorrow [R]. Brussels：2019.

式。目前，中国的区块链技术应用已延伸到数字金融、物联网、智能制造等领域。

二、区块链技术为中小企业发展带来新机遇

摩根大通公司分析了企业不同部门利用区块链技术可能带来的变革，包括淘汰冗余系统、缩短交易流程、更有效地管理数据等。[①] 相比大型企业而言，中小企业在进行系统转换时更具有弹性和韧性，有效的数据管理、交易流程的缩短等给中小企业带来的影响将更为突出。

（一）简化中小企业交易流程

与大型企业相比，资金运转的快慢直接决定着中小企业的生存时间。中小企业的话语权和议价权相对较弱，沟通、协调和交易过程中的对账时间较长、对账成本较大，以致影响了资金运转效率。区块链技术将大型企业、中小企业、银行和公共机构等连接起来，通过直接在链上记录信息，简化中小企业与大型企业等机构之间的沟通、协调和交易业务流程，使得信息在交叉比对时可得到同步验证，从而实现分布式信任。目前，欧洲议会为中小企业搭建了区块链平台——数字贸易链，通过建立基于区块链技术的交易系统支持平稳、快速的国际支付流程，旨在简化中小企业交易过程，降低中小企业交易成本。比利时联合银行、德意志银行等七家银行已经参与其中。

（二）缓解中小企业融资难题

中小企业融资往往受到诸多限制，是否有足够的抵押品是影响中小企业融资规模的重要因素之一。根据世界银行数据，全球近 80% 的企业贷款需要抵押品，而抵押品的价值平均需要达到贷款额的 202.7%。[②] 应收款或库存品等动产往往不被作为抵押品，而这些动产恰恰占据中小企业绝大部分价值组

---

① J P MORGAN. Unlocking Economic Advantage with Blockchain [R]. New York: 2016.

② The World Bank. Enterprise Surveys [EB/OL]. [2020-04-15]. http: //www. enterprisesurveys. org.

成。[①] Inessa 等在对 100 多个国家/地区进行研究时发现，实施动产抵押登记制度改革的国家/地区的中小企业获得信贷的机会增加了 8%。[②] 利用区块链技术可实现政府、金融部门、监管部门、企业等多方节点共同记账，确保中小企业信息真实不可篡改，使金融机构得以依法依规对中小企业进行信息查询，进而以无担保、无抵押的形式为中小企业提供融资服务。目前，基于区块链技术的无抵押融资模式已经开展，例如 2020 年 1 月，广东省中小企业融资平台正式上线，并成功发放全国首笔线上无抵押区块链融资贷款。

（三）拓展中小企业市场空间

区块链技术倡导“去中心化”的治理理念，允许中小企业、初创企业通过区块链网络直接与大型企业竞争。区块链技术以密码学方式不断地对交易进行先验审计，改变了原有的协作框架，开辟了更为广泛的合作模式，中小企业也因此得到了更多的发展空间。例如，贸易便利化是当前国际贸易政策的重点，区块链技术已被视为加速跨境贸易数字化的重要工具。[③] 世界海关组织研究发现，参与国际贸易的政府机构数量的中位数为 15 个，在某些情况下可能达到 30 个。[④] 国际贸易中，广泛的利益相关者导致了复杂的行政程序，使得国际贸易企业的成本剧增。区块链技术允许中小企业以实时和可信的方式与所有经授权的组织交换、处理信息，并通过智能合约实现流程自动化。基于此，金融机构、监管方对国际贸易中中小企业的授信、认证有了“他证、多证”的可信数据依据，减少了中小企业国际贸易进入壁垒。区块链技术通过便利获得贸易融资、便利贸易程序和降低贸易成本，成为促进中小企业参与国际竞争的有力工具。当前，美国、中国、新加坡等国家都在积极布局基于区块链技术的国际贸易体系。

---

① Massachusetts Institute of Technology. Blockchain & Transactions, Markets and Marketplaces [R]. Boston: 2016.

② INESSA L, MARíA SMP, SANDEEP S. Collateral Registries for Movable Assets: Does Their Introduction Spur Firms' Access to Bank Finance [J]. Journal of Financial Service Research, 2016 (47): 1-37.

③ World Trade Organization. Can Blockchain Revolutionize International Trade [R]. Geneva, 2018.

④ World Customs Organization. A Survey of Single Window Implementation [R]. Brussels: 2011.

三、中小企业应用区块链技术亟须解决的难题

（一）区块链技术、相关基础理论及应用场景有待成熟

区块链技术发展及其广泛应用仍具有一定未知性。区块链技术面临安全性、可伸缩性、互操作性等诸多瓶颈，支撑区块链技术应用的资产数字化、Token 经济等基础理论也不完善。在充分评估技术的真正潜力及其对中小企业的实际影响之前，还需要对技术不断加大研发投入，广泛开展相关试点验证项目。

（二）采用区块链技术的投入产出比例尚不明确

采用区块链技术所需成本与所获收益是否匹配，是摆在中小企业面前的最大难题之一。Lamarque 指出，与现有的集中账本系统相比，运行区块链系统的成本可能要高得多。一个节点数量不断增加、网络覆盖范围更广的分布式系统能耗需求很难预测。[①] 相对于中心化系统，区块链系统运行的高成本[②]具有一定必然性，成本越高，算力越强，系统被篡改的可能性就越低。对于中小企业而言，采用区块链技术需要投入一定的人力、财力等资源去维护网络和更新协议。一方面，区块链技术的应用具有类似互联网的效应，即随着服务规模的扩大，边际成本可能不断降低，但技术应用初期尚不能实现规模效益；另一方面，很多中小企业不具备充分掌握和运用该技术的能力，也缺乏足够的人力资源和成熟的培训计划，应用技术的人力成本较高。当有关业务收益和更广泛的经济影响的证据尚不充足，采用区块链技术的完全不可替代作用暂未展现时，较高的应用成本可能降低中小企业采用区块链技术的意

---

① LAMARQUE M. The Blockchain Revolution：New Opportunities in Equity Markets ［R］. Boston：2016.

② Colin 提供了一种分析区块链系统运行成本的视角：区块链系统运行成本是代币通货膨胀与交易费用之和，详见：COLIN P. Analysing Costs & Benefits of Public Blockchains（with Data!）［EB/OL］.（2020-02-10）. https：//medium. com/@ colin_ /analysing-costs-benefits-of-public-blockchains-with-data-104ec5f7d7e0.

依据此视角，Nervos 社区发表文章指出，Bitcoin、Ethereum、EOS 一个月的运行成本分别为 5.4 亿美元、1.16 亿美元、2800 万美元，但从发展来看，未来区块链系统的运行成本在持续下降。

愿。目前，一些研发企业架构了区块链 BaaS（后端即服务）云平台，将许可区块链上的很多中小企业打包进一个节点，节省了企业的部分成本，为中小企业采用区块链技术提供了机会。

（三）适用的法律和监管框架仍不完善

无论是在大型企业还是在中小企业间进行区块链技术的广泛部署，均需有力的监管框架，承认区块链交易的法律效力，明确适用的法律和责任，规范数据的获取和使用方式。其中，区块链交易的法律地位，即通过立法承认电子签名、电子文件和电子交易的有效性至关重要。2017 年，联合国国际贸易法委员会通过了《电子可转让记录示范法》，中国、美国等国家政府也正在制定相关立法，但仍有许多工作要做，如确定利用区块链技术进行交易的赔偿责任等。此外，数据隐私权和在某些立法中体现的被遗忘权存在一定矛盾，有待解决。例如，区块链技术的不可篡改等特性与欧盟《通用数据保护条例》规定的被遗忘权[①]存在冲突。法律和监管框架的确定性是企业采用区块链技术开展业务的重要保障。

四、政策建议

（一）设立面向中小企业的专门研发项目

统筹政府和市场多渠道资金投入，加大财政资金支持力度，盘活现有资源，重点支持区块链存储、加密、共识和跨链等关键性技术的研发与应用，研究如何在不牺牲安全性和效率的前提下，降低区块链系统运行成本。可针对中小企业设立专门研发项目，着力解决中小企业链上虚拟资产和链下真实资产之间的映射等问题；支持区块链 BaaS 等服务平台的开发与应用。

---

① 在《通用数据保护条例》（GDPR）确立的保护措施中，有一项是“消除权”（被遗忘权）。GDPR 第 17 条第 1 款规定：“资料当事人应有权向管制人要求删除有关其个人资料，而管制人亦有义务在不无故迟延的情况下，将有关其个人资料删除……”这与区块链的不可篡改等技术特性是不一致的。

（二）搭建服务中小企业的区块链公共基础设施与平台

可参考欧洲数字贸易链，由政府主导建立面向中小企业的金融交易等平台，政府、金融机构、大型企业和中小企业均应成为平台关键节点。同时，可以为中小企业在公共平台开展交易活动制定适当的税收抵免措施。

（三）发起“中小企业应用区块链技术”倡议

由政府发起“中小企业应用区块链技术”倡议，聚集区块链研发企业，工业界和服务业界大型企业、中小企业，行业协会，学术界和政府部门等组织，联合开展相关理论、技术和法律等问题研究；定期为中小企业举办相关培训，完善中小企业教育培训体系。

（四）加强对区块链技术本质的舆论引导

政府和监管部门应加强对区块链的全面认知，同时积极引导社会和公众客观理性地看待区块链价值，避免盲目夸大区块链技术对传统行业的颠覆作用，为中小企业应用相关技术创造良好的舆论环境。

第五章

前沿篇：中国发行数字货币的实践探索

第一节　数字货币及其发展脉络

一、概念与类型

数字货币（digital currency）是由离散的数字信号表示的货币形态，是基于节点网络和数字加密算法的虚拟货币。数字货币是近年兴起的新型货币形态，相关研究还处于探索早期，国际清算银行（Bank for International Settlements，BIS）从 Token 型/账户型、零售/批发、法定数字货币/私人数字货币、借记型/贷记型、锚定/非锚定等不同视角对数字货币进行了分类。

二、发展脉络

马克思主义政治经济学认为，货币的本质是一种实现商品交换的一般等价物。作为联系经济活动的基本纽带，货币的职能包括价值尺度、流通手段、支付手段、贮藏手段和世界货币五个方面。人类历史上货币形态一直伴随着交易活动和科技创新而逐步演进，其属性从一般等价物的载体逐步变迁为信用载体，并先后经历了实物货币—足值金属货币—不足值铸币—可兑换纸币—信用货币等形态。20 世纪 70 年代初，布雷顿森林体系的解体结束了金本位（Gold standard）时代，货币发展进入信用本位阶段。哈耶克、大卫·乔姆等陆续提出货币自由发行和加密货币的想法，而直到近年来，随着区块链技术、分布式数据库、数字账本技术、可控匿名、加密算法、量子计算数字技术的飞速发展，数字货币作为一种新的货币形态应运而生。总的来看，数字货币经历了底层技术逐步成熟、应用广度逐步加深的发展历程，其发展脉络大致可以划分为三个阶段（见表 5-1）。

表 5-1　数字货币发展阶段与发展脉络

发展阶段	数字货币发展脉络
理论与技术探索期（1976—2007 年）	1976 年，自由主义经济学家哈耶克（Hayek）的《货币的非国家化》，确立了数字货币的理论雏形 1982 年，密码学家大卫·乔姆（David Chaum）发表了一篇名为《盲签名》的开创性论文，第一次提出构建具备匿名性、不可追踪性的电子货币系统的基础理论 1989 年，大卫·乔姆发明历史上首个数字货币 eCash 1996 年，道格拉斯·杰克逊（Douglas Jackson）创立 e-gold，通过 1∶1 锚定黄金并进行 100%黄金储备，本质是“金本位电子化”，持有的 e-gold 相互划转并与法币兑换① 1998 年，戴伟（Wei Dai）提出去中心化数字货币 B-money 的设想，首次明确了“分布式记账”概念 2005 年，尼克·萨博（Nick Szabo）提出 Bitgold 的构想，首次引入工作量证明（PoW）共识机制
自由发展期（2009—2017 年）	2009 年，中本聪（Satoshi Nakamoto）发布比特币白皮书《一种点对点的电子现金系统》和第一版比特币客户端，2009 年 1 月 3 日，中本聪挖出创世区块，比特币（Bitcoin）正式诞生 2009—2014 年，虚拟数字货币种类繁多，超过 200 种。如莱特币（Litecoin）、狗狗币（Dogecoin）、达世币（DASH）、门罗币（Monero）、大零币（Zcash）等 2014 年，维塔利克·布特林（Vitalik Buterin）创立以太坊（ETH），解决比特币扩展性不足的问题，建立开源、开放的智能合约平台，开发不限场景的非中心化应用（DApp）。2015 年 7 月，ETH 正式上线，区块链进入 2.0 时代 2014 年，Tether 公司借助比特币网络发行了一种在价格上锚定美元的代币泰达币（USDT）。②稳定币市场自 USDT 开始快速发展③

① 2009 年，e-gold 在 165 个国家拥有超过 500 万个账户，拥有超过 3.5 公吨的黄金储备，雅虎、亚马逊等巨头公司都开通了 e-gold 支付交易方式。

② USDT 价格稳定且能够方便地与法币相互兑换，因此可以满足数字货币间安全、高效的交易需求，为投资者的入场和交易提供了便利。USDT 完全与美元挂钩，价格基本维持在 1 美元附近。

③ 截至 2019 年 12 月 31 日，市场上已公开且活跃的流通稳定币约有 66 个，市场总规模约为 58.3 亿美元，市场流通量从 2018 年 1 月 1 日至 2019 年 12 月 31 日增长了 313.48%，其中 USDT 的稳定币市场份额达到 81.65%，形成以 USDT 为首的“一超多强”竞争格局。

续表

发展阶段	数字货币发展脉络
自由发展期（2009—2017 年）	2017 年，Block. One 公司开发了新的区块链软件系统 EOS[①]（企业操作系统，Enterprise Operating System），区块链进入 3.0 时代
规范发展期（2017 年至今）	2017 年 9 月 4 日，中国人民银行联合六部委（中央网信办、工信部、工商总局、银监会、证监会、保监会）发布了《关于防范代币发行融资风险的公告》 2019 年 6 月 18 日，脸书（Facebook）宣布发行加密数字货币 Libra。[②]2020 年 4 月 16 日，Libra 白皮书 2.0 增加单一货币稳定币比，如 LibraUSD、LibraEUR、LibraGBP 和 LibraSGD 等，通过稳定合规框架提高 Libra 支付系统的安全性，包括反洗钱（AML）、反恐怖融资（CFT）、制裁措施合规和防范非法活动等。2020 年 12 月 Libra 更名为 Diem，目标是推出只锚定美元的数字货币，意在获得美国监管机构批准，加速推出稳定币 2019 年 9 月，中国人民银行正式将中国央行数字货币命名为 DC/EP（Digital Currency and Electronic Payment），官方定义是“具有价值特征的数字支付工具” 2020 年 5 月 28 日，数字美元基金会与埃森哲共同发布了《数字美元白皮书》

三、虚拟数字货币的缺陷与监管

与传统的银行转账、汇款等方式相比，数字货币交易无须向第三方支付费用，在跨境支付等场景中有较强的应用需求；在发行方面，数字货币不依赖于中心化机构，也无须通过清算中心来处理数据，因此发行效率较高；在使用时，数字货币具有高度匿名性，完全陌生的交易双方亦可完成交易。因此，数字货币在一定程度上能够充当“信用媒介”。然而在价值尺度上，数字货币存在较大缺陷，主要体现在：一是缺乏主权信用背书的数字货币有着天然的信用风险；二是数字货币不利于反洗钱和反恐怖融资，据统计，25%的

---

① EOS 所采用的共识机制是 DPoS（委托权益证明），即一些节点在获得足够多的投票支持后，成为见证人（witness）节点或 EOS 中所说的区块生产者（BP，也称“超级节点”），负责区块链的区块生成。对于比特币系统，任何人都可以接入网络，以算力竞争记账权利，生成区块。而对于 EOS，只有超级节点才有资格生产区块。这是因为二者所采用的共识机制不同：比特币和以太坊采用的是 PoW（工作量证明）共识机制，而 EOS 采用的是 DPoS（委托权益证明）共识机制。

② 该数字货币的中文译名一般为“天秤座”，寓意该数字货币是以“平衡、公正”为价值追求的稳定币。白皮书 1.0 将 Libra 价格与一篮子货币的加权平均汇率挂钩，货币篮子的构成是：美元（USD）50%、欧元（EUR）18%、日元（JPY）14%、英镑（GBP）11%和新加坡元（SGD）7%。

比特币用户和44%的比特币交易与非法经济活动有关;① 三是数字货币存在“通货紧缩”“波动大”“交易费用高”等内在缺陷。因此，多数国家对数字货币呈抵制态度。数字货币市场影响力的提升引起了多国监管机构的重点关注，数字货币主流交易所逐渐暂停或关闭法定货币通道。2017 年 9 月 4 日，中国政府发布的《关于防范代币发行融资风险的公告》将 ICO 定性为非法融资，规定代币发行融资中使用的代币或“虚拟货币”不由货币当局发行，不具有法偿性与强制性等货币属性，不具有与货币等同的法律地位，不能也不应作为货币在市场上流通使用。

第二节　央行数字货币发展与竞争格局

世界各国对（央行）数字货币的研发大多开始于 2017 年前后，各国发展央行数字货币的原因主要包括：一是相关科技的发展，使数字货币在技术上的可行性增强；二是移动支付兴起，支付平台竞争加剧，货币市场格局亟待优化；三是国际趋势的变化，使各国在数字货币领域展开了竞争。

一、央行数字货币的概念与分类

针对虚拟数字货币的内在缺陷，具有法定属性的央行数字货币（Central Bank Digital Currency，CBDC）提供了一种由国家主权背书的资产持有机制，可以为现有支付体系和金融基础设施建设提供新的解决方案。正是因为央行数字货币具有主权法定属性，所以它可以作为信用货币。

央行数字货币是指基于加密算法，由中央银行发行和国家主权信用背书，具备无限法偿性的数字货币。从发行属性上看，央行数字货币的发行者必须是中央银行，而不是商业银行或其他私人部门，这意味着“央行数字货币”

---

① FOLEY S，KARLSEN J R，PUTNIŠ T J. Sex，Drugs，and Bitcoin：How Much Illegal Activity is Financed Through Cryptocurrencies [J]. The Review of Financial Studies，2019，32 (5)：1798-1853.

是央行的负债，属于基础货币；从物质属性上看，央行数字货币的物质形式是数字化的，而不是实体货币；从价值属性上看，央行数字货币的价值在脱离账户后依然存在；从应用属性上看，央行数字货币面向大众，应用范围可面向零售市场。

央行数字货币一般有三种类型：一是银行间市场的数字现金（批发市场的无账户数字基础货币），也被称为“批发型 CBDC”。应用于银行间市场（资金批发市场）的电子现金，无须统一的账户管理体系。批发型 CBDC 可避免中央集中记账带来的单点故障问题，保障了资金交易的连续性，分布式记账技术的使用可以有效减少交易参与方的分歧，有利于提高跨境支付与结算的效率。2016 年 3 月，加拿大央行启动了 Jasper 项目研发批发型 CBDC，目前该项目已经进入第四阶段，与新加坡金融管理局（MAS）合作试验批发型 CBDC 在国际支付和结算方面的应用。二是零售市场的有账户数字基础货币。中央银行管理每个用户的电子账户，进行统一集中的中央式记账。该解决方案适用于人口少的国家，如挪威选用了该种技术路线积极推进央行数字货币，[①] 厄瓜多尔已经开展了该技术路线的实践。三是零售市场的无账户数字基础货币。这一技术路线是数字现金，可按照现金使用形式流通。美国、英国、芬兰、冰岛、加拿大、日本、韩国等国家选用了该技术路线。

二、中国探索央行数字货币步伐较快

（一）中国积极探索央行数字货币的战略考量

1. 从顺应货币数字化趋势的角度，维护本国货币主权

从各国的认知与实践情况来看，各国对于央行数字货币的态度趋于分化。全球支付与市场基础设施委员会（CPMI）和市场委员会（MC）对央行数字货币持“谨慎乐观”态度，认为央行数字货币可以作为“不同于实物现金或

---

① 挪威是目前世界上现金使用量最少的国家之一，现金占广义货币的比重已不足 2.5%，且有进一步下降的趋势。挪威央行认为需要提早应对现金流通的减少，为未来支付形态的变化做好准备。挪威央行希望数字货币可以替代现金的若干功能，一是建立独立的支付体系，维持经济体的支付功能；二是提高服务效率与质量。

央行储备/结算账户的货币新变体”。2019 年下半年以来，全球主要经济体对于发行央行数字货币的态度均较为积极，越来越多的央行宣布将推出基于国家信用、中心化的数字货币。发达国家发行央行数字货币的出发点主要是维护货币主权和促进国际贸易主导权。发展中国家和落后国家则主要是为了实现金融普惠、突破制裁、应对通货膨胀等而对央行数字货币持支持态度。在零售市场，现金是唯一的法定货币，但因成本高、不便捷，需求量逐渐下降。央行发行数字化的法定货币，有助于应对数字化的社会变迁。

2. 从国际竞争的角度，推动人民币国际化

一是借助央行数字货币对接国际规则并加强合作，提升人民币国际公信力。当前，多数国家高度重视央行数字货币，金融稳定理事会（FSB）发布报告确定了 25 个国家共 94 家加密资产监管机构，以及 7 个相关国际组织的名单和职责，我国国家互联网信息办公室、工业和信息化部、公安部、中国人民银行、银保监会和证监会被列为加密资产监管机构，并明确了各自的职责。法定数字货币成功发行将是人民币从国际规则和法治合作角度实现“弯道超车”的又一重要契机。

二是借助央行数字货币提升人民币国际支付份额。当前，人民币在国际支付结算体系中占比很低，与中国世界第二大经济体、全球最大出口国、最大对外贸易投资国的地位不相称。央行数字货币将逐步拓展人民币国际化的空间，为全球跨境贸易提供数字化计价、交易、支付与价值储存工具，降低国际贸易成本并提高交易效率。央行数字货币为优化跨境投资和贸易中的货币格局提供了机遇。此外，央行数字货币可以便捷化地对接人民币跨境支付系统 CIPS（如图 5-1 所示），构建央行数字货币与外币的汇率询价机制，实现中国央行数字货币的境外流通，提升人民币在国际支付体系中的份额，并逐步解决传统跨境汇兑周期长、到账慢、效率低等问题，推动国际储备货币制度、国际汇率体系与国际收支平衡机制的数字化创新。

三是借助央行数字货币维护我国金融安全。当前，在高度的金融开放背景下，资本跨境流动带来了监管难题。推行央行数字货币可准确溯源货币交

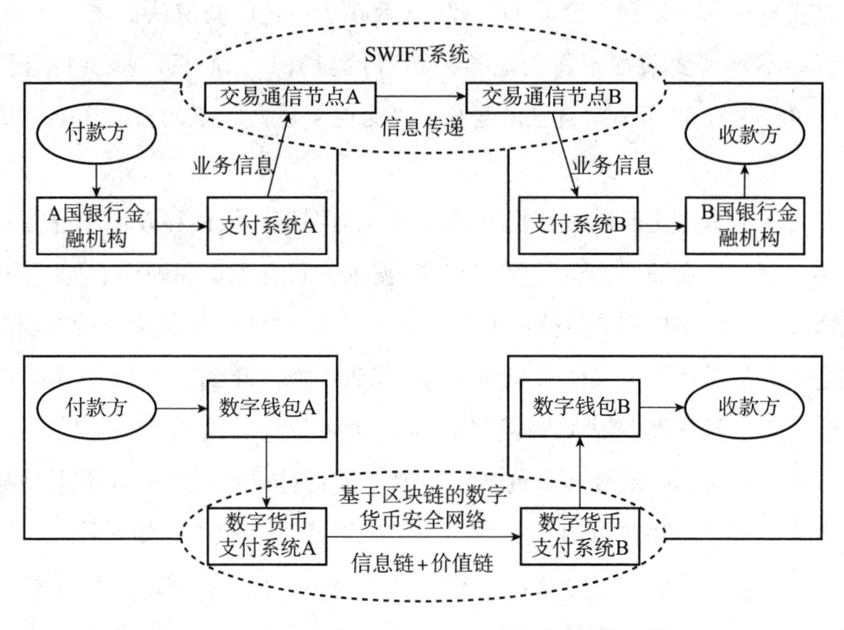

图 5-1　运用央行数字货币重构跨境支付结算体系

易流向等重要信息，防止洗钱等犯罪行为，并提高货币当局的宏观审慎管理水平和微观金融监管措施的准确性，特别是有助于各国共同加强跨境资本流动管理，提升人民币在国际市场的信誉。

3. 从满足自身发展需求的角度，构建货币流通良性秩序

一是率先建成“无现金社会”。从全球趋势来看，“无现金社会”渐行渐近，实物现金无法满足支付需求。从技术手段上看，与支付相关的二维码技术、NFC 技术、生物识别（刷脸、指纹等）技术在中国被广泛应用，中国的移动支付渗透率全球第一。2018 年，中国电子支付比例高达 83.9%，远超全球平均水平。依托工、农、中、建等大型国有商业银行以及支付宝、微信支付、银联支付等头部支付企业，中国已构建起全球最领先、最便捷的移动支付体系。不同于第三方支付机构主导的“无钱包社会”，央行数字货币或将进一步取代实物现金，促进无现金社会的真正到来。以往部分商户拒绝接受电子支付方式，而根据法律他们无权拒绝接受央行数字货币，消费者无须遍寻 ATM 机或银行，或将进一步告别实物现金。另外，央行发行的 DC/EP 与个

人的真实身份一一映射，因此 DC/EP 也承载了一定的身份认证属性。例如，用户可能不再需要前往银行、证券公司等网点开户，而只需提供自身持有 DC/EP 的证据，即可证明自己的身份。“无现金社会”下的居民生活将更加便利。

二是降低货币流通成本并提升经济活动透明度。纸钞和硬币本身的缺陷无法满足现代社会的“安全”“便捷”等需求。现有纸币和硬币有如下问题：①纸币交易过程中极容易传播病毒，相关学者在 2003 年非典期间就发现，一张流通中的纸币每平方厘米最低带菌量为 7000 个，最多达到 11 万个，现金通过手、口、鼻等渠道侵入人体引发肺炎、肝炎等疾病；[①] ②纸币和硬币的发行、印制、回笼和贮藏等环节的成本较高，流通体系层级多；③纸币易被伪造、匿名不可控，存在被用于洗钱等违法犯罪活动的风险。相比较而言，央行数字货币可以降低传统纸币的发行、流通成本，提升经济交易活动的便利性。央行数字货币的出现使得法定货币从造纸、印刷、切割、存储、运送的整套实体货币生产流程，全部转换成在服务器中执行的数字运算。央行不再需要印钞，只需创造有对应加密数字的数字货币，商业银行不再需要大额运钞，只需通过云计算空间电子传送。整个发行流通过程均通过数字运算完成，货币损耗成本及维护成本也几乎为零。由于密码算法在多种技术保障下的不可伪造性，央行数字货币的防伪成本也大大降低。

三是优化货币政策传导机制。发行央行数字货币可以为央行创造新的货币政策工具。①央行数字货币为银行间支付清算创造了一种新的模式，[②] 有利于优化法币支付功能、实现社会降本增效、减轻中央银行的监管负担和压力，并增强法定货币的权威性，有助于解决现代货币政策的困境；②从货币属性上看，央行数字货币可作为稳定的记账单位、趋近于零成本的交换媒介和安全的价值存储手段，运用央行数字货币引起中介目标（利率、货币供应量）

---

① 骆景铭．钞票也会传播疾病［J］．家庭医学，2003（11）：46.

② QIAN Y. Central Bank Digital Currency：Optimization of the Currency System and Its Issuance Design［J］．China Economic Journal，2019，12（1）：1-15.

的变动，有利于实现中央银行货币政策最终目标；[①] ③央行设计和发行数字货币有可能构建出全新的支付体系架构、创设出更丰富的货币政策工具，并且有利于在风险防控和金融监管方面推陈出新，可促进货币体系的透明性和货币政策的系统性；④央行数字货币可在宏观调控上发挥作用，提高央行稳定商业周期的能力，有利于实现整体经济效益和社会福利最大化。

四是构建良性的支付平台竞争秩序。建立独立的支付体系，能够在现有系统出现问题时，维持经济体的支付功能。在现金减少的情况下，其他支付手段大多为电子支付，依赖于网络与电力。若现有电子支付体系出现问题，如系统集中升级维护时，整个经济的支付功能都会受到冲击。因此，借助央行数字货币建立一套独立运行的支付体系，将有助于在极端情况下保证支付渠道的畅通。支付市场具有明显的网络效应，在用户的自然选择下容易形成较高的市场占有率。此外，央行数字货币的介入旨在提供另一种移动支付手段，限制私营支付平台形成过强的市场力量。特别是，央行与私营平台的巨大区别在于央行不会单纯考虑商业利益，能够更加关注社会效应。央行作为政府相关机构直接参与支付市场的竞争，若要实现对社会福利的提升，则需要确保公平协调支付市场的牌照管理，按照用户需求持续创新，共同维护当前支付生态的便利，避免出现如厄瓜多尔央行在2014—2018年对移动支付市场的行政式垄断行为。

（二）中国央行数字货币发展现状

1. 基本概况

自2014年数字货币研究小组成立至今，中国央行数字货币相关研发落地工作一直在稳步推进。中国人民银行启动了基于区块链和数字货币的数字票据交易平台原型研发工作，成立了央行数字货币研究所，上线了数字票据交易平台。2019年9月，中国人民银行正式将中国央行数字货币命名为DC/EP（Digital Currency and Electronic Payment），官方定义是“具有价值特征的数字

① 中央银行货币政策最终目标：调整DC/EP的供应要素—货币供给的增减（或利率水平的变化）—影响投资和消费—社会总需求变化—货币政策最终目标。

支付工具”。DC/EP 是由中国人民银行发行，由指定运营机构参与运营并向公众兑换的，以广义账户体系为基础的，支持银行账户松耦合功能，与纸币和硬币等价的，并具有价值特征和法偿性的可控匿名的数字人民币支付工具体系。2019 年末，中国央行完成了数字货币顶层设计、标准制定、功能研发、联调测试等工作，发行要素见表 5-2。2020 年初，新冠肺炎疫情的暴发客观上加速了央行数字货币的相关工作。自 2020 年 5 月起，数字人民币已经在深圳、苏州、雄安新区、成都及未来的冬奥场景进行内部封闭试点测试。2020 年 10 月 8 日，深圳市人民政府联合中国人民银行开展了数字人民币红包试点，本次试点由深圳市罗湖区出资，通过抽签方式将一定金额的资金以数字人民币红包的方式发放至在深圳的个人数字人民币钱包，总金额为 1000 万元，“数字人民币红包”数量共计 5 万个，每个红包金额为 200 元，社会公众可持发放的数字人民币红包在有效期内至罗湖区指定的商户进行消费。数字人民币已经从概念到实物、从试验到应用，并将很快走进人们的生活。

表 5-2　中国央行数字货币（DC/EP）的发行要素

定位	M0 替代
职能	价值尺度、流通手段、支付手段和价值贮藏
法偿性	中央银行进行信用担保，具备无限法偿性
发行模式	双层架构（央行先把数字货币兑换给商业银行，再由商业银行兑换给公众）
技术路径	不局限于区块链，不预设技术路线，保持“技术中性”
账本	中心化
特征	可控匿名、有使用限制

2. 定位职能

从定位和职能上看，DC/EP 着眼于 M0 替代，其价值尺度、流通手段、支付手段和价值贮藏等职能与纸币无异。DC/EP 是中央银行的负债，货币形态改变但债权债务关系不变，发行模式是中心化的。DC/EP 无须对银行账户/实名/手机号进行绑定或认证，其数字钱包的使用也无须接入网络，通过端到端近距离接触即可完成转账。

3. 发行模式

从发行模式上看，数字货币采用双层架构发行，不冲击现有商业银行体系（DC/EP 在商业银行的资产负债表之外）。DC/EP 的发行采用“央行—商业银行”双层架构（如图 5-2 所示），企业或个人通过商业银行或商业机构开立法定数字货币的数字钱包账户，享受数字货币服务。商业银行或者其他机构必须在央行开户并缴纳 100%保证金，央行先把数字货币兑换给商业银行，其后企业或者个人凭借在商业银行或者机构开立的数字钱包账户进行存取汇兑。

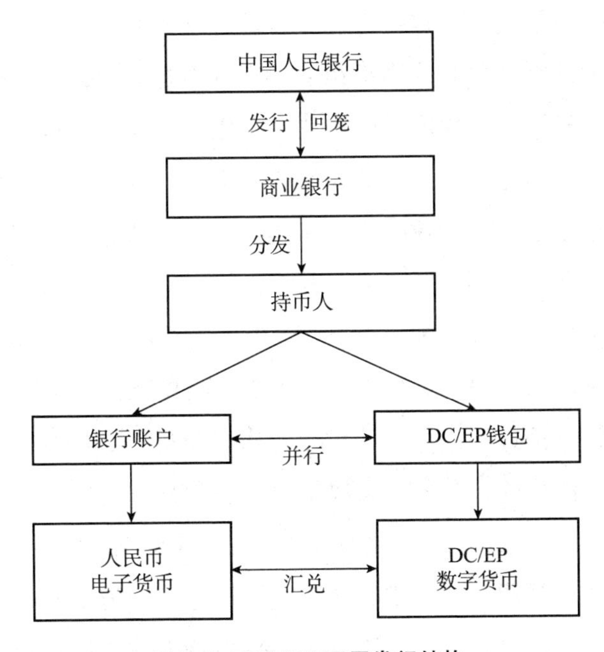

图 5-2　DC/EP 双层发行结构

4. 技术路径

从技术路径上看，在央行层面将保持“技术中性”、不预设技术路线，从商业银行到持币人的分发层面将有多种技术并存。鉴于区块链技术与数字货币高度适配，可以折中采用私有链来实现高效性和安全性的统一，由中国人民银行作为私有链的中心节点来掌握各家商业银行（分布式节点）参与共识验证的情况，央行掌握数据写入权限，并设立认证中心、登记中心和大数据分析中心。其中，认证中心作为系统安全中心的基础组件，可对央行数字货币机构及用户身份信息进行集中管理；登记中心记录央行数字货币及对应用户身份，完成权属登记并完成央行数字货币产生、流通、清点核对及消亡全过程登记；大数据分析中心则分析各种交易行为，进行 DC/EP 交易环节的风险管控。

5. 系统架构

在系统架构上，根据《中央银行数字货币原型系统实验研究》，DC/EP 基本运行框架的核心要素包括：①一币，指 CBDC，即由央行担保并签名发行的代表具体金额的加密数字串。②两库，指央行发行库和商业银行的存储库。发行库由央行管理，依据央行现金运行管理体系负责法定数字货币的发行；存储库由商业机构管理，遵循商业银行现金运营管理规范。中国央行数字货币首先由发行库到存储库，即在“中央银行—商业银行”环节实现数字人民币的发行、回笼过程，而“商业银行—用户”环节则是由商业机构从存储库中向居民和企业部门投放与吸收中国央行数字货币。③三中心，指认证中心、登记中心和大数据分析中心。其中，认证中心主要对使用中国央行数字货币的用户身份进行确认和集中管理，是确保系统安全的关键环节，保证中国央行数字货币的有限匿名性；登记中心负责中国央行数字货币的权属登记和流水登记，包括数字人民币和对应的用户身份，法定数字货币产生、流通、清点核对及消亡的全过程；大数据中心主要承担对中国央行数字货币的大数据分析，依托大数据、云计算等技术，对海量的交易数据进行处理。[①] 通过对支付行为、监管调控指标进行分析，掌握货币的流通过程，保障数字人民币交易的安全性，对洗钱等违法行为进行防范，并通过对相应指标的监测为宏观政策的实施提供数据支持。

（三）全球央行数字货币发展趋势

目前，各国对于央行发行数字货币的态度并不相同。2019 年下半年以来，全球主要经济体对于发行央行数字货币的态度大多由“谨慎”转为“乐观”，越来越多的央行宣布将会推出基于国家信用的数字货币，一些国家和国际组

---

① 宋清华，杨茋茋，李艳云．数字货币发展方略［J］．财政监督，2021（8）：37-46.

织也开始开展深度合作研究（见表 5-3）。

表 5-3　主要国家推进法定数字货币的最新进展与主要动机

国家	行动计划	最新进展	主要动机
美国	积极开发支付和结算服务体系	2020 年 2 月，美联储表示正在研究数字支付和数字货币法规的一系列问题，正在进行与分布式账本技术及数字货币潜在应用有关的研究和实验，并重点关注央行数字货币的潜力。同时，已经着手开发自己的全天候实时支付和结算服务体系	认为央行数字货币可促进货币体系的透明性和货币政策的系统性，可作为稳定的记账单位、趋近于零成本的交换媒介和安全的价值存储手段。此外，央行数字货币有助于维护美元霸权地位
加拿大	积极研究中（Jasper 项目）	加拿大央行从 2014 年开始密切关注数字货币带来的风险。2016 年 3 月，加拿大央行为探寻区块链技术能否改进原有的支付系统开展了 Jasper 项目。截至 2020 年底，已经完成了三期	有利于加拿大应对加密货币威胁
俄罗斯	积极开展数字货币监管沙盒测试	2020 年 1 月，俄罗斯央行行长表示，央行正在监管沙盒中对稳定币进行测试，以观察俄罗斯的主要机构是否能在未来几个月或几年内向公众推出“数字卢布”；2020 年 10 月发布《关于推动数字卢布的咨询文件》	俄罗斯银行报告《中央银行数字货币是否有前途?》指出，须尽快开展数字货币监管沙盒测试
瑞典	开展测试中	2020 年 2 月 20 日，瑞典央行宣布数字货币 e-克朗（e-krona）试点项目已取得突破性进展。这是首家中央银行使用类似区块链的分布式记账技术及独立 APP 设计试验数字货币	作为现金的补充，减少国民对私人支付系统的依赖，防止危机时期私人支付系统产生故障
英国	积极研究测试中	2015 年 2 月，英国央行为引入与英镑挂钩的加密货币成立了研究小组，并提供了经费和政策支持。2017 年 4 月，新版的实时金额结算系统已考虑与区块链技术相兼容。2020 年 3 月，英国央行发布央行数字货币研究报告，表示正在认真权衡发行央行数字货币的利弊	将金融科技作为保持金融竞争力的重要手段
挪威	积极研究中	设立了央行数字货币工作小组，进入第三个研发阶段，将确定技术细节	现金使用量下降，拟建立备用支付体系，促进支付平台竞争

续表

国家	行动计划	最新进展	主要动机
丹麦	积极研究中	丹麦国家银行正在积极研究发行央行数字货币的模式和技术路线	认为央行数字货币具有提高金融系统稳定性的潜力
澳大利亚	确定了推出计划	澳大利亚储备银行（RBA）模拟了在基于以太坊网络的批发支付系统中使用央行数字货币的结果，显示对现有金融体系冲击不大，便利化程度高	提高货币流通便利度
新加坡	积极研究中（Ubin数字货币项目）	2016年，新加坡央行启动Ubin数字货币项目，主要目标为：实现同全球各国央行通过区块链技术实时处理跨境交易。截至目前，已进入第五期，合作机构超过40家	提高跨境交易效率
日本	积极研究中	2020年2月24日，日本三大金融监管机构（财务省、金融厅和日本央行）正式推动了央行数字货币的研究，将央行数字货币纳入中央银行工作的“常规日程”；2021年3月，日本央行开展央行数字货币的实证实验：第一阶段建立货币发行、流通等基本功能；第二阶段开展数字货币附加利息、设定最高限额等功能测试；第三阶段将选择特定区域发行	应对Libra和中国DC/EP的挑战
韩国	积极研究测试中	2019年12月27日，韩国央行成立了央行数字货币研究专项工作组，致力于央行数字货币的研究。韩国银行2020年4月6日宣布将在2021年对韩国央行数字货币进行试点测试	应对其他国家发行央行数字货币的挑战
泰国	积极研究中	2018年8月，泰国央行联合8家银行发起Inthanon项目探究批发型央行数字货币，并进行proof-of-concept。2019年，泰国央行联合香港金融管理局试验批发型央行数字货币在国际支付方面的应用	减少中介过程，加快交易速度并降低成本
菲律宾	积极研究中	1/10的成年人已在使用比特币等各种虚拟数字货币	有助于应对亚洲其他国家的货币国际化挑战

续表

国家	行动计划	最新进展	主要动机
国际合作	加拿大、英国、日本、欧盟、瑞典和瑞士	2020年1月，加拿大银行、英格兰银行、日本银行、欧洲中央银行、瑞典中央银行和瑞士国家银行等6家中央银行宣布合作数字货币研究。同时，6家银行与国际清算银行（BIS）成立评估央行数字货币利用可能性小组，共同研究央行数字货币在各自辖区内潜在的应用场景，共享关于央行数字货币技术性课题的知识和经验	加强数字货币研究，提高知识、技术以及经验的共享程度

（四）中美央行数字货币比较

相对美国而言，中国在法定数字货币领域的探索步伐较快，尤其是前瞻性研发布局较为领先（见表5-4）。中国在央行数字货币的研究和实践方面起步较早。从各种仿真系统的模拟结果来看，中国央行数字货币点对点的传输模式可以改善当前跨境支付耗时长、费用高的问题。① 中国通过发行央行数字货币可以逐步建设一套发展中国家可平等参与的全球跨境支付体系，打破由发达国家垄断的高度中心化的支付格局，在货币数字化浪潮背景下助推人民币国际化。而美联储在较长时间内坚持认为，美国的用户对现金的信任度更高，但是随着中国法定数字货币的快速推进和全球法定货币数字化浪潮的兴起，美国对法定数字货币的态度已趋积极。从最新的表态来看，美联储认为央行数字货币可提升货币体系的透明性和货币政策的系统性，可作为稳定的记账单位、趋近于零成本的交换媒介和安全的价值存储手段。2020年2月5日，美联储表示正在研究与数字支付、数字货币法规和保护有关的一系列问题，正在进行与分布式账本技术及数字货币潜在应用有关的研究和实验，并重点关注央行数字货币的潜力。美联储已经着手开发自己的全天候实时支付和结算服务体系。2020年5月28日，数字美元基金会与埃森哲共同发布了《数字美元项目白皮书》。总体来看，中国在法定数字货币的研发以及货币电子

① 刘东民，宋爽．法定数字货币与全球跨境支付［J］．中国金融，2017（23）：75-77.

化应用方面处于全球领先地位，并已构建起全球领先、便捷的移动支付体系。

表 5-4 中美法定数字货币对比分析

	中国	美国
开始时间	2014 年 5 月，成立央行数字货币研究小组	2020 年 1 月，宣布通过数字美元基金会推广数字美元计划
当前进展	已经完成了顶层设计、标准制定、功能研发、联调测试等工作	2020 年 5 月 28 日，数字美元基金会与埃森哲共同发布了《数字美元项目白皮书》
试点情况	已在深圳、雄安新区、成都、苏州等地开展试点工作	尚未试点
专利申报	已申报 102 项专门针对 CBDC 的专利①	已申请 CBDC 架构设想相关专利 8 项②
发行框架	双层架构（央行先把数字货币兑换给商业银行，再兑换给公众）	通过商业银行和受监管中介机构的现有双层架构进行分配

（五）全球央行数字货币竞争趋势预判

中国在央行数字货币领域取得了一定的先机，但是美欧诸国也在央行数字货币方面进行了战略性的布局。着眼未来，笔者对全球央行数字货币竞争趋势作出如下预判。

一是各国争夺数字国际货币制高点。美国前国务卿基辛格说："谁掌握了货币铸币权，谁就掌握了世界。"欧洲央行主要选择批发 CBDC 的模式，体现了维护商业银行铸币权优先于保护欧洲国家货币主权的考虑；中国央行的 DC/EP 模式则兼具批发和零售 CBDC 特征，以承担对外提升人民币国际竞争力、对内维护货币主权之责。预计未来中国将积极推动数字人民币的跨境使用，借此提高人民币的国际化水平。中国央行数字货币在未来可能承担人民币国际化进程中跨境支付和结算的职能，那么就会引发人民币与当前主要的国际流通货币，特别是与美元之间的竞争和博弈。中国央行数字货币对人民币国际流通手段和支付手段职能的实现，在某种程度上意味着对美元的挤出

① 专利申报主体主要是中国人民银行数字货币研究所、中国人民银行印制科学研究所、中钞信用卡产业发展有限公司、支付宝（中国）网络技术有限公司等机构。

② WIPO 的数据显示专利申报主体主要是 IBM、MasterCard 两家机构，专利内容均为 CBDC 原型和钱包设想等。

甚至替代，进而削弱美元在全球的霸权控制。

二是各国争相强化数字货币底层技术。数字货币的底层技术主要包括：区块链、安全芯片、加密算法、大数据、人工智能等。中国数字货币的底层算法与技术和美国仍存在一定差距。从 DC/EP 的技术路线来看，谷歌、微软、IBM 等公司垄断了公钥密码系统；加密与安全等关键核心技术以及数据定价权、专利和技术标准依然被掌握在国外竞争者手中。

三是各国合力构建数字货币交易数据的国际通行规则。数字货币的跨境使用引发跨境数据变动，数字货币引起的资产管理问题也对传统金融监管方式提出了极大挑战。

第三节　中国央行数字货币当前面临的主要问题

回顾人类的货币演化史，从实物货币（最早的为我国夏朝的天然贝）到金属货币（最早的为公元前 1500 年我国殷周时期的铜贝），再到纸币（最早的为我国北宋时期四川成都的“交子”）的演变历经了 4000 年。信用货币也已经稳定运行了近 100 年，目前成为世界上几乎所有国家采用并通行的货币形态。央行数字货币是新兴事物，至今尚无证据证明数字货币能在任何主权国家的交易、结算中占据主导地位。中国作为全球举足轻重的大国，发行央行数字货币须在防范风险、保障安全、循序渐进的前提下进行。

一、技术可靠性风险

2019 年，天猫“双 11”购物节的交易峰值达到 54. 4 万笔/秒，而当时数字货币中市值最大、用户最多的比特币的交易频率仅为 6. 7 次/秒。这也意味着央行数字货币在当前阶段无法采用以区块链为核心的技术路线，我国央行数字货币须不断优化性能以应对商品交易中高并发量的挑战。在货币安全方面，2016 年 8 月，比特币交易所 Bitfinex 宣布在多名黑客组织的一次比特币抢劫中损失了价值 7700 万美元的比特币。该公司将成本强加给用户，并迫使他们将其存款价值减少 36%。比特币交易所 Coincheck 在 2018 年被黑客入侵，造成了相当于 50000 个比特币价值的加密货币损失。因此，央行数字货币尤其须注重安全问题。

二、法律和政策风险

目前尚无针对央行数字货币的专门法，相关顶层设计较为缺失。央行数字货币的使用介质和流通形式与纸币有较大差异，网络环境下的央行数字货币管理机制亟待重构。例如，作为法定货币的数字化形态，央行数字货币理应具有“无限法偿性”，但由于央行数字货币需要依托手机等物理载体进行交易和流转，交易对手可能以手持终端或其他硬件设施的条件不足为由拒绝收/支央行数字货币。类似情形下须出台保障用户权益的机制和政策。

三、金融冲击风险

央行数字货币有可能对现有的金融体系产生一定程度的负面冲击。例如，在普惠金融方面，需考虑到老年人、偏远山区民众在网络和物理终端方面相对落后的情况，防止造成金融排斥。在货币乘数方面，当前经济下行期央行往往通过扩张性货币政策进行逆周期调节，在利率下行的预期下，民众倾向于将银行存款转化为数字现金以规避风险，货币乘数下降，进而不利于银行负债规模的扩张，影响金融全局的流动性。此外，央行数字货币的发行还考验央行的信用管理能力，当悲观预期蔓延时，民众可能快速地将储蓄资产转换为数字资产，造成商业银行的变相挤兑并导致对央行的风险转移。

第四节　中国数字货币发展展望

完善中国数字货币建设工作，亟待从顶层设计出发，协调各有关部门统筹部署、协同推进。

一是维护货币主权，积极应对非法定数字货币的挑战。一方面，应加强对法定数字货币的研发设计，支持各类市场主体参与支付、清算等相关系统的研究开发；稳步有序地推进多种应用场景的落地，打破由发达国家垄断的支付格局。另一方面，应避免在非法定数字货币领域采取“一刀切”的做法。实行分类监管，研究非法定数字货币的发展路径、监管方式以及与法定数字货币间的流通管理。可考虑在有效监管的前提下，鼓励阿里巴巴、腾讯等头部企业开展对非法定稳定币的探索。考虑利用中国科技巨头数字支付应用成功出海的平台，将多个网络平台整合形成锚定人民币的数字货币试验区，并与央行法定数字货币强制可兑换，使央行货币政策可有效传导至 DC/EP 试验区内，用以推进人民币国际化，维护金融稳定性。

二是加强顶层制度设计，不断完善 DC/EP 发行规则。首先，要加强舆论宣导和知识普及，成立以中国人民银行牵头的多部门联合的数字货币推广领导小组，按照“公测—试点—扩大试点—全国”的模式循序渐进地推广央行数字货币。其次，要为央行数字货币的发行和流通提供有力的法律保障，对央行数字货币的发行主体、监管主体、流通主体、制作方式、保护手段、违法后果等进行明确的规定，使得 DC/EP 的发行、流通和交易有法可依。再次，要制定数字货币信用规则，探索数字货币发行量与国民生产总值、财政收入、物价水平等指标之间的锚定关系。最后，财政政策与货币政策须协调跟进，确保宏观调控政策的一致性。

三是积极加大数字货币底层技术研发，加快基础设施建设。为确保数字货币职能，抢占国际话语权，应不断完善可信通信、基础安全、数据安全、交易安全和终端认证等技术。[①] 加快对数字货币基础理论、相关基础设施和技术标准做出前瞻性的研究与布局，包括数字钱包，央行数字货币专用密码算法标准和相关协议，公钥密码系统，以 ECC 算法为代表的区块链核心算法，

---

① 如在区块链技术基础上结合多种加密算法组合形成加密算法体系，识别和保护持币人。

基于量子叠加态和量子计算实现的量子防伪技术以及终端芯片[①]的开发，做到底层技术安全可控。继续加大对5G、物联网、大数据、区块链、云平台等信息基础设施建设，充分挖掘数据资源。强化金融基础设施建设统筹协调，不断整合多方资源构建开源开放生态。

四是完善科技监测与分析手段，关注DC/EP对金融体系的冲击和影响。持续推动商业银行内部系统改造升级，逐步完善金融业综合统计监测体系，运用人工智能、大数据等新兴手段建立数字货币的监测、预警分析系统。设计央行和商业银行“双层”“多元”监管方法，进行全面、系统的监测分析，重点监测央行数字货币对货币结构、货币乘数、货币流通速度的影响。充分运用区块链、大数据、机器人流程自动化等技术手段来降低央行数字货币使用场景中的KYC与AML成本，并重点关注DC/EP对传统金融风险防控体系的冲击。重点监测洗钱行为，将交易记录及报告等提交至执法部门。

五是强化数字货币的标准与信用体系建设，积极参与国际贸易规则制定。继续加强数据的权属、标准建设工作；保障数字货币的安全性、便利性以及用户的隐私，构建由央行、商业银行、第三方机构、消费者共同参与的数字货币生态体系；规范金融数据采集、处理、流转机制，推进海量数据的存储、清洗、分析、挖掘、可视化等技术攻关。继续推广监管沙盒试点，跟进数字货币相关领域的立法，加强投资者权益保护和信用体系建设。加强国际合作，积极参与全球多边数字贸易规则、标准的制定与治理，探索建立与法定数字货币相关的国际金融规则，强化全球金融治理和监管的国际协调，避免数字货币竞争优势被削弱。

六是推进跨境支付建设，构建有利于人民币国际化的生态系统。一方面，要在支付和清算系统设计上加强对自主技术的研发。在法定数字货币的构架设计中，要充分考虑各国央行数字货币需求，以满足跨境结算场景的需要；鼓励移动支付企业国际化，加快开拓和布局移动支付服务市场。另一方面，

---

① 密钥的安全存储对终端交易非常重要。密钥的存储载体可以纯硬件、纯软件、软硬结合的方式提供。目前，市场上多种终端芯片并存，如何选择安全的终端芯片来确保密钥不被盗取显得尤为重要。

应争取更多盟友，形成区域化的合作战略。加强与国际货币基金组织、国际清算银行、金融稳定委员会、上海合作组织、“一带一路”等沿线国家和地区的合作与交流。积极开展与欧盟成员国的相关合作，在复杂的国内外形势下寻找共同诉求，逐步发挥中国在国际货币体系中的影响力。积极探索基于央行数字货币的跨境资金清算通道，促进建立不同国家货币的流转汇兑系统，不断提高跨境清算效率和交易安全性，在法定数字货币支持的新型汇兑基础设施中开放 API 接口，打造健康、和谐、友好的支付清算生态圈，吸引更多国家共同参与治理，进一步提高人民币国际竞争力。

第六章

建议篇：中国区块链技术发展中存在的主要问题与建议

第一节　中国区块链技术发展中存在的主要问题

本书在前文的理论和案例分析中已经提到区块链技术发展存在很多问题，结合调研和访谈，本节对区块链技术存在的问题进行总结归纳。总体而言，区块链技术在系统稳定性、应用安全性、业务模式等方面尚未成熟。

一、底层技术发展薄弱

一是从性能上看，区块链上可进行的交易吞吐量不高，高频次业务需求难以得到满足；从能耗上看，工作量证明等共识算法能源消耗大、成本高。①

二是从生态上看，缺乏相关的开发、集成和运维体系。调研中，共识数信科技有限公司 CEO 王毛路指出，目前业务应用中存在以下现象：对一些不需要公开的信息进行存证；没有结合区块链技术的特点设计业务创新；以传统的思路来设计业务模式，如仍然用中心化的影响力把业务简单地搬到链上，模型抽象单一，难以适应业务系统快速开发的要求。与此同时，技术路线与标准不统一，使得机构或联盟都在积极开发各自的产品，而这些相互分割的不同类型的区块链会形成一个个“信息孤岛”。北京阿尔山金融科技有限公司副总经理李平指出，如果按照现有模式任由其生长的话，日后会出现一片一

---

① 中国信息通信研究院．区块链白皮书 2018［R］．北京：2018.

片山头。光之树（北京）科技有限公司创始人张佳辰指出，区块链标准的不统一导致行业发展碎片化，行业应用存在一定的盲目性，不利于区块链的应用落地和技术发展，也导致各区块链平台之间的互操作性水平较低，不同区块链间的信息交互、融合存在障碍。

三是从安全上看，面临平台安全、应用安全等安全隐患。①交易不可撤销增加金融风险。调研中，易见天树科技（北京）有限公司副总经理刘钧指出，区块链技术依赖的是自动执行的“智能合约”，而且记录在区块链的交易数据不可撤销和篡改，这虽是区块链技术的主要优点之一，但也是明显的缺点。②存在51%算力攻击风险。尽管区块链集密码学、分布式存储等多项技术于一体，但这并不意味着它本身没有漏洞。IBM高级技术专家赵振华认为，基于共识识别机制的区块链主要面临51%的攻击问题，即节点掌握超过全网51%的算力就可以成功篡改数据。虽然成功实施这种攻击所需要的成本投入远远超过成功实施攻击后的收益，但面临这种攻击的可能性会始终存在。③密码学算法存在破解漏洞。调研中，香港城市大学教授赵建良指出，区块链大量应用了各种密码学方法，属于算法能力高度密集工程，但也存在被大规模破解的风险。如GSM和WCDA的空口加密方法曾经被认为最不可能被破解（使用SNOW加密），但在短短十年内被以色列等国学者攻破。一旦加密算法被破解，区块链整个安全基础将不复存在，各种交易金额和数据将被暴露于公众面前。北京大学深圳研究生院副教授雷凯指出，由于区块链网络是对外开放的（公链或联盟链），所以整个网络任何的接入点都可能成为黑客的入侵点，黑客窃取旷工的管理权限或攻击各个节点，将对区块链系统的安全性造成极大的威胁。链方达（北京）科技有限公司首席金融专家张伟认为，目前除PoW外，PoS、DPoS等多种共识机制虽然已经被提出，但是否能够实现真正的安全可信，尚不能完全证明。

二、行业发展路线有待规范

区块链是典型的处于发展初期的“幼稚产业”，需要政府相关部门从财政支持、人才引进、技术攻关、政策扶持、标准构架等方面进行统筹规划。然而，中国对产业发展路线的顶层设计较为缺失。区块链技术的研发和应用不能靠单一化的场景推动，在缺乏政府引导的情况下，新兴产业的发展初期往往出现无序竞争态势。当前，各地政府都已认识到扶持区块链产业的重要性，但对区块链产业属于哪一类产业的认识还不一致。目前大多将区块链产业归类为软件产业，这一分类方法导致区块链产业规模和发展路径受到很大限制。京东集团区块链规划部负责人翟欣磊指出，中国的区块链企业没有具备安全感和方向感的“家园”，需要加快制定区块链技术产业发展战略规划。

三、技术应用普遍同质化、低价值化

区块链技术在经济、社会中的不可替代作用尚未完全体现，很多落地应用都是为了区块链而区块链，并不是从解决业务真实痛点出发，缺少实际应用价值。现阶段，中国在联盟链领域的探索较多，但是“存证溯源”类项目占据绝大多数，技术应用方目前很难找到区块链解决方案相较于传统技术，如云计算、数字签名等的优势。大量“存证溯源”类低价值项目的投入极易造成资金和资源的双重浪费。

四、与现有法律政策存在“治理鸿沟”

区块链技术倡导的去中心化是要去掉信息不对称导致的责权不对等。当理解这一思想时，区块链技术适用的法律框架便有了依据，即要承认区块链交易的法律效力，最关键的问题是明确区块链交易的法律地位，立法承认电子签名、电子文件和电子交易的有效性，尤其是区块链交易的有效性和“责权对等”性。当前的法律政策体系对智能合约、分布式自治组织等新生事物约束力不足，链上行为与链下权利义务的匹配无法精准映射。在这样的背景下，算法驱动的区块链技术及其应用与现有法律政策之间存在着“治理鸿沟”。深圳众享互联科技有限公司产品主管李衡指出，由于缺乏法律法规等监管主体，比特币等数字货币犯罪、非法交易等不良现象层出不穷，也产生了较高的投机风险。与此同时，国家互联网信息办公室目前更加强调的是备案，应尽快出台一些细则，否则区块链很容易导致金融欺诈高发。一旦真的发生风险，金融监管部门将存在难以认证主体的问题，业务和技术紧密结合之后如何划分责任的问题。

五、底层技术人才流入“短”“平”“快”产业领域

区块链应用的重要技术基础为密码学。中国工业界密码学领域人才就业对口的单位主要有总参三部、西南通信研究所（30所）、数据通信科学技术研究所（兴唐通信科技有限公司）等。这些机构对人才的吸引力明显低于互联网、大数据、人工智能等产业，大量密码学研究和从业人员开始转行。产业界的高度竞争环境和“短”“平”“快”文化与在密码学等基础科学领域需要进行的长时期探索存在严重冲突。尽管区块链行业吸引了一些密码学领域人才，但并没有改变密码学领域人才不足的实际状况，且只有极少数企业有能力建立自己的密码学研发团队，并对密码学基础科学领域进行持续的研发投入，此种境况制约了中国区块链技术的创新发展。调研中，链方达（北京）科技有限公司合伙人胡奇指出，虽然目前已有部分高等院校展开交叉学科教育、区块链专项技能学科设定，但专业人才在市场上仍十分稀缺。

六、政府、监管部门、企业、金融机构和社会公众的认知需要改善

目前，公众对区块链的认知程度存在差异。一是认为区块链可能是新一波淘金的浪潮，很多人在没有完全明白区块链是什么时就盲目跟风投资创业。中关村元和天使研究会会长张正喜指出，最近两年新成立的区块链企业很多，但也有一批企业倒闭，这既造成了巨大资源浪费，也不利于行业发展。二是认为区块链“无所不能”，将其“妖魔化”。区块链本身只是一项技术，但现在对区块链的认识仅仅停留在表面，没有真正认识到区块链技术发展的内在价值。

第二节　政策建议

综合本书中的案例和调研分析，笔者认为，政府部门应该从以下几个方面促进区块链技术发展。

一、加快底层技术攻关步伐，打造优质区块链技术联盟

首先，大力发展区块链底层技术，加快推进包括共识机制、密码学算法、跨链技术、隐私保护等在内的区块链核心关键技术研发，开展产品开发和集成测试。政府部门可从科研立项、研发费用补贴等方面支持区块链底层技术的研究。同时，模拟建立若干区块链和应用场景，测试实验创新分布式记账系统技术，进行完善的技术储备。

其次，应重视技术生态培育。对区块链技术的成长要有耐心，尊重技术发展“成长型构造、适应性演化”的客观规律，创造促进技术生长成熟的土壤。要打造优质的区块链技术联盟，将分散的资源充分整合，支持和培育开源软件，发展我国自主开源社区，构建软硬件协同发展的生态体系。应由国家推动信息基础设施建设，抓紧开发和建设区块链基础设施。

二、围绕重大战略部署，加快推出区块链技术标准或术语

尽快形成国家层面的发展战略，明确宏观战略目标、发展重点、时间表和路线图，引导各地区块链产业发展规划的编制，促进形成重点突出、差异发展的区块链产业区域布局，推动区块链产业健康协调发展。

从标准角度而言，中国目前已经以 P 成员的身份加入了 ISO/TC307 的标

准制定过程，[①] 在 TC307 技术委员会的提案中，中国是“分类和本体”“数据流动和分类”研究项目的牵头人，[②] 在国际上已经具备一定话语权。应推进国家标准体系建立，在区块链技术的知识产权领域循序渐进地参与、制定、引领相应的技术标准，加快推出区块链技术标准或术语。应依托中央企业、科研机构等建立区块链测试认证标准化国家重点实验室，颁布行业和工程详细算法步骤及各项指标说明，进一步推动国际标准的制定。

三、促进区块链应用落地，推动与实体经济深度融合

推动区块链技术与实体经济深度融合，在融合过程中要善于发掘、突出区块链技术在建立信任关系、提高协作效率、促进数据共享、提升政府穿透式监管能力等方面不可替代的作用。探索数字经济创新模式，实现行业供需对接，服务实体经济转型升级。选择金融、跨境贸易、政务等重点领域，组织开展区块链应用的概念验证、试验平台、先导应用示范和评估，培育行业龙头、领军企业和产业生态。结合良好应用案例示范，面向行业机构、企业开展区块链技术与应用培训，推广应用落地经验，规避潜在应用风险。

四、制定相关政策细则，回应基本法律问题

为回应和引导区块链技术应用的规范化发展，应明确规定区块链技术应用数据的法律效力，进一步制定规则、指引等指导意见。比如，可明确区块链技术在司法领域的适用性，出台相关指导意见，将区块链技术发展关键环节与法律法规相关要素整合起来，引导区块链技术在产业和行业中的合理、合法应用。同时，要创新利益分配方法，做到既尊重市场，又注重国家效益和社会效益，实现和谐发展。

---

① 各国目前主要以技术报告书（TR）、技术说明书（TS）的形式提交文档。中国国家标准化管理委员会（Standardization Administration of the People's Republic of China，SAC）是代表中国的成员单位。

② 来自中国电子技术标准化研究院的调研。

加紧对数字资产进行准确定义、明确分类，根据数字资产的不同性质进行监管，推动全球制定比较统一的区块链监管框架或共同指南。

五、加强国际国内同业交流，培育区块链技术人才

作为新生事物，区块链技术的推广应用需要监管部门、金融机构和互联网企业共同合作，这就需要我们根据国际区块链发展与创新的新动向，及时调整发展战略和应用标准，积极参与国际区块链联盟组织的研究交流和标准讨论，力争加入国际区块链系列产品的研究和开发中。尽早建立起培养、招募和储备区块链人才的培养机制。例如，可使用联合培养的方式，定期或不定期地选拔本单位有潜力的人才到国内外的高等院校和科研机构培训学习。设立专门的人才培养项目，引进专业的师资和专家团队，联合培养专业人才，为区块链技术开发、应用及推广提供人才储备和智力支持。

六、提升对区块链技术的认知能力，改善行业治理

首先，监管部门应加强对区块链技术的全面认知。建议建立并实施区块链分类管理制度，对公有链、联盟链、私有链进行明确界定。区块链技术要想对产业、经济和社会产生影响力就一定要具有规模，是先有应用后有规模，还是先有规模后有应用，这一点值得思考。

其次，积极引导社会和公众，客观理性地看待区块链价值。一方面，要充分认识到区块链技术对建立信任机制、传递信息和价值的重要意义；另一方面，要避免盲目夸大区块链技术对传统行业的颠覆作用，警惕泡沫日趋膨胀。注意防范区块链技术应用可能引发的对传统机构管理、商业运营等模式的冲击，以及操作陷阱、技术垄断等潜在风险。促进区块链相关媒体声音的正本清源，营造行业风清气正的氛围，为区块链技术发展营造良好的传播环境。

最后，制定和推广区块链风险评估框架。围绕可靠性、开放性、平等性、责权对等性、活跃度、监管透明性等进行评估；分析判断区块链在特定行业

可能落地的细分场景，识别出能解决行业应用问题的真正痛点。设立国内区块链登记平台，确保责任、权利对等、明晰。

从 TCP/IP 的历程看区块链技术发展

TCP/IP（Transmission Control Protocol/Internet Protocol）① 经历了 30 多年的发展，奠定了互联网架构基础，重塑了全球经济社会形态。区块链技术与 TCP/IP 有一定的相似性，分析 TCP/IP 的发展历程，可为区块链技术发展提供有益借鉴。

一、TCP/IP 从军方支持到广泛使用的主要历程

（一）在政府支持下形成了路径锁定

1969 年，美国国防部高级研究计划局资助了一项研究和开发项目，以创建一个实验性的分组交换网络，这个网络被称为阿帕网。1972 年，TCP/IP 作为阿帕网用户的电子邮件协议被首次推出。1983 年，美国军方将 TCP/IP 协议采用为军用标准，规定所有连接到网络的主机都必须转换为新的协议。为了简化这种转换，美国国防部高级研究计划局资助 Bolt，Beranek and Newman（BBN）在伯克利软件套件上实现 TCP/IP，从此开始了 Unix 和 TCP/IP 的联姻。② 同一时期，为避免大型企业垄断专有网络协议，美国、英国、法国、加拿大和日本推动国际标准化组织（ISO）为私人和公共使用开发兼容的网络标准。主要经济体大力提倡 ISO 在标准化方面的作用，努力加速建立符合各自意愿的国际制度。1978 年，开放式系统互联（OSI）模型创建，美国政府鼓励阿帕网建设者积极参与 ISO 的委员会和会议，以便使 TCP/IP 协

① TCP/IP 是允许数字计算机进行长距离通信的标准 Internet 通信协议。TCP 是收集和重组数据包的组件，而 IP 负责确保将数据包发送到正确的目的地。

② CRAIG H. TCP/IP Network Administration：3rd Edition［M］. Sebastopol：O'Reilly Media，2010.

议被接受，并与 OSI 框架一致。[1] 到 1984 年，ISO 已经正式承认 TCP/IP 协议与 OSI 原则一致。此时，TCP/IP 已经被广泛使用并被认为是可靠的。随着互联网规模的不断扩大，它不仅成为互联网行业标准，也因此完成了路径锁定。

（二）较高性能带来了局部应用的开始

在 TCP/IP 协议出现之前，电信体系结构主要基于电路交换技术建立。信息交换双方之间必须预先建立连接，这种连接在交换过程中要持续下去。为了确保任何两个节点能够通信，电信服务提供商和设备制造商已经投资数十亿美元建设专用线路。[2] TCP/IP 彻底改变了这种模式，它通过非常小的数据包传输信息，这些数据包可以通过任何路径到达接收者，不需要专用的私人线路或大规模的基础设施。然而，传统的电信和计算机行业对 TCP/IP 持怀疑态度，一些企业更喜欢开发自己的专有标准，以便从管理网络中获得经济回报。例如，施乐推出了 XNS，IBM 向政府买家推广 SNA。[3] 20 世纪 70 年代，当围绕专有标准和通用标准[4]的争论开始时，TCP/IP 还远远没有达到通用标准的程度。随着越来越多的企业认识到了 TCP/IP 的价值，即 TCP/IP 技术可使全球数据连接成本大幅下降，并具备快速传递和简单等性能，[5] 其与 OSI 框架可以无缝匹配，有助于企业参与国际竞争。Sun、NeXT、Hewlett-Packard 等新兴科技企业从本地化私有网络的建设着手，开始使用 TCP/IP。传统物理线路和专用通信设备逐渐被淘汰。

---

① ABBATE J. Inventing the Internet [M]. Cambridge: MIT Press, 1999.

② IANSITI M, KARIM R L. The Truth about Blockchain [J]. Harvard Business Review, 2017, 95 (1): 118-127.

③ MARCUS F. Governing the Internet: The Emergence of an International Regime [M]. Boulder: Lynne Rienner Publishers, 2001.

④ 即一些发达国家和部分企业担心被一家企业主导网络协议（如 IBM 的 SNA）的行为挟持，通用标准的建立逐渐被提上日程。

⑤ KARANJIT B S, TIM P, TIMOTHY P. TCP/IP Unleashed: 3rd Edition [M]. Indianapolis: Sams Publishing, 2002.

（三）万维网的出现推动了 TCP/IP 协议的广泛应用

20 世纪 90 年代，世界范围内基于 HTTP 和 HTML 协议的 Web 应用使 TCP/IP 向全球公众开放。[①] 这标志着 TCP/IP 协议大规模应用的开始。互联网的发展激发了人们对 TCP/IP 协议的兴趣，快速涌现的新兴科技企业提供了连接网络和交换信息所需的各种服务，如 Netscape 使浏览器、Web 服务器和其他工具与组件商业化，大量的互联网基础设施为 TCP/IP 协议的广泛应用提供了坚实的物理条件。随着越来越多的组织对 TCP/IP 的认知逐渐成熟，TCP/IP 日益成为所有网络的基础，互联网经济模式也逐渐形成。

二、区块链与 TCP/IP 的比较

TCP/IP 已经发展成为一个全球基础通用协议，将分布式、中心化理念变成了一个可执行程序，互联网世界也因此派生出了更多的类似协议。区块链技术是建立在 TCP/IP 基础上的新的协议，如果基于 TCP/IP 的对等网络传输的是“资产信息”，那么，区块链网络则传输“资产价值”。二者的相似之处显而易见，例如，区块链技术与 TCP/IP 的起源与发展均适应了当时的经济和社会需求，由特定的历史事件（如金融危机、互联网的兴起）驱动技术发展；就技术特征而言，它们都可以在局域网和广域网上使用；TCP/IP 不是私有的，而是对公众免费开放的标准，用于开发 TCP/IP 标准的过程也是完全开放的，[②] 区块链技术自诞生之日起，也是以开源形式存在的，国际上影响力较大的开源社区是 Linux 基金会和 Apache 基金会，很多企业都已经加入其中。但是，区块链技术与 TCP/IP 在推动技术发展的主体、技术的变革作用等方面也有所不同（见表 6-1）。

---

① AKGIRAY V. Blockchain Technology and Corporate Governance [R]. OECD Corporate Governance Committee Background Document, 2018.

② TCP/IP 标准和协议是使用独特的、民主的“征求意见书”（RFC）的形式开发和修改的，这既可以确保任何对 TCP/IP 协议感兴趣的人都有机会为其开发提供输入，又可以确保协议套件在全世界被接受。

表 6-1 区块链技术与 TCP/IP 的比较

内容	TCP/IP	区块链技术
起源与发展	TCP/IP 源于军方项目，在互联网的鼎盛时期得到广泛应用，满足了全球数据通信需求	技术思想早已有之，于 2007 年美国次贷危机时因比特币的应用而广泛受到重视
主要推动力量	初始在美国军方和一些政府部门应用，随后是科技型初创企业，最后各行各业均开始采用	主要由技术极客推动，又引发了大量投资者的炒作。目前，主要经济体均已开始区块链技术的研发与应用布局
技术的变革作用	通过降低数据连接成本改变全球经济基础	通过点对点的价值传输改变生产关系，促使全社会的大规模协作成为可能
技术特性	关注信息如何在互联网上打包和交换的一种协议。具体的特性主要包括：可伸缩性、开放标准和开放过程、成本较低、良好的故障恢复能力等	强制执行事务规则，并且能够让分布式计算机网络中的节点自我监督整个操作的一种协议。具有开源、不可篡改、安全加密、能源消耗较高等特性

资料来源：笔者整理。

三、从 TCP/IP 的历程看区块链技术发展

（一）相比 TCP/IP，区块链技术更加需要政府的合理介入和准确干预

互联网的兴起和发展并不完全是国际互联网工程任务组（IETF）和万维网联盟（W3C）等国际组织自治的结果，在互联网发展的几个关键时期，包括 TCP/IP 协议以及后来建立的互联网名称与数字地址分配机构（ICANN）等，美国政府均采取了积极的措施，确保了其符合国家利益。[①] 区块链技术和 TCP/IP 的产生有其独特的时代背景。TCP/IP 在诞生之时便填补了一个新的利基市场，即数据联通市场。TCP/IP 不是没有竞争对手，但是美国政府对其的支持（包括研发支持和政府采购等），以及美国政府和其他国际组织在标准化方面采取的行动，对于 TCP/IP 的广泛应用均有直接的推进作用，使其最终成为互联网的底层语言。区块链技术并非面对新的利基市场，初始发明之时是致力于在金融危机之下将现有资源用技术手段重新优化配置；区块链技术

① KATIE H，MATTHEW L. Where Wizards Stay Up Late：The Origins of the Internet［M］. New York：Simon & Schuster，1998.

也不是一种排他性技术，相反，它与很多现有技术存在互补性，它结合物联网、大数据对现实世界数据的采集，以及人工智能算法的决策体系，可以形成一套基于信任的价值交换模式。因此，如果要像 TCP/IP 一样在各行各业获得实质性的应用，更加需要政府的研发支持、采购倾斜、搭建跨行业的交流平台等政策措施，推动行业协会、国际组织等主导建立通用标准，并对各种业务场景实施成本和绩效进行更加准确的评估。但是，这将面临很多不确定性。Mori 曾指出，一个组织采用区块链技术的障碍只有 20%是基于技术原因的，而其他 80%则归因于企业当前的业务流程、战略、文化等软性因素。[①] 政府的合力介入和准确干预，对于区块链技术的广泛应用尤为重要。

（二）区块链技术缺乏大规模应用的生态环境，应促进生态系统中多方利益主体间的互动协作、赋能发展

Arthur 曾指出，对于潜在用户的“市场”而言，如果一项技术碰巧在早期获得了被采纳的领先地位，那么它最终可能“垄断”潜在采纳者的市场，而其他技术则会被挡在门外。[②] TCP/IP 技术的应用也经历了这样的过程。在初期，传统的电信和计算机行业对 TCP/IP 持怀疑态度，很少有人能够想象到在新的架构上可以建立安全和可靠的数据、消息、语音及视频连接。然而随着互联网的兴起，越来越多的新兴科技企业加入了 TCP/IP 生态系统，成为其中的关键链条，TCP/IP 应用的边际成本降低，并逐渐被广泛地采纳。因此，只有在生态系统中的参与者达到临界数量并实现互联网效应的情况下，一项新兴技术才能够对整个经济社会产生足够影响。但是，区块链技术发展仍处在初期，在大规模社会化信任协作方面的作用非常有限，赖以生长的生态系统没有形成，促发区块链技术大规模应用的事件或场景[③]也尚未出现，这一事实可能加剧区块链领域很多企业的两难境地，技术的采用者可能面临博弈式

---

① MORI T. Financial Technology：Blockchain and Securities Settlement [J]. Journal of Securities Operations & Custody，2016，8 (3)：208-217.

② ARTHUR W B. Competing Technologies，Increasing Returns，and Lock-in by Historical Events [J]. The Economic Journal，1989，99 (394)：116-131.

③ TCP/IP 的广泛应用受益于互联网的兴起和大规模科技型企业的出现，但是除去比特币的应用，推动区块链技术的广泛应用的事件或场景目前还未出现。

的决策。对于区块链生态系统技术的早期采用者，较早的应用虽可能积累大量的产业技术经验并建立知识目录和技术标准，但是也可能破坏企业已有的商业模式。如果企业进入市场已晚，则竞争对手可能已经形成路径锁定，社会资源被集聚，马太效应将会凸显。政府还需要将视野扩展到对区块链技术整个生态系统的构建上，促进多方利益主体间的互动协作、赋能发展。

（三）区块链技术更多的是一种制度技术，治理难题需要格外关注

区块链技术与 TCP/IP 都可以为经济社会带来巨大变革，但是与 TCP/IP 不同，区块链技术不仅是一种 ICT 技术，更多地可理解为一种制度技术。区块链技术不是对原有体系的补充，而是建立一种新的函数和模式，即从信任和公平的角度对经济、产业和社会进行一种结构化的改革。它突破了层级组织和自组织经济体之间的界限，通过技术和应用场景重塑资源的消耗方式，以不可篡改、去中心化等属性构筑牢不可破的信任和信用关系，并试图通过信息和数据的更加透明化，实现从“信任人”到“信任机器”，从“集中控制”到“分散控制”的范式转换。作为一种制度技术，区块链技术所面临的治理难题应该格外值得关注，如“中心化”与“去中心化”的选择，“权利”与“责任”的对等，“竞争”与“合作”的悖论，等等。政府应该通过确定性的、谨慎的监管规则和治理方式将机会主义行为最小化，以便使得区块链技术能够在各个行业的交易活动中扮演重要角色。

后　记

《区块链技术应用与实践案例》一书付梓之际，回首成书过程，感慨良多。

伴随着比特币等加密数字货币的炒作浪潮，从国外到国内，从决策层到产业界，从学术机构到民间小巷，一阵“区块链技术旋风”席卷而来。但在调研的过程中，我们发现多数受访者对区块链技术的认知及其究竟适合在什么场景应用还停留在概念层面。区块链技术的“爆红”在一定程度上是数字货币推波助澜的结果，伴随而来的是“区块链万能论”甚嚣尘上，许多人对区块链技术存在超越当前技术阶段的不切实际的期待。作为区块链技术与数字货币领域的政策研究人员，我们虽然坚定地看好区块链技术赋能经济和社会发展的光明前景，但是也深知新兴技术和产业有其发展的内在客观规律。带着这样的想法，我们萌生了合作出版一本有关区块链著作的想法。我们的初心是出版一本更加系统、理性的相关领域著作，这也决定了本书的成稿过程不能是我们已撰写的论文和内参的简单组合，而是要跳出公共政策研究者的单一视野，站在历史演进视角“俯瞰平川”，用更专业的精神对区块链技术本身“分毫析厘”，并秉持“细嗅蔷薇”的严谨态度更新相关数据与信息。

我们希望厘清一些基本概念：

——区块链技术是什么？区块链技术是分布式记账、点对点网络协议、加密算法、共识机制和智能合约等组成的技术集，因此从学科属性上说，区块链技术是涵盖密码学、数学、经济学、计算机科学等领域的交叉学科。

——区块链技术处于什么发展阶段？区块链技术发展方向及其在全球范

围内的影响仍具有未知性，区块链产业总体处于技术—应用转换期（只有加密货币领域的应用相对成熟），技术水平及其相应的治理体系尚不足以支撑大规模的商业化应用。

——中国区块链技术发展与美国相比有多大的机会"弯道超车"？中国区块链技术总体发展态势良好，但在部分涉及密码学的关键技术、产业联盟影响力，以及开源社区和开源平台建设等方面落后于美国；中国区块链技术应用场景最为庞大，但生态环境亟待完善。中美区块链技术发展所处的阶段大体相当，如果构筑起良好的产业生态和创新体系，中国有较大机会在区块链领域占领市场，并掌握一定的全球话语权。

在厘清概念的基础上，我们对区块链技术应用场景进行了较为详细的分析，除了分析应用较为成熟的数字货币领域以外，我们还分析了区块链技术与金融、区块链技术与跨境贸易、区块链技术与在线纠纷解决、区块链技术与知识产权、区块链技术与政府治理等不同模块。我们发现，现阶段人们对于区块链技术对生产力的影响存在一定程度的高估倾向，除了数字货币之外，区块链技术的"杀手级"规模化应用尚未完成实践论证。我们认为，区块链技术更具想象力的未来在于对生产关系的"去中心化"改造，如区块链与产业互联网的深度融合将带来深远影响，"区块链+非金融行业"的相关应用会是未来区块链发展的重要方向，甚至比在金融领域的应用更具优势。

尤其值得一提的是区块链技术在跨境贸易、在线纠纷解决领域的应用，以及对实名区块链技术应用的逻辑探索。首先，跨境贸易是人类最为复杂的社会经济活动场景之一，涉及人类经济活动诸多环节——生产、销售、物流运输、交易、秩序管理等。区块链技术的分布式特征可以使得利益互斥各方共同存证、交叉验证贸易过程的数据信息，从而倒逼出贸易各方的"诚信"，形成完整"链式结构"的证据链，这应该是区块链技术较大可能有所作为的应用场景之一，值得深入探索。其次，对于联合国贸发会议发起的 BODR 项目，笔者所在的单位——中国科学技术发展战略研究院有机会作为观察员参与其中。在观察研究过程中，我们深深感觉到，用技术去取代制度是不可能的，或者说在短期内是不现实的。区块链技术在解决全球跨境电商消费者争议方面虽具有巨大的潜力，但仍不可替代传统的 ADR，更无法撼动各国的司法系统。各国政府部门或企业如果想要加强相关领域的应用，就必须要构建一致性的法律框架，增加知识共享，打破业务壁垒，这至关重要。最后，未来金融科技集团有限公司对实名区块链的探索让我们印象颇深，我们认为区块链技术应用的关键点不在技术本身，而在底层逻辑。底层逻辑的缺陷有可能使所有上层建筑成为“沙中之塔”，尤其是案例中提到的利用区块链技术创造价值社区的基本逻辑，以及关于情绪共振的描述。详细来说，当区块链技术在真实生产过程中落地，为应用场景提供巨大力量的并不是技术本身，而是大规模具有共同价值的人群基于集体利益形成有序互动时，将会产生前所未有的力量；一旦区块链技术落地，势必汇聚起巨大的价值社区，而区块链技术真正的价值源泉，就是基于可信的共识以及建立在可信共识上的巨大群体。这一逻辑分析为我们深入探索区块链技术如何能够实现大规模应用提供了有价值的方向。

理论是灰色的，而生命之树常青。为了使本书理论与实践相结合，我们开展了超过 20 次线上或线下的调研活动。访谈对象既有一线的创业者，也有知名的学者和行业投资人，归纳了第一手数据，获得了前沿资讯。本书精选了多个区块链技术典型应用案例，希冀能更加深入浅出地对区块链技术的最新理论和实践进行客观深入的分析。再次对本书写作过程中提供帮助的专家和企业表示由衷的感谢。“沉舟侧畔千帆过，病树前头万木春。”虽然区块链的底层技术仍在迭代更新，区块链技术的革命性规模化应用仍在积极探索，区块链技术的监管治理机制仍在寻找最优共识，但是我们相信，一个更加平等、更加可信、更加高效、更加理想的区块链世界正在向我们所有人走来！

作者

2021 年 2 月于北京